C 语言程序设计基础

主　编　卢　敏　　沈伟华　　朱文耀
副主编　应　震　　支林仙　曹　红　郭　苹
主　审　朱　炜

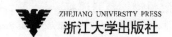

ZHEJIANG UNIVERSITY PRESS
浙江大学出版社

内容提要

本书根据 C 语言的特点,从培养读者的逻辑思维能力和程序设计能力出发,灵活运用任务驱动、案例教学、启发式教学等多种教学方法,对 C 语言程序设计的基本内容、常用算法和程序设计思想进行了系统介绍。

全书在结构上以程序设计为中心,理论联系实际;在内容上注重知识的完整性,以满足读者的需求;在写法上循序渐进,通俗易懂。

本书适合作为高等学校 C 语言程序设计课程教材,也可作为工程技术人员的参考书。

图书在版编目(CIP)数据

C 语言程序设计基础 / 卢敏,沈伟华,朱文耀主编 .
—杭州:浙江大学出版社,2013.6(2024.7 重印)
ISBN 978-7-308-11786-9

Ⅰ. ①C… Ⅱ. ①卢… ②沈… ③朱… Ⅲ. ① C
语言-程序设计 Ⅳ. ① TP312

中国版本图书馆 CIP 数据核字(2013)第 147323 号

C 语言程序设计基础

主编 卢 敏 沈伟华 朱文耀

责任编辑	吴昌雷
封面设计	刘依群
出版发行	浙江大学出版社
	(杭州市天目山路 148 号 邮政编码 310007)
	(网址:http://www.zjupress.com)
排 版	杭州立飞图文制作有限公司
印 刷	广东虎彩云印刷有限公司绍兴分公司
开 本	787mm×1092mm 1/16
印 张	21.5
字 数	504 千
版 印 次	2013 年 6 月第 1 版 2024 年 7 月第 8 次印刷
书 号	ISBN 978-7-308-11786-9
定 价	49.00 元

序　言

在人类进入信息社会的 21 世纪,信息作为重要的开发性资源,与材料、能源共同构成了社会物质生活的三大资源。信息产业的发展水平已成为衡量一个国家现代化水平与综合国力的重要标志。随着各行各业信息化进程的不断加速,计算机应用技术作为信息产业基石的地位和作用得到普遍重视。一方面,高等教育中,以计算机技术为核心的信息技术已成为很多专业课教学内容的有机组成部分,计算机应用能力成为衡量大学生业务素质与能力的标志之一;另一方面,初等教育中信息技术课程的普及,使高校新生的计算机基本知识起点有所提高。因此,高校中的计算机基础教学课程如何有别于计算机专业课程,体现分层、分类的特点,突出不同专业对计算机应用需求的多样性,已成为高校计算机基础教学改革的重要内容。

浙江大学出版社及时把握时机,根据 2005 年教育部"非计算机专业计算机基础课程指导分委员会"发布的"关于进一步加强高等学校计算机基础教学的几点意见"以及"高等学校非计算机专业计算机基础课程教学基本要求",针对"大学计算机基础"、"计算机程序设计基础"、"计算机硬件技术基础"、"数据库技术及应用"、"多媒体技术及应用"、"网络技术与应用"六门核心课程,组织编写了大学计算机基础教学的系列教材。

该系列教材编委会由国内计算机领域的院士与知名专家、教授组成,并且邀请了部分全国知名的计算机教育领域专家担任主审。浙江大学计算机学院各专业课程负责人、知名教授与博导牵头,组织有丰富教学经验和教材编写经验的教师参与了对教材大纲以及教材的编写工作。

该系列教材注重基本概念的介绍,在教材的整体框架设计上强调针对不同专业群体,体现不同专业类别的需求,突出计算机基础教学的应用性。同时,充分考虑了不同层次学校在人才培养目标上的差异,针对各门课程设计了面向不同对象的教材。除主教材外,还配有必要的配套实验教材、问题解答。教材内容丰富,体例新颖,通俗易懂,反映了作者们对大学计算机基础教学的最新探索与研究成果。

希望该系列教材的出版能有力地推动高校计算机基础教学课程内容的改革与发展,推动大学计算机基础教学的探索和创新,为计算机基础教学带来新的活力。

中国工程院院士
中国科学院计算技术研究所所长
浙江大学计算机学院院长

前　言

　　C 语言程序设计是高校理工科各专业的一门重要基础课程，在理工科各专业的教学计划中占有重要地位和起着关键性作用。C 语言程序设计也是计算机类专业的入门课程，是许多后续专业课程的基础。

　　本书由长期从事计算机基础课程一线教学并具有丰富教学经验的多位教师共同编写。全书在结构上以程序设计为中心，理论联系实际；在内容上注重知识的完整性，以满足读者的需求；在写法上循序渐进，通俗易懂。

　　全书共分 12 章，内容包括：C 语言概述，程序设计入门，基本数据类型，常用函数和表达式，控制结构，数组，字符串，函数，指针，结构体和枚举，文件，编译预处理和注释。每章开头设置有本章导读，提示指引读者阅读；每章结尾给出本章知识点小结，帮助读者整理思路；每章的拓展阅读增加了一些有一定深度和开放性的内容，供希望深入学习程序设计的读者选学和参考。本书采用"提出问题—分析问题—解决问题—说明总结"的描述方法，将"案例引导、任务驱动、启发教学"的原则贯穿在全书中，把 C 语言程序设计的语言知识和程序设计的方法过程融入到案例中，使学生经过"模仿—设计—创新"三个阶段，学会程序设计。

　　本书的编写得益于编写组成员的鼎力合作，在卢敏的主持下，所有编写老师都参加了统稿和审稿工作。本教材在编写过程中还得到了丽水学院工学院的全力支持，同时还得到了丽水学院计算机基础实验示范中心和丽水学院计算机学系所有老师的大力帮助，在此表示衷心的感谢！

　　如需要本书所配套的电子教案和教学相关资源，可以联系编者信箱：zjlszjz@163.com。

　　由于时间仓促，加上编者水平有限，书中难免存在不足之处，恳请读者批评指正。

编　者

2013 年 5 月

目　录

第1章 C语言概述

🔍 **内容导读**

本章首先介绍 C 语言的由来与发展，然后从简单的 C 程序开始，介绍 C 语言程序的书写格式与实现，使读者初步了解 C 语言程序结构，并建立 C 语言整体概念，为后面各章的学习奠定基础。本章主要内容如下：

* C 语言的由来与发展
* C 语言的作用与地位
* C 语言程序的书写格式与实现

1.1 C语言的由来与发展

1.1.1 C语言的由来

C 语言诞生于 1972 年，由美国电话电报公司 (AT&T) 贝尔实验室的 D. M. Ritchie（C 语言创始人 D.M.Ritchie 如图 1-1 所示）设计，并首先在一台使用 UNIX 操作系统的 DEC PDP-I1 计算机上实现。C 语言之所以命名为 C，是因为 C 语言源自 Ken Thompson 发明的 B 语言，而 B 语言则源自 BCPL 语言。1970 年，美国贝尔实验室的 Ken Thompson 以 BCPL 语言为基础，设计出很简单且很接近硬件的 B 语言（取 BCPL 的首字母），并且他用 B 语言写了第一个 UNIX 操作系统。1972 年，美国贝尔实验室的 D.M.Ritchie 在 B 语言的基础上最终设计出了一种新的语言，他取了 BCPL 的第二个字母作为这种语言的名字，这就是 C 语言。

图 1-1 C 语言创始人 D.M.Ritchie

1.1.2 C语言的发展历程

1978 年后，C 语言已先后被移植到大、中、小及微型机上，它可以作为操作系统设计语言,编写系统应用程序;也可以作为应用程序设计语言,编写不依赖计算机硬件的应用程序。C 语言的应用范围广泛,具备很强的数据处理能力,适于编写系统软件、三维、二维图形和动画、单片机以及嵌入式系统开发。许多著名的系统软件,如 DBASE Ⅲ PLUS、DBASE Ⅳ 都是由 C 语言编写的。用 C 语言加上一些汇编语言子程序,就更能显示 C 语言的优势了,像 PC- DOS 、WORDSTAR 等就是用这种方法编写的。随着微型计算机的日益普及,出现了许多 C 语言版本。由于没有统一的标准,使得这些 C 语言之间出现了一些不一致的地方。为了改变这种情况,美国国家标准研究所 (ANSI) 为 C 语言制定了一套 ANSI 标准,于 1983 年发表,成为现行的 C 语言标准,通常称之为 ANSI C。

1.1.3　C 语言的作用与地位

C 语言是基础语言。通过 C 语言的语法,你可以洞悉很多类 C 语言的语法,比如 JAVA、C++、C# 等。它们跟 C 语言是很相似的,即使是流程控制的语句都极其相似。学好 C 语言,懂一点数据结构和算法,对其他语言的学习,不无裨益。

C 语言是高效语言。C 语言是最贴近底层,最具有效率的。比如在 POS 端做刷银行卡操作的时候,后台其实是上万行 C 代码在发光发热,交易处理大多都是用 C 代码来实现的,因为 C 语言在 Linux 系统上几乎无所不能! Linux 操作系统本身大部分代码都是 C 语言来实现的,而用其他语言来实现,不是实现不了就是实现起来低效。近年来 C 语言在编程语言中的排名都在前列,2013 年 1 月 TIOBE 编程语言排行榜中,C 语言排名第一。

1.2　简单的C程序介绍

1.2.1　简单C语言程序示例

为了说明 C 语言源程序结构的特点,先看以下几个程序。这几个程序由简到难,表现了 C 语言源程序在组成结构上的特点。虽然有关内容还未介绍,但可从这些例子中了解到组成一个 C 源程序的基本部分和书写格式。

【例 1-1】 在屏幕上输出如下内容:

hello,world!

```c
/*  例 1-1 源程序,在屏幕上输出字符串   */
#include<stdio.h>
void main()
{
    printf("hello,world!\n");
}
----- 程序执行 -----
```

在屏幕上显示如下信息：

hello,world!

光标停留在字符串的下一行。

程序说明： 这是一个简单的 C 语言程序。程序的功能是在屏幕上输出" hello,world!"。简单分析一下程序的构成：

（1）"#include <stdio.h>"是编译预处理命令，其目的是使输入输出能正常执行。

（2）main 是函数名，后面必须有一对圆括号。main 前面的 void 表示函数返回值为"空类型"，即执行本函数后不产生函数值。

（3）一对花括号 {} 括住的部分称为函数体。

（4）程序的执行是从 main 函数开始，main 函数称为主函数，每个 C 程序必须有且仅有一个 main 函数。

（5）"printf("hello,world!\n");"是函数调用语句，printf 函数的功能是把要输出的内容（printf 括号中双引号引起来的部分 hello,world!\n）送到显示器去显示。'\n' 是转义字符，含义是回车。 printf 函数是一个由系统定义的标准函数，可在程序中直接调用。

【例 1-2】 输入长方形的长和宽，求面积。

```
/*   例 1-2 源程序，求长方形面积的计算程序   */
#include <stdio.h>
void main()
{
    float   len,width,s;                    // 定义变量
    printf("Input len and width：\n");       // 显示提示信息
    scanf("%f%f", &len,&width);             // 输入长和宽
    s=len*width;                            // 计算面积
    printf("s=%f\n", s);                    // 输出面积
}
----- 程序执行 -----
Input len and width:                       （屏幕上显示信息：）
5  6↙                                      （用户输入的数据，6 后面的箭头表示回车）
s=30.000000                                （屏幕上的输出信息）
```

程序说明：

（1）整个程序由一个主函数 main 组成。

（2）"float len,width,s;"是变量定义语句，len、width、s 是变量名，变量名是自定义的，变量是内存中的存储单元，能够存储供程序使用的数据。"s=len*width;"是在已知 len 和 width 的情况下计算长方形面积，并把结果存放到变量 s 中，C 语言中"*"表示数学中的乘号。

（3）scanf、printf 是 C 语言中最常用的输入 / 输出函数，用来输入 / 输出数据。

（4）"// 文字……"和"/* 文字……*/"是对代码的注释，不是程序部分，在程序执行中不起任何作用，只为增加程序的可读性。

【例1-3】 输入两个整数，求两数之和。

```
/*  例1-3源程序，求两数之和  */
#include<stdio.h>
void main()
{
    int add(int x,int y);
    int a,b,sum;                           // 定义变量
    printf("Please input a and b :\n");    // 输入信息提示
    scanf("%d%d",&a,&b);                   // 输入两数
    sum=add(a,b);                          //  求和存放在 sum 中
    printf("%d+%d=%d\n",a,b,sum);          // 输出两数之和 sum
}
int add(int x, int y)                      // 定义 add 函数
{
    return (x+y);
}
```

```
----- 程序执行 -----
Please input  a and b :
15   25 ↙
15+25=40
```

程序说明：

（1）add 函数是把 x 和 y 两个数相加由 return 语句返回给主函数 main。

（2）main 函数中 "sum=add(a,b);" 语句的作用是调用函数 add，求出 a+b。

这几个例子中用到了编译预处理命令、C 系统库函数、用户自定义函数及函数调用等概念，现在只做简单的介绍，在以后相关章节中会有详细说明。

1.2.2 C 语言程序的构成

一个完整的 C 程序可以由一个或多个源文件组成。每个源文件由函数、编译预处理命令及注释三部分组成。C 语言程序的一般形式：

编译预处理命令

函数

{

C 语言语句；   /* 注释语句 */

}

1. 编译预处理命令

程序中每一个以 "#" 号开头的命令行，是编译预处理命令，一般放在程序的最前面。

不同的编译预处理命令完成不同功能。如"#include <stdio.h>"命令的作用是将特定目录下的"stdio.h"文件，嵌入到源程序中。

2. 函数

一个完整的 C 程序可以由一个或多个函数组成，其中主函数 main 必不可少，且只能有一个主函数。C 程序执行时，总是从主函数 main 开始，回到 main 函数结束。与 main 函数在整个程序中的位置无关。

main 函数的结构形式如下：

```
函数类型  main()
{
    定义部分；
    执行部分；
}
```

其中：

（1）函数类型指的是 main 函数的返回值的类型，若无返回值，可定义为空类型，即 void 类型。

（2）函数体，是函数首行下面花括号对中的内容。如果函数内有多个花括号，则最外层的一对花括号为函数体的范围。函数体由各类语句组成，执行时按语句的先后次序依次执行，各语句间用分号"；"分割。

3. 注释

注释不是程序部分，在程序执行时不起任何作用，其作用是增加程序可读性，方便别人的阅读或自己以后的回顾。C 语言的两种注释方法如下：

（1）/* 注释内容 */，适用于注释多行，"/*"和"*/"之间的内容即为注释。

（2）// 注释内容，适用于注释单行，"//"后面的部分（行）即为注释。

其中"注释内容"可以是汉字或西文字符。

C 程序的书写规则：

从书写清晰、便于阅读、理解、维护的角度出发，在书写程序时应遵循以下规则：

（1）一个说明或一个语句占一行。

（2）用 {} 括起来的部分，通常表示了程序的某一层次结构。{} 一般与该结构语句的第一个字母对齐，并单独占一行。

（3）低一层次的语句或说明可比高一层次的语句或说明缩进若干空格后书写。以便看起来更加清晰，增加程序的可读性。

1.2.3　C 语言的特点

（1）C 语言简洁、紧凑，使用方便、灵活。ANSI C 一共只有 32 个关键字（见附录 1），9 种控制语句，程序书写自由，主要用小写字母表示，压缩了一切不必要的成分。

（2）运算符丰富。C 运算符共有 34 种。C 把括号、赋值、逗号等都作为运算符处理。

从而使 C 的运算类型极为丰富，可以实现其他高级语言难以实现的运算。

（3）数据结构类型丰富。

（4）具有结构化的控制语句。

（5）语法限制不太严格，程序设计自由度大。

（6）C 语言允许直接访问物理地址，能进行位（bit）操作，能实现汇编语言的大部分功能，可以直接对硬件进行操作。因此有人把它称为中级语言。

（7）生成目标代码质量高，程序执行效率高。

（8）与汇编语言相比，用 C 语言写的程序可移植性好。C 语言是一种通用、灵活、结构化和使用普遍的计算机高级语言，特别适合进行系统程序设计和对硬件进行操作的场合。但是，C 语言对程序员要求也高，程序员用 C 语言写程序会感到限制少、灵活性大、功能强，但较其他高级语言在学习上要困难一些。在初学 C 语言时，可能会遇到有些问题理解不透，或者表达方式与以往数学学习中不同（如运算符等），这就要求学习时不气馁，不明白的地方多问多想，鼓足勇气进行学习，待学完后面的章节知识，前面的问题也就迎刃而解了。

1.3 C 程序的上机实现

1.3.1 实现 C 语言程序执行的步骤

高级语言处理系统，主要由编译程序、连接程序和函数库组成。如果要使 C 程序在一台计算机上执行，必须经过"编辑"源程序、"编译"和"连接"及调试运行，最后得到可执行程序。

1. 编辑

编辑是建立或修改 C 源程序文件的过程，并以文本的形式存储在磁盘上，C 源程序文件名的扩展名为 .c。

2. 编译

C 语言是计算机高级语言，其源程序必须经过编译程序对其进行编译，生成目标程序，目标程序文件的扩展名为 .obj。

3. 连接

编译生成的目标程序机器可以识别，但不能直接执行，由于程序中使用到一些系统库函数，还需将目标程序与系统库文件进行连接，经过连接后，生成一个完整的可执行程序，可执行程序的扩展名为 .exe。

4. 运行

C 源程序经过编译、连接后生成的可执行文件，可脱离编译系统，直接像执行 DOS 外部命令一样，输入可执行文件名或在 Windows 资源管理器下双击可执行文件名。C 语言程序的上机步骤如图 1-2 所示。

图 1-2 中，当编译或连接时出现错误，说明 C 程序编写时有语法、句法错误；若在运行

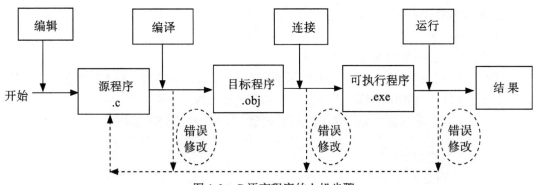

图 1-2　C 语言程序的上机步骤

时出现错误或结果不正确，说明程序设计上有错误（称为逻辑错误），都需要修改源程序并重新编译、连接和运行，直至将程序调试正确为止，最后得到的 .exe 可执行文件，该文件可以脱离 C 编译系统，直接在计算机上运行。

由于操作系统不同，或系统中安装了不同版本的 C 语言处理系统，所使用的 C 语言支持环境也会有所不同。常用的 C 语言编译环境有 Turbo C、Visual C++、C-Free 等。本书中介绍 C-Free、Visual C++ 这两个运行环境。

1.3.2　在 Microsoft Visual C++ 下运行 C 程序

Microsoft Visual C++ 6.0 是一款功能强大的，面向对象程序设计语言。在 Microsoft Visual C++ 6.0 中运行 C 语言程序，只是 Microsoft Visual C++ 6.0 软件强大功能中的很小方面的应用。

1. 启动 Visual C++

Visual C++ 是一个庞大的语言集成工具。启动 VC++ 方法：[开始] → [程序] → [Microsoft Visual Stdio 6.0] → [Microsoft Visual C++ 6.0]。启动 VC++ 后，出现 VC++ 集成化环境的操作窗口，如图 1-3 所示。

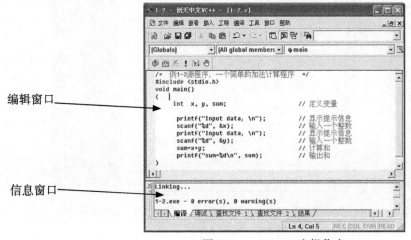

图 1-3　VC++ 6.0 主操作窗口

2. 新建或打开 C 程序文件

（1）新建 C 程序文件

选择 [文件] 菜单→ [新建] 菜单项。

单击 [文件] 选项卡，如图 1-4 所示，选好 "C++ Source File" 项，输入想保存的文件名，选中对应的文件夹。单击 [确定] 按钮，即可在编辑窗口输入程序。

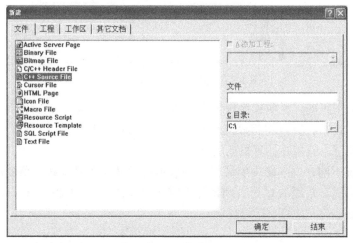

图 1-4 新建文件

（2）打开调试 C 程序

选择 [文件] 菜单→ [打开] 菜单项，打开指定的文件。

完成后保存文件，再选择 "编译"(Build) 菜单，单击 "编译 Modify1.c"(compile Modify1.c) 选项。如图 1-5 所示。

图 1-5 编译文件

再单击"构件Modify1.exe"(Build Modify1.exe) 选项。如图1-6 所示。

图1-6　构件文件

若无错误，如图1-7 所示，运行"编译"→"执行…"。(Execute …或 Ctrl+F5)

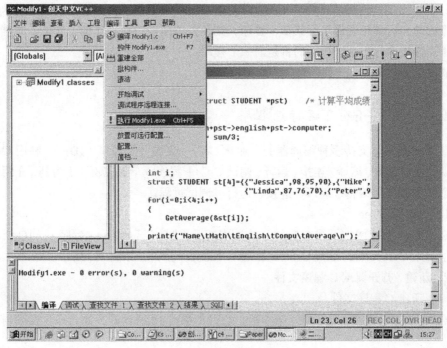

图1-7　执行文件

运行结果如图 1-8 所示，按任意键返回 VC 界面。

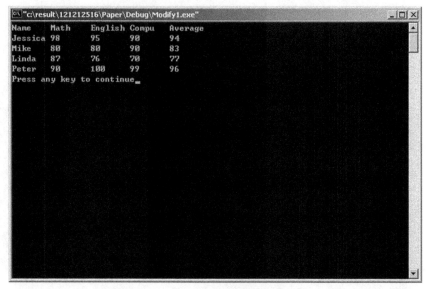

图 1-8　运行结果

3. C 程序文件存盘

在新建文件的时候，已经事先确定好文件的保存目录和文件名了，所以只需要点击 [文件] 菜单→ [保存] 菜单项。

4. 关闭程序工作区

一个程序编译连接后，VC++ 系统自动生成相应的工作区，可以完成程序的执行。特别要注意的是，若要想编译执行第 2 个程序，则须先关闭前一个程序的工作区，才能对第 2 个程序编译连接执行，否则执行的将是前一个程序。

选择 [文件] 菜单→ [关闭工作区] 菜单项。

1.3.3　在 C-free 下运行 C 程序

C-Free 是一款支持多种编译器的专业化 C/C++ 集成开发环境（IDE）。利用 C-Free，我们可以轻松地编辑、编译、连接、运行、调试 C/C++ 程序。下面以例 1-1 为例，介绍在 C-Free 下一个 C 源程序的编辑、编译、连接、运行、调试过程。

1. 启动 C-Free

在 C-Free 官方网站下载 C-Free 正式版安装后，选择 [开始] → [程序] → [C-Free] → [C-Free]。启动 C-Free 后，出现 C-Free 集成环境的操作窗口，如图 1-9 所示。

2. 新建 / 打开调试 C 程序文件

（1）新建 C 程序文件

选择 [文件] 菜单→ [新建] 菜单项，打开如图 1-10 所示的界面，即可在编辑窗口输入程序。

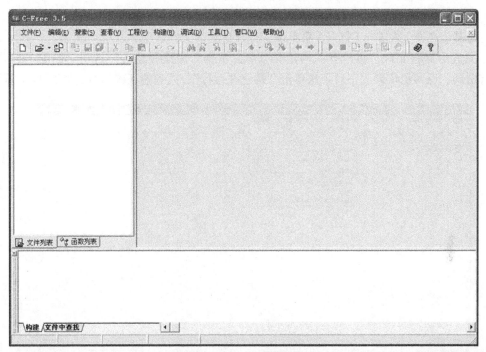

图 1-9 C-free 集成环境

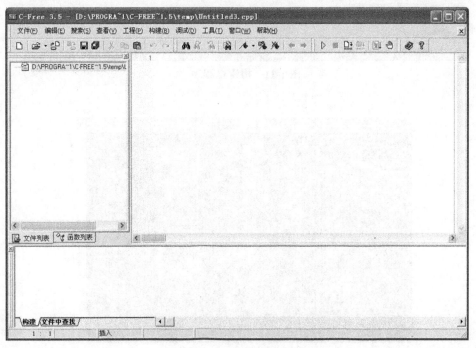

图 1-10 新建 C 源程序文件

（2）打开调试C程序

选择[文件]菜单→[打开]菜单项，打开指定的文件。

完成后保存文件，再选择"构建"菜单，单击"构建并运行"选项。如图1-11所示。如有错误，返回源代码改正后再次单击"构建并运行"，直到能正确运行，如图1-12所示。

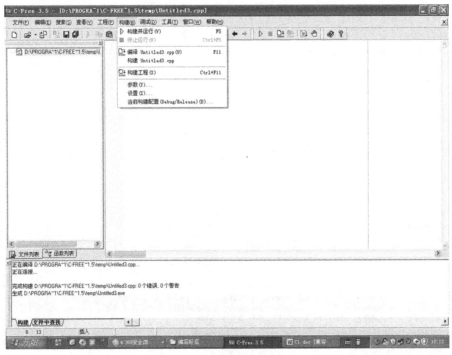

图1-11　构建C程序

图1-12　例1-1运行效果图

1.4　本章知识点小结

1. 一个 C 语言程序由编译预处理命令、函数和注释构成，注意一般形式的写法。
2. C 语言程序必须在相应的编译环境下运行,常用的编译环境有 Visual C++、C-Free 等。

拓展阅读

VC++ 6.0 环境下程序断点调试方法

在 VC++ 6.0 中编辑好 C 程序后，经过编译连接看到如下提示：

编译 0 error(s)，0 warning(s)

连接 0 error(s)，0 warning(s)

通常我们会认为程序已经完全正确了，但结果有时却不是这样。运行后，发现运行结果并不是预想的结果。这时，如果在代码中加 n 条 printf 语句来查看变量的结果，这种方法是不可取的，可行的方法是利用 VC++ 6.0 中的断点调试功能，来观察程序单步运行后各变量的值的变化。

下面通过一简单例子说明如何使用 Debug 的一些基本功能。

如图 1-13 所示的一个简单程序，编译连接都没有错误，运行结果却是不正确的。

最终结果确定是逻辑错误，如果不用单步调试，很难找出这种错误。

这里先提到一个断点的概念，顾名思义，就是在需要的地方把程序断开，如果在某一行代码处添加了断点，那么程序运行到断点处即会暂停，不再继续往下运行，直到接到继续运

图 1-13　程序调试过程举例

行的命令。

对于图 1-13 的示例程序，在感觉可能有问题的地方添加断点（按快捷键 F9 或者单击如图 1-14 所示的小手按钮），以便运行到断点处查看运行状态。

按快捷键 F9 或者单击图中小手按钮，设置断点。这样程序运行到断点处就会暂停，以便查看变量目前的情况。
如果需要进入函数内部查看运行状况，那么需要在函数内部添加断点，否则函数只会当成一步，直接得出结果。

图 1-14　调试断点设置

在需要的地方添加断点后，按 F5 或者如图 1-15 所示的调试按钮，即可出现调试界面。同时出现的还有一个黑色的窗口，如果需要输入数据，可以在黑色窗口中输入。

按 F5 或者图中的调试按钮，即可出现调试界面。同时出现的还有一个黑色的窗口，如果需要输入数据，可以在黑色窗口中输入。

箭头所指的是当前要运行的位置，一般变量显示箭头所指上行的状态结果。

这里动态显示参与当前行运行的变量及其值，变量值发生改变的会用红色标出。

这里可以输入要查看的变量，是对左边动态显示的一个补充，对需要长期监视的变量很有用。

图 1-15　断点调试（一）

图 1-15 中箭头所指的即是当前要运行的位置。左下窗口动态显示参与当前行运行的变量及其值，运行时变量值发生改变的会用红色标出。右边窗口中，可以输入要查看的变量，它将一直显示在那里，是对左边动态显示的一个补充，对需要长期监视的变量很有用。

运行到断点处以后，按 F10 即可单步运行，每按一下执行一步。可以观察每一步，每个变量的状态，如图 1-16、图 1-17 所示。

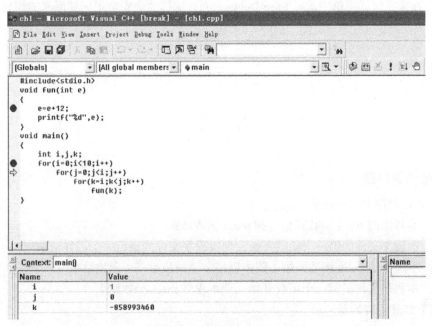

图 1-16　断点调试（二）

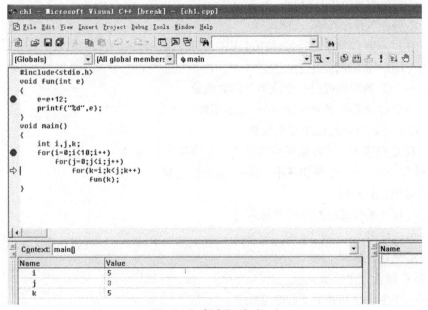

图 1-17　断点调试（三）

单步调试发现，i 的值总是大于 j，这样，第三重循环 for（k=i;k<j ;k++）是永远无法进入循环的。因此找到了问题的症结，该怎么改，就看程序设计的初衷了。

像这种逻辑错误，不用单步调试，很难发现。即使用 Debug 也需要很长时间和耐心才可以找到，因此，我们编程时应该尽量避免出现这种逻辑上的错误。

调试过程中可以直接修改代码，下一次运行到这里会按新的代码执行。调试完成想要退出 Debug，直接在调试菜单中选择 Stop Debugging，这样才会安全退回到原来的编辑界面。

习　题

一、单项选择题

1. 一个 C 程序的执行是从＿＿＿＿。
   A．本程序的 main 函数开始，到 main 函数结束
   B．本程序文件的第一个函数开始，到本程序文件的最后一个函数结束
   C．本程序的 main 函数开始，到本程序文件的最后一个函数结束
   D．本程序文件的第一个函数开始，到本程序 main 函数结束

2. 以下叙述正确的是＿＿＿＿。
   A．在 C 程序中，main 函数必须位于程序的最前面
   B．C 程序的每行中只能写一条语句
   C．C 语言本身没有输入输出语句
   D．在对一个 C 程序进行编译的过程中，可发现注释中的拼写错误

3. 以下叙述不正确的是＿＿＿＿。
   A．一个 C 源程序可由一个或多个函数组成
   B．一个 C 源程序必须包含一个 main 函数
   C．C 程序的基本组成单位是函数
   D．在 C 程序中，注释说明只能位于一条语句的后面

4. C 语言规定：在一个源程序中，main 函数的位置＿＿＿＿。
   A．必须在最开始
   B．必须在系统调用的库函数的后面
   C．可以任意
   D．必须在最后

5. 一个 C 语言程序是由＿＿＿＿。
   A．一个主程序和若干子程序组成

B. 函数组成

C. 若干过程组成

D. 若干子程序组成

二、程序编写

编写一个简单的C程序，输出以下内容

```
****************************************
      Happy birthday to you
****************************************
```

第2章 程序设计入门

 内容导读

程序设计（Programming）是给出解决特定问题程序的过程，是软件构造活动中的重要组成部分。程序设计往往以某种程序设计语言为工具，给出这种语言下的程序。本章以 C 语言作为程序设计语言，围绕程序设计的五个步骤，简要介绍程序设计的过程。本章主要内容如下：

* 程序设计步骤及方法
* 算法
* 三种基本结构

2.1 程序设计概述

2.1.1 程序设计步骤

一般来说，程序设计过程应当包括分析、设计、编码、测试、排错等不同阶段。当面对一具体任务时，程序设计过程可分为以下五步：

1. 分析问题

首先对于接受的任务要进行认真的分析，研究所给定的条件，分析最后应达到的目标，找出解决问题的规律，选择解题的方法。

2. 设计算法

用适当的方法描述出解题的方法和具体步骤。

3. 编写程序

将算法翻译成计算机程序设计语言，对源程序进行编辑、编译和连接。

4. 运行程序，分析结果

运行可执行程序，得到运行结果。能得到运行结果并不意味着程序正确，要对结果进行分析，看它是否合理。不合理要对程序进行调试，即通过上机发现和排除程序中的错误。

5. 编写程序文档

许多程序是提供给别人使用的，如同正式的产品应当提供产品说明书一样，正式提供给用户使用的程序，必须向用户提供程序说明书。内容应包括：程序名称、程序功能、运行环境、程序的装入和启动、需要输入的数据，以及使用注意事项等。程序文档的编写应贯穿于整个程序设计过程。

2.1.2 程序设计方法

编程序并不难，只要有算法，会程序设计语言，任何人都可以编出程序，但是不同人编出的程序却大不相同。针对同一个问题，有人编的程序风格好、易读、易维护、易重用、可靠性高、运行得既快又节省存储空间；有人编的程序风格差、晦涩难懂、难于维护、冗长、正确性和可靠性极低、运行起来既慢又占用空间。要想编出一个风格优美、正确可靠、各方面均优秀的好程序，必须按照现代软件工程的规范进行。同时也必须遵循好的程序设计原则和使用好的程序设计方法。到现阶段，程序设计方法一般有两种，一种是面向过程的结构化程序设计，另一种是面向对象的程序设计，C语言就属于面向过程的结构化程序设计语言。那么，什么是结构化程序设计方法呢？

1. 结构化程序设计方法

结构化程序设计（structured programming）的概念最早是由迪克斯特拉（E.W.Dijikstra）在1965年提出的，是软件发展的一个重要的里程碑。它的主要观点是采用自顶向下、逐步求精的程序设计方法，以模块化设计为中心，将待开发的软件系统划分为若干个功能相互独立的模块，这样使完成每一个模块的工作变单纯而明确，为设计一些较大的软件打下良好的基础。在结构化程序设计中使用顺序、选择、循环三种基本控制结构来构造程序。

"自顶向下、逐步求精"是一种思维方式，它经常使用于日常生活和工作中，只不过不自觉或没意识到罢了。例如写一本书，总是先写一个提纲，全书分成几章；然后对每一章又列出本章分几节；对每一节又分出几小节等等；最后再具体着手写每个小节。又如，设计生产某产品的一个工厂：首先应考虑全厂应该分成几个车间；然后再考虑每个车间应分成几个工段；然后再考虑每个工段应该配备多少种设备，每种设备应配备多少台，等等。这就是自顶向下、逐步求精。下面来看一个具体的实例。

【例2-1】 在屏幕上输出如图2-1所示的星号图形。

问题分析：我们不能只看到一堆星星，要用分解的思想，整理出关于图的规律来。首先看到的是一个图；这个图有6行；每一行有若干个星号：第1行1个星号，第2行3个星号，第3行5个星号，可以找出每一行星号的个数的规律：第 i 行星号的个数是 2*i-1 个！

于是首先要把任务分解为：输出6行星号。这是我们"自顶向下，逐步求精"的第一次分解：然后在输出第 i 行时，又可把任务求精为第 i 行输出 2*i-1 个星号，用图示再表达一次

图 2-1 在屏幕上输出星号图形

上述过程，如图 2-2 所示。这就是"自顶向下，逐步求精"。

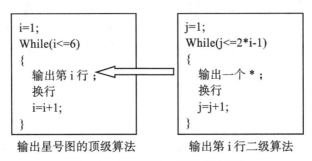

输出星号图的顶级算法　　　　　　输出第 i 行二级算法

图 2-2　自顶向下、逐步求精图示

体会本例的任务：将输出一个"星号组成的图案"，分解为"循环输出若干行"，找出各行的规律，能够逐步细化到"输出第 i 行"这个任务，最终问题细化到只输出一个字符'*'。从"顶层"出发，"向下"（即编程中能直接实现的细节）考虑，"逐步"地"求精"。对复杂的问题，可能需要更多层次的分解。想一想，我们做任何工作，如对大学生活做一宏观的规划、制定一天的学习计划、组织一次班级活动、将来的工程项目开发、做老板后策划一项商业活动、做官员后……无论复杂还是简单，有意或无意地，都是在"自顶向下，逐步求精"。只是现在，你需要用心体会，将其成为你的思维惯性。在面向过程的结构化程序设计中，"模块"是构成程序的基本单元，好比是一座大楼中的各个房间，有办公室、实验室、会议室、门房、各自独立，但共同组成了大楼。有了这样的模块，程序不需要写得很长，将一段功能独立的代码写成一个模块，在对问题分解后，并不一定需要把各级分解的结果堆在一起，组装出一个长长的貌似高水平的程序。"简单"是工程中的第一法则，用模块构造出的程序，结构简单、易读，易于多人合作分工完成，好处是不容易出错，将来的维护也就容易了。

从以上例子可以看出，结构化程序设计的基本原则是：自顶向下，逐步求精，从问题的全局下手，把一个复杂的任务分解成许多易于控制和处理的子任务，子任务还可能做进一步分解，如此重复，直到每个子任务都容易解决为止。

面向过程的程序设计语言主要有：Pascal、Basic、C 语言等，C 语言是面向过程的代表。

2. 面向对象的程序设计

面向对象程序设计（Object Oriented Programming，简称 OOP）指一种程序设计范型，同时也是一种程序开发的方法。它将对象作为程序的基本单元，将程序和数据封装其中，以提高软件的重用性、灵活性和扩展性。为了实现整体运算，每个对象都能够接收信息、处理数据和向其他对象发送信息。

面向对象的程序设计语言主要有：C++、java、C# 等，其中 C++ 是在 C 语言的基础上发展起来的。

面向过程和面向对象的程序设计都是程序设计的方法，如何选用要视具体任务需求而定，举个通俗的例子：比如你要开车去一个地方，如果是面向对象，你就可以直接调用开车那个方法，不必关心开什么车，走哪条路，它里面的方法都是已经写好了的。如果是面向过程，比如用 C 语言，那你就需要知道开什么车、走哪条路等等，也就是说你需要写所有的方法。

2.2　算法

一个 C 程序应包括两方面的内容：

（1）对数据的描述。在程序中要指定数据的类型和数据的组织形式，即数据结构（Data Structure）。

（2）对操作的描述。即操作步骤，做任何事情都有步骤，写程序也是一样，为解决一个问题而采取的方法和步骤，称为算法（Algorithm）。

Nikiklaus Wirth 提出了这样的公式：程序＝数据结构＋算法

本教材认为：程序＝算法＋数据结构＋程序设计方法＋语言工具和环境

这 4 个方面是一个程序员所应具备的知识。本节介绍的是怎样编写一个 C 程序，进行编写程序的初步训练，因此，只介绍算法的初步知识。

2.2.1　计算机算法定义

计算机算法指的是计算机能够执行的算法。计算机算法可分为两大类：一类是数值运算算法：一般用于求解数值；另一类是非数值运算算法：一般用于事务管理领域。做任何事情都有一定的步骤。在日常生活中，我们做任何工作都是按照一定的步骤进行的。当从事的是复杂工作时，我们甚至还会在纸上把步骤一步一步的写出来，然后按部就班地进行。

当用计算机编制程序求解问题时，同样需要把求解过程分解为一个个的步骤，这就是"算法"。当然，解决问题的方法有很多种，有些方法只需很少的步骤，而有些方法则需较多的步骤。因此，针对同一个程序的算法也有多种，并且有优劣好坏之分。

2.2.2　算法的特性

一个算法应该具有以下特点：

（1）有穷性。一个算法应包含有限的操作步骤，而不能是无限的。

（2）确定性。算法中的每一个步骤都应当是确定的，而不应当是含糊的，也就是说算法中的每一步骤含义应当是唯一的，不应当产生"歧义"。

（3）有零个或多个输入。所谓输入是指在执行算法时需要从外界取得的信息。

（4）有一个或多个输出。输出就是算法的求解目的。一个算法应当要有输出，没有输出的算法是没有意义的。

（5）有效性。算法中的每一个步骤都应当能有效的执行，并得到确定的结果。

2.2.3　算法的表示

为了描述一个算法，可以有很多种方法。常用的算法表示方法有：自然语言、传统流程图、N-S 流程图等。下面进行简单介绍。

1. 用自然语言表示算法

自然语言就是人们日常使用的语言，用自然语言描述算法，比较习惯和容易接受，但是叙述较繁琐和冗长，容易出现"歧义性"。因此，除了那些很简单的问题以外，一般不采用这种方法。

【例2-2】 交换两个变量中的数据。采用自然语言描述算法。

已知变量 x 和 y 中分别存放了数据，现在要交换其中的数据。为了达到交换的目的，需要引进一个中间变量 m，其算法如下：

（1）将 x 中的数据送给变量 m，即 x → m；

（2）将 y 中的数据送给变量 x，即 y → x；

（3）将 m 中的数据送给变量 y，即 m → y。

【例2-3】 输入三个不相同的数，求出其中的最小数。

求解思路：先设置一个变量 min，用于存放最小数。当输入 a、b、c 三个不相同的数后，先将 a 与 b 进行比较，把小者送给变量 min，再把 c 与 min 进行比较，若 c<min，则将 c 的数值送给 min，最后 min 中存放的就是三个数中的最小数，具体算法如下：

（1）若 a<b，则 a → min，否则 b → min；

（2）再将 c 与 min 进行比较，若 c<min，则 c → min。这样，min 中存放的即是三个数中的最小数。

2. 用传统流程图表示算法

流程图是用一些图框来表示各种类型的操作，在图形上用扼要的文字和符号表示具体的操作，并用带有箭头的流线表示操作的先后次序。形象直观，便于理解。表 2-1 列出了流程图的基本符号及其含义。

表 2-1 流程图符号

图形符号	名　称	含　义
⬭	起止框	表示算法的开始或结束
▱	输入、输出框	表示输入输出操作
▭	处理框	表示处理或运算的功能
◇	判断框	用来根据给定的条件是否满足决定执行两条路径中的某一路径
▬▶	流线	表示程序执行的路径，箭头代表方向
◯	连接符	表示算法流向的出口连接点或入口连接点，同一对出口与入口的连接符内，必须标以相同的数字或字母

结构化程序设计三种基本结构的流程图：

（1）顺序结构

是最基本、最简单的结构，它由若干块组成，按照各块的排列顺序依次执行。其中，这里的块是指三种基本结构之一或表达式语句等，但不包括转移语句。如图 2-3（a）所示。

（2）选择结构

又称分支结构，是根据给定的条件，从两条或者多条路径中选择下一步要执行的操作路径。如图 2-3（b）所示。图中 P 表示给定的条件，当条件 P 成立时，选择语句组 1 操作，否则选择语句组 2 操作。

（3）循环结构

是根据一定的条件，重复执行给定的一组操作。如图 2-3（c）所示。图中 P 表示事先给定的条件，当条件 P 成立时，重复执行语句组操作，一旦条件不成立时，即离开该结构。

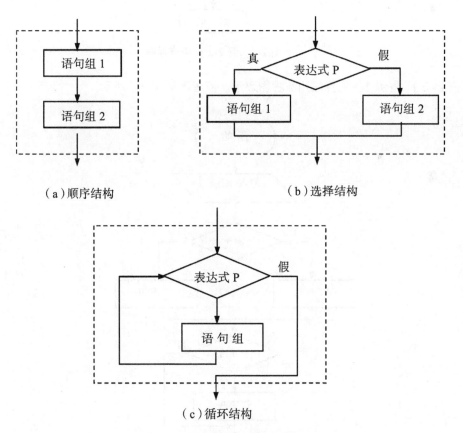

（a）顺序结构　　　　　　　　　　　（b）选择结构

（c）循环结构

图 2-3　三种基本结构流程图

由这三种基本结构或三种基本结构复合嵌套构成的程序称为结构化程序。结构化程序具有结构清晰、层次分明及良好的程序可读性。

【例 2-4】 将例 2-2 的算法用流程图表示。流程图如图 2-4 所示。

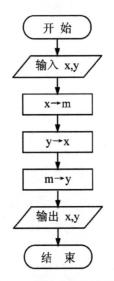

图 2-4　例 2-2 算法流程图

【例 2-5】 将例 2-3 的算法用流程图表示。流程图如图 2-5 所示。

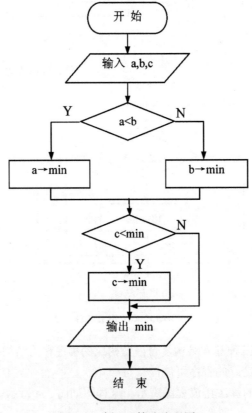

图 2-5　例 2-3 算法流程图

3. N–S 流程图

N-S 流程图是结构化程序设计方法中用于表示算法的图形工具之一。对于结构化程序设计来说，传统流程图显得太复杂和有所欠缺。因为传统流程图出现得较早，它更多地反映了机器指令系统设计和传统程序设计方法的需要，难以保证程序的结构良好。另外，结构化程序设计的一些基本结构在传统流程图中没有相应的表达符号。例如，在传统流程图中，循环结构仍采用判断结构符号来表示，这样不易区分到底是哪种结构。为此，两位美国学者 Nassi 和 Shneiderman 于 1973 年就提出了一种新的流程图形式，这就是 N-S 流程图，它是以两位创作者姓名的首字母取名，也称为 Nassi Shneiderman 图。

N-S 图的基本单元是矩形框，它只有一个入口和一个出口。长方形框内用不同形状的线来分割，可表示顺序结构、选择结构和循环结构。在 N-S 流程图中，完全去掉了带有方向的流程线，程序的三种基本结构分别用三种矩形框表示，将这种矩形框进行组装就可表示全部算法。这种流程图从表达形式上就排除了随意使用控制转移对程序流程的影响，限制了不良程序结构的产生。

与顺序、选择和循环这三种基本结构相对应的 N-S 流程图的基本符号如图 2-6 所示。图 2-6（a）和图 2-6（b）分别表示顺序结构和选择结构，图 2-6（c）表示循环结构。由图可见，在 N-S 图中，流程总是从矩形框的上面开始，一直执行到矩形框的下面，这就是流程的入口和出口，这样的形式是不可能出现无条件的转移情况。

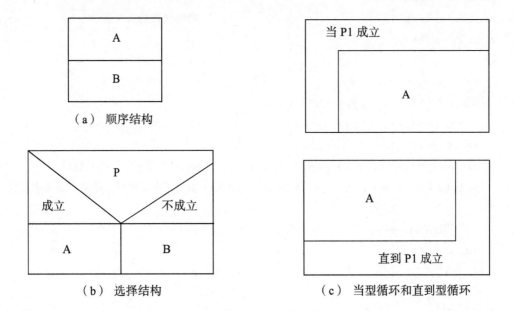

（a）顺序结构

（b）选择结构

（c）当型循环和直到型循环

图 2-6 三种基本结构的 N-S 流程图

2.3 程序控制结构示例

2.3.1 顺序结构

顺序结构是程序中最简单的一种结构。一个程序中若是没有选择或循环的控制结构语句则就是顺序结构。在 C 语言程序中,顺序结构主要使用的是赋值语句以及数据输入输出等函数语句。程序执行时,按语句排列顺序依次执行。

【例 2-6】 输入三角形的三条边长,计算并输出三角形的面积。假设输入的三条边能构成三角形的。

根据三条边的边长,计算三角形面积的海伦公式如下:

$$s = \frac{x+y+z}{2} \qquad 面积 = \sqrt{s(s-x)(s-y)(s-z)}$$

程序设计分析:设置变量 x、y、z 分别表示三条边,s 表示半周长,area 表示面积,操作步骤如下:

```
/*  例 2-6 源程序,计算三角形面积  */
#include <stdio.h>
#include <math.h>                    // 数学函数的头文件
void main()
{
   float x,y,z,s,area;
   printf("Input x,y,z:\n");
   scanf("%f,%f,%f",&x,&y,&z);        // 输入三角形三边
   s=(x+y+z)/2;
   area=sqrt(s*(s-x)*(s-y)*(s-z)); //sqrt 是求平方根的函数
   printf("The area is: %.2f\n",area);// 输出三角形面积,小数点后面取 2 位
   }
----- 程序执行 -----
Input x,y,z:
3,4,5↙
The area is: 6.00
```

程序说明:

(1)为简单起见,假定输入的三条边是能构成三角形的。

(2)程序部分由定义语句、赋值语句和输入、输出函数语句组成的一个顺序结构,程序在执行时,按语句的先后次序依次执行。

思考:如何知道输入的 3 个值能否构成三角形呢?

2.3.2　选择结构

在编程解决实际问题时，有时需要根据某些条件作出判断，决定执行或不执行某些语句。这时可以用 C 语言中的选择结构来实现。选择结构又叫分支结构。例如：改进例 2-6，利用数学公式求解三角形面积。要求对于输入的三边首先要判断出能否构成三角形，对于能构成三角形的计算面积。这就需要用到选择结构。C 语言中选择结构有 if 语句和 switch 语句。

【例 2-7】　输入三角形的三条边长，判断能构成三角形的则计算并输出三角形的面积。

程序设计分析：同例 2-6 相比，要先对三边进行判断，操作步骤如下：

（1）输入 x、y、z

（2）如果 x、y、z 能构成三角形，则计算面积并输出，

```c
/*  例 2-7 源程序，引例：计算三角形面积   */
#include <stdio.h>
#include <math.h>
void main ( )
{
    float x,y,z,s,area;
    printf ( "Input x,y,z:\n" );
    scanf ( "%f,%f,%f",&x,&y,&z );
    if ( x+y>z && x+z>y && y+z>x ) {          // 判断是否构成三角形的三条边
        s= ( x+y+z ) /2;
        area=sqrt ( s* ( s-x ) * ( s-y ) * ( s-z ) );
        printf ( "The area is %.2f\n",area );
    }

}
```

```
----- 程序执行 -----
Input x,y,z:
3, 4, 5↙
The area is 6.00
```

思考：如何输入多组三角形的三边，求多个三角形的面积呢？

2.3.3　循环结构

在解决实际问题中，常常会遇到一些要反复计算或操作的处理过程。比如，本章第一节中的例 2-7 输入三角形的三边，求出了三角形的面积。那么如何输入多组三角形的三边，求多个三角形的面积呢？根据前面的算法分析，要得到多个三角形的面积，就要反复输入三边，

反复求面积。如果用顺序结构或是选择结构都是无法实现的。在 C 语言中对于这种要重复执行多次的计算或操作，通常用循环结构来实现。

　　C 语言提供了三种循环语句来实现循环结构：while 语句、do-while 语句和 for 语句。除此之外，也可以用 if 语句和 goto 语句构成循环（建议不用）。

　　【例 2-8】 分别输入三个三角形的三条边长，判断能构成三角形的则计算并输出三角形的面积。

　　程序设计分析：同例 2-6 相比，要先对输入的每组三边进行判断，操作步骤如下：

（1）第一次输入 x、y、z

（2）如果 x、y、z 能构成三角形，则计算面积并输出，

（3）继续输入 x、y、z，重复第（2）步

```c
/*  例 2-8 源程序，引例：多次计算三角形面积  */
#include <stdio.h>
#include <math.h>
void main()
{
    float x,y,z,s,area;
    int i;
    i=1;
    while(i<=3)                              // 重复做三次输入、计算的操作
    {
    printf("Input x,y,z:\n");
    scanf("%f,%f,%f",&x,&y,&z);
    if(x+y>z && x+z>y && y+z>x){             // 判断是否构成三角形的三条边
        s=(x+y+z)/2;
        area=sqrt(s*(s-x)*(s-y)*(s-z));
        printf("The area is %.2f\n",area);
    }
    i=i+1;                                   // 循环次数加 1
    }
}
```

----- 程序执行 -----

```
Input x,y,z:
3, 4, 5↙
The area is 6.00
Input x,y,z:
6, 8, 10↙
The area is 24.00
```

```
Input x,y,z:
3, 4, 6↙
The area is 5.33
```

2.4　本章知识点小结

从以上三节中，我们可以看出 C 程序设计的简化过程为：分析问题、设计算法、利用控制结构实现程序。

1. 分析问题

明确要解决的问题是什么，有哪些是输入数据，要进行什么处理，最终需要得到哪些处理结果。对要输入、输出数据进行分析后，确定数据类型。

2. 设计算法

在对输入、输出的数据分析后，设计数据的组织方式，接着设计解决问题的操作步骤，并将操作步骤不断的完善，最终得到一个完整的算法。设计算法可用流程图或 N-S 流程图等方法。

3. 实现程序

选择正确的控制结构，将算法设计后得到的数据组织方式、算法具体步骤转化成用具体的 C 语言来描述，实现整个程序。

习　题

一、填空题

1. 结构化程序设计三种基本程序结构是＿＿＿＿＿，＿＿＿＿＿和＿＿＿＿＿。
2. ＿＿＿＿＿是程序设计的灵魂。

二、简答题

用 ANSI 流程图表示求解下面问题的算法。

1. 依次输入 10 个数，要求将其中最大的数打印出来。
2. 有 3 个数 a，b，c，要求按由大到小的顺序把它们打印出来。
3. 判断一个数 n 能否同时被 3 和 5 整除。
4. 有一个分数数列：求出这个数列前 20 项之和。

第3章 基本数据类型

 内容导读

数据是程序处理的对象，数据能表示一定的实体并以特定的形式存在。计算机所要处理的数据多种多样，比如整数、带小数点的数、字符类型数据等。数据类型就是对各种数据的"抽象"、"归纳"。本章主要内容如下：

  ＊基本数据类型的定义

  ＊标识符的定义

  ＊常量和变量的定义和使用

3.1 基本数据类型

在第1章中，大家已经看到所有的变量都是先定义，后使用。对变量的定义包括三个方面：数据类型、存储类型、作用域。在本章中，我们只介绍数据类型的说明。其他说明将在第8章函数中陆续介绍。所谓数据类型是按被定义变量的性质、表示形式、占据存储空间的多少、构造特点来划分的。C语言处理的数据根据其特定的形式是有类型之分的，各种类型数据所表示的范围和所允许的操作各不相同。C语言提供了以下数据类型：

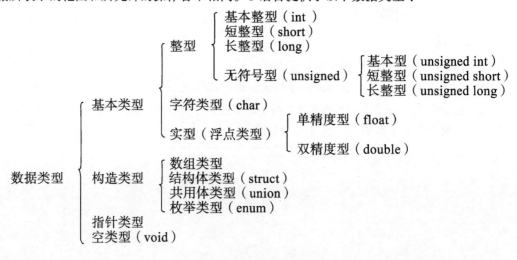

本章主要介绍基本数据类型，基本数据类型最主要的特点是其值不可以再分解为其它类型，而构造数据类型是根据已定义的一个或多个数据类型用构造的方法来定义的。也就是说，一个构造类型的值可以分解成若干个"成员"或"元素"。每个"成员"都是一个基本数据类型或又是一个构造类型。

3.1.1 整型数据

整型是指不存在小数部分的数据类型。根据数据在计算机内存中存储时所占的字节数的不同，整型数据可分为基本整型（int）、短整型（short）、长整型（long）和无符号整型。

不同的整型数据所占据的内存空间的长度（即字节数）不同，同一种数据类型在不同的编译环境中所占的内存空间长度也不同。比如在 TC 中整型用了 16 位二进制数表示，而在 VC++ 6.0 中整型需要用 32 位二进制数表示。表 3-1 给出 VC++ 6.0 系统中整型数据的长度、类型标识符与取值范围。本书中所有例子都以表 3-1 为准。

表 3-1　整型数据的长度、类型标识符与取值范围

	数据长度	类型标识符	取值范围
有符号整数	16 位	short	−32768 ~ 32767
	32 位	int	−2147483648 ~ 2147483647
	32 位	long	−2147483648 ~ 2147483647
无符号整数	16 位	unsigned short	0 ~ 65535
	32 位	unsigned int	0 ~ 4294967295
	32 位	unsigned long	0 ~ 4294967295

确定了某一数据类型所占的字节数，就可以计算出该数据类型数的取值范围了。

数值可以采用原码、反码、补码等不同的表示方法。在计算机里存储数据的时候是以补码的形式来存放的。

（1）正数的原码、反码、补码相同，都是以最高位（符号位）为 0，表示正数，其余各位表示数值。

例如，用 32 位二进制数表示有符号整数 +13 在内存中的存放形式如下：

```
0 00000000000000000000000000001101
```

13 的原码为：00000000000000000000000000001101

13 的反码为：00000000000000000000000000001101

13 的补码为：00000000000000000000000000001101

（2）负整数的原码是最高位（符号位）为 1，数值位为其绝对值的二进制形式，负整数的反码为其原码除符号位外按位取反（即 0 改为 1、1 改为 0)，而其补码为其反码末位再加 1。

例如：

–13 的原码为：1 0 0 0 0 0 0 0 0 0 0 0 0 0 0 0 0 0 0 0 0 0 0 0 0 0 0 0 1 1 0 1

–13 的反码为：1 1 1 1 1 1 1 1 1 1 1 1 1 1 1 1 1 1 1 1 1 1 1 1 1 1 1 1 0 0 1 0

–13 的补码为：1 1 1 1 1 1 1 1 1 1 1 1 1 1 1 1 1 1 1 1 1 1 1 1 1 1 1 1 0 0 1 1

因此整数 -13 的机内表示如下：

| 1 | 1 1 1 1 1 1 1 1 1 1 1 1 1 1 1 1 1 1 1 1 1 1 1 1 1 1 1 1 0 0 1 1 |

（3）若是最高位不用来表示符号位，这种数据类型称为无符号数，其值都为正数。对应的可以分为无符号整型（unsigned int）、无符号短整型（unsigned short）、无符号长整型（unsigned long）。

例如：

（1）对于有符号数 2 位二进制数所能表示的最大数为 01（第 1 位为 0 表示为正数），对应的十进制表示为 $2^1–1$。3 位二进制数所能表示的最大数为 011，对应的十进制表示为 $2^2–1$。所以，两字节的有符号短整型数，占 16 位，最高位表示符号。剩下的 15 位数值位所能表示的最大数为 $2^{15}–1$，即 32767。

（2）16 位的无符号短整数的最大值为 $2^{16}–1$ 即 65535。

由于不同的系统数据类型所占存储空间长度有差异，因此 C 语言提供了一个测定数据类型所占存储空间长度的运算符"sizeof"，它的格式为：

sizeof（类型标识符）或 sizeof（变量名）

可以计算出数据类型或变量所占字节数。

例如：sizeof（int），sizeof（short）可以分别计算出当前所使用系统的 int 类型及 short 类型数据所占的存储空间字节数。

3.1.2 实型数据

实数类型又称为浮点型，是指有小数部分的数。

实型数据在存储时与整型数据存储形式不同，分为符号位、阶码和尾数 3 部分。具体的存储方式比较复杂，可不掌握。C 语言的实型数据又分为单精度型（占 32 位 float 类型）和双精度型（占 64 位 double 类型）两种。所占的字节数不一样，有效位数也不同，如表 3-2 所示。

表 3-2 实型数据的长度、类型标识符、取值范围与有效位数

	数据长度	类型标识符	取值范围与有效位数
单精度实型	32 位	float	约 $\pm（3.4 \times 10^{-38} \sim 3.4 \times 10^{38}）$，6 位有效数字。
双精度实型	64 位	double	约 $\pm（1.7 \times 10^{-308} \sim 1.7 \times 10^{308}）$，16 位有效数字。

注意：

取值范围和有效位数是两个不同的概念。例如，有一个数为 9.23456789（在单精度型的取值范围内），但其超过了 6 位有效位数，因此实际输出的时候会四舍五入保持 6 位有效位数，结果为 9.234568。所以实型数在计算机中只能近似表示，运算中也会产生误差。

3.1.3　字符型数据

字符类型（char）的数据（如字符 'A'、'a'、'5'、'#' 等）在内存中以相应的 ASCII 码存放，每个字符在内存中占用一个字节。所以 C 语言中的字符具有数值特征。整型数和字符型数的定义和值可以互相交换。

例如字符 'a' 的 ASCII 码为 97，它在内存中以如下形式存放：

0	1	1	0	0	0	0	1

3.2　标识符、常量与变量

3.2.1　标识符

在编写程序中，需要用到很多要处理的数据，其中有些数据在程序运行中值不改变，这种数据可以处理为常量。而有些数据在整个运行中经常需要改变，这种数据可以作为变量。常量和变量在使用时都要用标识符标识出来，标识符如何使用呢？

C 语言的标识符是一字符序列，用于表示常量、变量、用户自定义的数据类型或函数的名称。C 语言标识符的命名规则：

（1）标识符由字母、数字、和下划线组成，其中第一个字符必须是字母或是下划线。

（2）标识符不能使用系统保留的关键字（见附录 2）。

（3）C 语言中标识符区分大小写。例如，a2, a_b, _xy, A2 都是合法的标识符。2a, x-y 则不是合法的标识符。

用户自己定义的变量名、常量名和函数名等，起名时一般最好是用表示标识符意义的英文或汉语拼音来表示，例如，一个变量的作用是记数器，可以用 count 标识符来表示相应的变量名，这样便于记忆。

3.2.2　常量与符号常量

计算机对数据进行处理，不同数据类型的数需要占据计算机的内存单元。内存单元就好像是存放货物的"仓库"。

在程序的运行过程中，内存单元中的值不变称为常量。常量也有类型之分，常量的类型由字面书写形式决定。

1. 整型常量

（1）整数的表示

C 的整型常量有十进制、八进制、十六进制三种形式。

① 十进制整型常量

由正、负号和 0 ~ 9 的数码组成，并且第一个数码不能是 0。

例如：123、–56、0 都是十进制整型常量，而 018 则不是。

② 八进制整型常量

由正、负号和 0 ~ 7 的数码组成，并且第一个数码必须是 0。

例如：012、067、–046 是八进制整型常量，而 019 则是非法的常量，八进制中无 9 这个符号。

③ 十六进制整型常量

由正、负号和数码 0 ~ 9、a ~ f 或 A ~ F 组成，并且要有前缀 0x 或 0X。

例如：0x28、0x114、–0xad 都是十六进制整型常量；而 0x2g1 则是非法的常量，十六进制中无 g 这个符号。

任何一个整数都可以用上面的三种形式表示。例如，十进制数的 100，可以采用 100、0144、0X64 等来表示，其本质都不变。

（2）整数的类型

① 根据整数的值确定类型。整型常量若数值范围在 –2147483648 ~ 2147483647 为 int 型数据类型，占 4 个字节。

② 根据整数后的字母确定类型。整型常量后加字符 l 或 L 表示 long 类型常量，如 34L、012L、0x2fdL；整型常量后缀字符 u 或 U 表示无符号整型常量，如 12u、034u、0x2fdu。23 与 23L 在数值上相等，但其类型分别是 int 型和 long 型。

2. 实型常量

实型常量又称浮点数，有十进制浮点表示法和科学计数法（指数形式）两种表示法。

（1）浮点表示法

由正、负号、数字和小数点组成（一定要有小数点），且小数点的前或后至少一边要有数字。实数的浮点表示法又称为实数的小数形式。

例：2.5、0.88、–193.0 、3.14159。

（2）科学计数法

由正、负号、数字、小数点和指数符号 e（或 E）组成。在 e 前必须有数据（整数或实数），e 后指数必须是整数。指数形式一般适合于表示较大或较小的实数。

例如：35.29e3、1.2E-9。

在 VC++ 6.0 中，实型常量都是双精度型，即以 8 个字节存放实型常量，具有 16 位有效数字。若要表示单精度实型常量，可在实型常量后加后缀 f。

3. 字符常量

（1）字符常量

字符常量指单个字符，是用一对单引号将其括起。例如：'A'、'a'、'0'、'$' 是字符常量，它们分别表示字母 A、a 和数字字符 0 及符号 $。每个字符在内存中占一个字节。

字符型数据可以参加运算，均以该字符对应的 ASCII 码参加运算。如，字符 'a' 的 ASCII 码为 97，表达式 'a'+1 的值为 98，即对应字母为 'b'。

（2）转义字符

有些字符如回车、退格等是无法在屏幕上显示的，也无法从键盘输入，它们起着控制的作用。这些字符可以采用转义字符形式来表示。

转义字符以反斜杠（\）开头，后跟一些特殊字符或数字，作用是将反斜杠（\）后面的字符或数字转换成其他意义，如，'\n' 表示换行符。常用的转义字符如表 3-3 所示。

表 3-3　常用的 C 语言转义字符表

字符形式	所 表 示 字 符
\n	换行
\t	横向跳格
\b	退格
\\	反斜杠字符 "\"
\'	单引号字符
\"	双引号字符
\ddd	1~3 位八进制整数所代表的字符，如 '\101' 为字符 'A'
\xhh	1~2 位十六进制整数所代表的字符，如 '\x41' 为字符 'A'

编程提醒：转义字符形式上有多个字符或数字组成，但它表示的是一个字符常量。

【**例 3-1**】 转义字符例。

输出含转义字符的数据。

```c
/*  例 3-1 源程序，输入一个含转义字符的串。*/
#include <stdio.h>
void main ()
{
    printf ("123456789 123456789\n");  //输出数字串，起定位作用
    printf (" ab c\tde\bx\n");
    printf ("abc\101 \x41");  //输出计算后的字符字形及其 ASCII 码
}
```
```
----- 程序执行 -----
123456789 123456789
    ab c    dx
abcA A
```

程序说明：

（1）第一行输出数字 "123456789 123456789" 起着定位的作用，后跟 "\n"，实现换行。

（2）第二行 "\t" 跳到下一个输出区，"d" 字母在第九列输出；"\b" 退格，输出的 "x" 覆盖了 "e"。

（3）第三行 "\101"，"\x41" 都表示的是 "A" 字符。

4. 字符串常量

字符串常量是由一对双引号（""）括起来的字符序列。例如：

```
"china"                    长度为 5
"happy new year!"          长度为 15
"A"                        长度为 1
```

字符串中的字符个数称为字符串的长度。如不包括任何字符的字符串叫空字符串，长度为 0。

字符串存储时占用一段连续的存储单元，每个字符占一个字节，C 语言编译器会自动在字符串的末尾加一个转义字符 '\0'，作为字符串的结束标志。因此，字符串 "china" 在内存中占有 6 个内存单元，它的存储长度是 6。

注意：C 语言中没有字符串类型的变量，而是将字符串常量存放在字符数组中。具体使用方法在以后的章节中介绍。

5. 符号常量

程序中指定用一个标识符代表一个常量。该标识符称为符号常量。在 C 语言中用编译预处理命令 "#define" 来指定一个符号常量，程序运行时，将程序中的所有该标识符替换成对应的常量。

格式

#define 标识符 常量

例如：

```
#define PI 3.141592    /* 定义了符号常量 PI，PI 即 3.141592*/
```

在程序中，要使用 3.141592 这个数值时，只要用 PI 代替，而在编译预处理时，程序中的所有 "PI" 均被替换成 "3.141592"。

根据常量的定义，其值是不能被改变的，所以符号常量只能被引用、不能给符号常量赋值，即程序中不允许出现 PI=3.14 这样的赋值语句。

3.3.3 变量

在程序的运行过程中，其值可以改变的量称为变量。每个变量都有名字，变量在内存中占一定的存储空间，用来存放数据。变量的地址就是这个存储空间的地址，可以用 "&" 运算符来获得变量的地址。在 C 语言中变量必须先定义，再使用。定义变量时需要考虑好该变量的数据类型和变量名。变量的本质是内存中的存储单元，变量名相当于该存储单元的 "别名"，而确定了数据类型，可以知道该内存区域存放什么样的数据。

1. 变量名

变量的命名遵循标识符的命名规则，要采用合法的标识符，并且尽量做到 "见名知义"，如：sum，count 等；注意不能使用 C 语言中的保留字，如：if，printf 等。

2. 变量的定义方法

变量定义的一般形式：

类型标识符　变量名列表；

类型标识符必须是有效的数据类型，变量名列表可以有一个或多个变量，当有多个变量时，变量之间由逗号间隔。

例如：int a,b; 定义 a、b 为整型类型变量。

　　　float x,y; 定义 x、y 为单精度类型变量。

　　　char ch;　定义 ch 为字符型变量。

3. 变量的使用

定义变量后，首先应该对其赋值，然后可以在程序中引用它或改变值（即重新赋值）。对变量的赋值有两种常用方法。

（1）定义变量时赋值

例如：int x=100,sum=0;

定义 x，sum 为 int 类型变量，同时 x 被赋初值 100，sum 被赋初值 0。

注意：如果几个同类型变量的初值是相同的，要分开赋值。

例如："int a=1,b=1,c=1;" 表示整型变量 a、b、c 的初始值均为 1，不能写成 "int a=b=c=1;"。

（2）在程序运行过程中赋值

例如：int x，sum；

　　　x=100;

　　　sum=0;

注意：C语言中变量定义后未赋值就直接使用，则其值是不确定的，会造成结果不正确。

例如：int a，sum;

　　　a=2;

　　　sum=sum+a;

printf（"%d\n",sum）；本程序段因为 sum 没有初值，因此不能直接 sum+a，执行后输出是不确定的值。

3.3　本章知识点小结

1. C语言中数据分为多种类型，基本的有整型、实型、字符型，不同类型的数据在内存中占用不同大小的存储空间。

2. C语言中有五种类型的常量数据，其中转义字符常量和符号常量是比较特殊的常量形式。

3. C语言中用变量来存放程序运行中可改变的数据，任何一个变量必须先定义后使用。

拓展阅读

变量的匈牙利命名法

匈牙利命名法是一种编程时的命名规范。基本原则是：变量名＝属性＋类型＋对象描述，其中每一对象的名称都要求有明确含义，可以取对象名字全称或名字的一部分。命名要基于容易记忆容易理解的原则。保证名字的连贯性是非常重要的。举例来说，表单的名称为form，那么在匈牙利命名法中可以简写为frm，则当表单变量名称为Switchboard时，变量全称应该为frmSwitchboard。这样可以很容易从变量名看出Switchboard是一个表单，同样，如果此变量类型为标签，那么就应命名成lblSwitchboard。可以看出，匈牙利命名法非常便于记忆，而且使变量名非常清晰易懂，这样，增强了代码的可读性，方便各程序员之间相互交流代码。

据说这种命名法是一位叫Charles Simonyi的匈牙利程序员发明的，后来他在微软工作了几年，于是这种命名法就通过微软的各种产品和文档资料向世界传播开了。现在，大部分程序员不管自己使用什么软件进行开发，或多或少都使用了这种命名法。这种命名法的出发点是把变量名按：属性＋类型＋对象描述的顺序组合起来，以使程序员作变量时对变量的类型和其他属性有直观的了解，下面是HN变量命名规范。

（1）属性部分：

g_　　全局变量

c_　　常量

m_　　c++类成员变量

s_　　静态变量

（2）类型部分：

指针　　p

函数　　fn

无效　　v

句柄　　h

长整型　　l

布尔　　b

浮点型（有时也指文件）　f

双字　　dw

字符串　　sz

短整型　　n

双精度浮点　　d

计数　　c（通常用cnt）

字符　ch（通常用 c）

整型　i（通常用 n）

字节　by

字　w

实型　r

无符号　u

（3）描述部分：

最大　Max

最小　Min

初始化　Init

临时变量　T（或 Temp）

源对象　Src

目的对象　Dest

应用举例

hwnd：h 是类型描述，表示句柄，wnd 是变量对象描述，表示窗口，所以 hwnd 表示窗口句柄。

pfnEatApple：pfn 是类型描述，表示指向函数的指针，EatApple 是变量对象描述，所以它表示指向 EatApple 函数的函数指针变量。

g_cch：g_ 是属性描述，表示全局变量，c 和 ch 分别是计数类型和字符类型，一起表示变量类型，这里忽略了对象描述，所以它表示一个对字符进行计数的全局变量。

上面就是 HN 命名法的一般规则。

习　题

一、单项选择题

1. 下面四个选项中，均是 C 语言关键字的选项是_____。

A. auto	B. switch	C. signed	D. if
enum	typedef	union	struct
Include	continue	scanf	type

2. 下面四个选项中，均是不合法的用户标识符的选项是_____。

A. A	B. float	C. b-a	D. _123
P_0	la0	if	temp
do	_A	int	INT

3. 下面四个选项中，均是合法整型常量的选项是_____。

A. 160	B. -0xcdf	C. -01	D. -0x48eg

-0xffff	0la	986，012	2e5
011	0xe	0668	0x

4. 下面四个选项中，均是合法转义字符的选项是_____。

A. '\'	B. '\'	C. '\018'	D. '\\0'
'\\'	'\017'	'\f'	'\101'
'\n'	'\"'	'xab'	'xlf'

5. 下面正确的字符常量是_____。

A．"C" B．"\\" C．'W' D．"

二、填空题

1. 在 C 语言中，一个 char 数据在内存中所占字节数为_____；一个 int 数据在内存中所占字节数为_____；一个 long 数据在内存中所占字节数为_____；一个 float 数据在内存中所占字节数为_____。

2. C 语言的标识符只能由大小写字母，数字和下划线三种字符组成，而且第一个字符必须为_____。

3. 字符常量使用一对_____界定单个字符，而字符串常量使用一对_____来界定若干个字符的序列。

第4章 常用函数和表达式

 内容导读

C 语言运算符按其功能分类有：算术运算符、关系运算符、逻辑运算符、赋值运算符、条件运算符、位运算符、逗号运算符等。不同的运算符，其运算对象个数不同，用运算符将对应的运算对象联系起来的式子，就是表达式。书写表达式的一般规则是：表达式必须写在同一行上，只能使用圆括号且左、右括号个数要相同，有多层括号时内层括号中的运算优先。本章主要内容如下：

* 常用的输出函数
* 常用的输入函数
* 各种常用的运算符
* C 语言表达式
* 数据类型转换

4.1 常用函数

C 语言中没有提供输入、输出语句，数据的输入、输出操作是通过调用库函数实现的。本节介绍几个常用的输入输出库函数，这些函数将在程序中经常出现，其他函数在以后各个有关章节中陆续介绍。使用库函数只需用 #include 预处理命令将对应的头文件包含到程序中，输入输出函数对应的头文件是 stdio.h。

4.1.1 常用的输出函数

1. 单个字符的输出函数 putchar ( )

一般调用形式为：

putchar (ch) ;

功能：向终端输出一个字符。

ch 是参数，可以是字符型或整型变量，包括转义字符；也可以是字符型或整型常量。

【例 4-1】 用几种参数形式输出字符 'a'。

```
/*   例 4-1 源程序, 用几种参数形式输出字符 'a'*/
#include <stdio.h>
void main()
{
char ch1;
ch1='a';
putchar(ch1);
putchar('\n');
putchar(97);
}
```

----- 程序执行 -----

a

a

程序说明：

（1）putchar（）函数可以输出在屏幕上显示的字符，也可以输出转义字符，例如 putchar（'\n'）的作用就是实现换行。

（2）putchar（）函数中的参数除了可以是字符型变量，还可以是整型常量，putchar（97），即输出 ASCII 码值为 97 的字符 'a'。

2. 标准格式输出函数 printf（）

printf 函数称为格式输出函数，其关键字最末一个字母 f 即为"格式"（format）之意。在前面的例题中我们已多次使用过这个函数。

printf 函数调用的一般形式为：

    printf（"格式控制字符串"，输出表列）；

功能：按用户指定的格式，把指定的数据输出到显示器屏幕上。

例如：printf（"a=%d,sum= %f ",a,a/10.0）；

参数说明：

（1）输出表列是要输出的数据，这些数据可以是常量、变量或表达式，列表间用逗号间隔。

（2）格式控制字符串用双引号括起来，表示输出的格式；格式控制字符串中包含两种字符，普通字符和格式控制说明。普通字符会原样输出；格式控制说明以 % 开头，控制对应输出表列数据的输出格式。如 int 数据使用 %d 输出，float 数据用 %f 输出。具体的格式说明符如表 4-1 所示。

表 4-1　printf 的格式说明符

类型	格式说明符	作　用
int	%d	十进制整数
	%o	无符号八进制整数
	%x 或 %X	无符号十六进制整数，格式说明字符用 x 时以小写形式输出十六进制数码 a ~ f，用 X 时输出对应的大写字母 A ~ F
	%u	无符号十进制整数
	%l	长整型，加在 d,o,u,x,X 之前，如 %ld（注意：此处的 1 是英文字母，非数字 1）
char	%c	字符形式输出一个字符
	%s	输出字符串
float、double	%f	小数形式输出浮点数，默认输出六位小数
	%e 或 %E	指数形式输出浮点数，小数部分默认输出六位小数，格式说明字符用 e 时指数以 "e" 表示，用 E 时指数以 "E" 表示
	%g 或 %G	输出 %f 或 %e 格式的较短者，用 G 时若以指数形式输出则选择大写字母

【例 4-2】 数据的输出。

```
/*　例 4-2 源程序，输出数据。　*/
#include <stdio.h>
void main ( )
{
    int a=88,b=89;
    printf ( "%d %d\n",a,b );
    printf ( "%d,%d\n",a,b );
    printf ( "%c,%c\n",a,b );
    printf ( "a=%d,b=%d",a,b );
}
```

----- 程序执行 -----

程序输出如下结果：

```
88  89
88,89
X , Y
a=88,b=89
```

程序说明：

（1）本例中四次输出了 a,b 的值，但由于格式控制串不同，输出的结果也不相同。

（2）第五行的输出语句格式控制串中，两格式串 %d 之间加了一个空格（非格式字符），所以输出的 a,b 值之间有一个空格。

（3）第六行的 printf 语句格式控制串中加入的是非格式字符逗号，因此输出的 a,b 值之间加了一个逗号。

（4）第七行的格式串要求按字符型输出 a,b 值。

（5）第八行中为了提示输出结果又增加了非格式字符串。

（6）非格式字符串在输出时原样照印，在显示中起提示作用。输出表列中给出了各个输出项，要求格式字符串和各输出项在数量和类型上应该一一对应。

【例 4-3】 按指定格式输出数据。

```
/*  例 4-3 源程序，按指定格式输出数据。*/
#include <stdio.h>
void main ( )
{
    int a=34;
    char ch='A';
    float pi=3.141592653,te=0.5;
    printf ( "%d,%o,%x\n",a,a,a );           // 以多种形式输出整数 a
    printf ( "%c\n",ch );                    // 输出字符
    printf ( "pi=%f,pi=%e\n",pi,pi );        // 以多种形式输出浮点数
    printf ( "te=%f\n",te );
    printf ( "%s","abcdefg" );               // 输出字符串
}
----- 程序执行 -----
34,42,22
A
pi=3.141593,pi=3.141593e+000
te=0.500000
abcdefg
```

程序说明：

（1）整数可以选用十进制、八进制、十六进制三种形式输出，以 printf 中的格式说明项为准。

（2）浮点数的输出，小数点后保留 6 位数字。

（3）%s 可以将后面对应的字符串原样输出。

3. printf ( ) 函数的修饰符

如果想按指定位数输出变量的值，则需要用到 printf ( ) 函数的修饰符。例如：%4d，表示输出十进制整数时，占 4 个宽度位置；%5.3f 则表示输出浮点数时，包括小数点共占 5 个宽度位置，而小数点后要显示 3 个数字。具体的修饰符如表 4-2 所示。

表 4-2　printf 的修饰符

修饰符	格式说明符
-	向左对齐
+	显示数值的正负号
m	输出的宽度，实际位数大于 m 时，按实际宽度输出；实际位数不够时候，左边补空格
0m	输出的宽度，实际位数大于 m 时，按实际宽度输出；实际位数不够时候，左边补 0
m.n	输出浮点数时，m 决定输出的总宽度，n 决定小数点后的位数，实际小数位不足 n 时，后补 0。 输出字符串时，m 决定输出的总宽度，n 决定串中 n 个字符输出。

【例 4-4】　按指定修饰符格式输出数据。

```
/*  例 4-4 源程序，按指定修饰符格式输出数据。*/
#include <stdio.h>
void main ( )
{
    int a=15;
    float b=123.1234567;
    double c=12345678.1234567;
    char d='p';
    printf ("a=%d,%5d,%o,%x\n",a,a,a,a);
    printf ("b=%f,%lf,%5.4lf,%e\n",b,b,b,b);
    printf ("c=%lf,%f,%8.4lf\n",c,c,c);
    printf ("d=%c,%8c\n",d,d);
}
```

----- 程序执行 -----
```
a=15,    15,17,f
b=123.123459,123.123459,123.1235,1.231235e+002
c=12345678.123457,12345678.123457,12345678.1235
d=p,        p
```

程序说明：

（1）第八行中以四种格式输出整型变量 a 的值，其中"%5d"要求输出宽度为 5，而 a 值为 15 只有两位故补三个空格。

（2）第九行中以四种格式输出实型量 b 的值。其中"%f"和"%lf"格式的输出相同，说明"l"符对"f"类型无影响。"%5.4lf"指定输出宽度为 5，精度为 4，由于实际长度超过 5 故应该按实际位数输出，小数位数超过 4 位部分被四舍五入。

（3）第十行输出双精度实数，"%8.4lf"由于指定精度为 4 位故截去了超过 4 位的部分。

（4）第十一行输出字符量 d，其中"%8c"指定输出宽度为 8 故在输出字符 p 之前补加 7 个空格。

4.1.2 常用的输入函数

1. 获得一个字符的函数 getchar（）
调用的一般形式为：

    getchar（）；

功能：从键盘上输入一个字符。通常把输入的字符赋予一个字符变量，构成赋值语句，如：

    char c;
    c=getchar（）；

【例 4-5】 输入单个字符。
```
/*  例 4-5 源程序，单个字符的输入输出程序。*/
#include<stdio.h>
void main（）
{
    char c;
    printf（"input a character\n"）；
    c=getchar（）；
    putchar（c）；
}
```
----- 程序执行 -----
A↙
A

编程提醒：

getchar 函数只能接受单个字符，输入数字也按字符处理。输入多于一个字符时，只接收第一个字符。

2. 标准格式输入函数 scanf（）
scanf 函数的一般调用形式为：

scanf（格式控制字符串，地址列表）；

功能：即按用户指定的格式从键盘上把数据输入到指定的变量之中。

例如：scanf（"%d,%d",&a,&b），该函数调用语句的作用是从键盘输入两个整数，将其存储在变量 a 和 b 中。

参数说明：

（1）"地址列表"是由若干个地址组成的列表，可以是变量的地址、数组元素的地址。注意这里是变量的地址，不是变量名。所以，scanf（"%d,%d",a,b）是错误的，&a, &b 分别表示变量 a 和变量 b 的地址。这个地址就是编译系统在内存中给 a,b 变量分配的地址。关于变量地址的概念我们在第3章已提到，这里就不做解释。

（2）格式控制字符串用法类似 printf（）函数。如果格式控制字符串中除了格式说明以外还有其他普通字符，则在输入数据时在对应位置应输入相同的字符。例如：

```
scanf("a=%d",&a);
```

输入应为以下形式：

```
a=25↙
```

为了减少不必要的输入，防止出错，编写程序时，在 scanf（）函数的格式控制字符串中尽量不要出现普通字符，尤其不要将输入提示放入其中。显示输入提示应该放在 printf（）函数中。所以上面的语句改为：

```
printf("Enter a=\n");
scanf("%d",&a);
```

【例4-6】　输入输出多个字符型数据。

```
/*  例4-6源程序，多个字符的输入输出程序。*/
#include<stdio.h>
void main()
{
    char a,b;
    printf("input character a b\n");
    scanf("%c %c",&a,&b);
    printf("\n%c%c\n",a,b);
}
```

----- 程序执行 -----

```
input character a b
A  B↙

AB
```

程序说明：

（1）scanf 格式控制串 "%c %c" 之间有空格时，输入的数据之间可以有空格间隔。

（2）如果格式控制串中有非格式字符则输入时也要输入该非格式字符。

　　例如：程序中 scanf（"%c %c",&a,&b）；改为：scanf（"%c,%c",&a,&b）；

　　其中用非格式符 "，" 作间隔符，故输入时应为：A,B↙

编程提醒：

（1）scanf 函数中没有精度控制，如：scanf（"%5.2f",&a）；是非法的。不能企图用此语句输入小数为2位的实数。

（2）scanf 中要求给出变量地址，如给出变量名则会出错。如 scanf（"%d",a）；是非法的，应改为 scanf（"%d",&a）；才是合法的。

（3）在输入多个数值数据时，若格式控制串中没有非格式字符作输入数据之间的间隔则可用空格、TAB或回车作间隔。C编译在碰到空格、TAB、回车或非法数据（如对 "%d" 输入 "12A" 时，A 即为非法数据）时即认为该数据结束。

（4）在输入字符数据时，若格式控制串中无非格式字符，则认为所有输入的字符均为有效字符。

例如：

```
scanf("%c%c%c",&a,&b,&c);
```

输入 "d e f" 则把 'd' 赋予 a, ' ' 赋予 b, 'e' 赋予 c。只有当输入为 "def" 时，才能把 'd' 赋于 a, 'e' 赋予 b, 'f' 赋予 c。

4.1.3   输入／输出函数应用举例

【例 4-7】 已知华氏温度求对应的摄氏温度。

转换公式为：$y=5*(x-32)/9$

x 表示华氏温度，y 表示摄氏温度。

```
/* 例 4-7 源程序，已知华氏温度求对应的摄氏温度。 */
#include <stdio.h>
void main()
{
    int fahr,sius;                 // 变量 fahr 表示华氏温度，变量 sius 表示摄氏温度
    printf("Enter fahr=");
    scanf("%d",&fahr);             // 输入 fahr 的值
    sius=5*(fahr-32)/9;
    printf("sius=%d\n",sius);
}
----- 程序执行 -----
Enter fahr=100↙
sius=37
```

程序说明：输入华氏温度 100，利用公式计算对应的摄氏温度为 37。scanf() 函数前的 printf() 函数起着输入提示的作用。

【例 4-8】 求方程 $ax^2+bx+c=0$ 的根。a,b,c 由键盘输入，假设 $b^2-4ac>0$。

```
/* 例 4-8 源程序，求方程的根。 */
#include <stdio.h>
#include <math.h>
void main()
{
    float a,b,c,disc,x1,x2,p,q;
    printf("Input a,b,c:");
```

```
    scanf ("%f,%f,%f",&a,&b,&c);                // 输入 a,b,c
    disc=b*b-4*a*c;
    p=-b/(2*a);
    q=sqrt(disc)/(2*a);                         //sqrt () 为计算平方根
    x1=p+q;x2=p-q;
    printf ("x1=%6.3f,x2=%6.3f",x1,x2);
}
----- 程序执行 -----
Input a,b,c:1,3,2↙
x1=-1.000,x2=-2.000
```

程序说明：

（1）程序中的 sqrt（）函数为 C 语言库函数，功能是计算平方根。该类数学库函数的声明在系统文件 math.h 中。所以程序的开始要有编译预处理命令 #include <math.h>。

（2）程序中假设所输入的 a、b、c 满足 $b^2-4*a*c$ 不小于 0。若要对任意输入的 a、b、c 都能求解方程的根，则需要在程序使用分支结构，这在后面章节中会有讲解。

4.1.4　其他常用函数

本节介绍库函数的常用数学函数、字符函数等，其他常用函数在以后各有关章节中陆续介绍。使用库函数的方式与输入、输出库函数相同，只需用 #include 预处理命令将对应的头文件包含到程序中。数学函数对应的头文件是 math.h，字符处理函数对应的头文件是 ctype.h。

【例 4-9】　输入一个正数，求它的平方根值。

```
/*  例 4-9 源程序，求一个正数的平方根值。*/
#include <stdio.h>
#include <math.h>
void main ()
{
    double x,y;
    scanf ("%lf",&x);
    x=x>0?x:-x;                                 // 求 x 的绝对值
    y=sqrt (x);                                 // 调用函数求平方根
    printf ("%.4f\n",y);
}
----- 程序执行 -----
3↙
1.7321
```

程序说明：因要使用库函数 sqrt，必须将对应的头文件 math.h 包含进来。输入数据后，为了保证求平方根值的参数大于 0，若 x 是负数时取它的绝对值，也可以用下面介绍的 fabs 库函数完成。

1. **常用数学函数**

数学函数对应的头文件 math.h。

（1）平方根函数 sqrt

一般形式：sqrt（x）;

功能：计算 $\sqrt{x}$。

例如：sqrt（56.78）返回 56.78 对应的平方根值。

（2）绝对值函数 fabs

一般形式：fabs（x）;

功能：计算 |x|。

例如：fabs（-123.456）返回值为 123.456。

（3）指数函数 pow

一般形式：pow（x,y）;

功能：计算 x y。

例如：pow（2.2,3.5）返回值为 $2.2^{3.5}$

（4）正弦函数 sin

一般形式：sin（x）;

例如：sin（60*3.14159/180）注意这里的 x 为弧度。

2. **常用字符函数**

字符函数对应的头文件 ctype.h。

（1）大写字母转换为小写字母函数 tolower

一般形式：tolower（a）;

返回值：a 是大写字母则返回与 a 对应的小写字母，否则返回 a。

例如：tolower（'D'）为 'd', tolower（'#'）为 '#'.

（2）检查字母函数 isalpha

一般形式：isalpha（a）;

返回值：a 是字母返回非 0，否则为 0。

例如：isalpha（'x'）为非 0；isalpha（48）为 0，因为字符 '0' 的 ASCII 码为 48。

（3）检查大写字母函数 isupper

一般形式：isupper（a）;

返回值：a 是大写字母返回非 0，否则为 0。

例如：isupper（'B'）为非 0，isupper（'b'）为 0。

（4）检查数字字符函数 isdigit

一般形式：isdigit（a）;

返回值：a 是数字字符返回非 0，否则为 0。

例如：isdigit（'0'）为非 0，isdigit（'\007'）为 0，因为 '\007' 是控制字符，表示发出"嘟"声。

3. 其他常用函数

对应的头文件 stdlib.h。

（1）随机数发生器函数 rand

返回值：产生一个 0 ～ 32767 之间的随机整数。

例如：rand（）返回产生的随机数。

（2）初始化随机数发生器函数 srand

一般形式：srand（a）；

功能：a 是无符号整数，作为给定数初始化随机数发生器。

例如：srand（10）;rand（）；以给定数 10 初始化随机数发生器，再产生一个随机数。

4.2　算术表达式

4.2.1　算术运算符与算术表达式

1. 基本算术运算符

（1）+（加法运算符）；

（2）-（减法运算符，或负值运算符，例 10-6,-5）；

（3）*（乘法运算符）；

（4）/（除法运算符）；

（5）%（求余运算符）。

2. 算术运算符的使用

算术运算符含义很简单，在 C 程序中也经常使用，但要注意以下几点：

（1）参加 +、-、*、/ 运算的两个操作数中，若有一个为实数，那么结果的数据类型为 double 型。

（2）两个整数相除的结果还是整数。

如 7/3 结果为 2，舍去小数部分。利用"/"可把一个数的最高位分解出来。

（3）"%"求余运算只能作用于整型数据，是求两个整数相除的余数。

如 11%3 结果为 2。若写成 11.0%3 则程序会有编译错误。利用"%"可把一个数的最低位分解出来。

思考：将一个数，比如 k=1234 的每一位分解出来。如何实现？

4.2.2　自增、自减运算

自增、自减运算的作用是使变量的值增 1 或减 1。自增（减）的运算对象只能是变量，不能是常量和表达式。

自增、自减运算符只有一个运算对象，是单目运算符。

1. 运算符

自增运算符：++

自减运算符：--

2. 使用格式

前缀格式：**运算符 变量**（如对变量 i，++i 或 --i）

后缀格式：**变量 运算符**（如对变量 i，i++ 或 i--）

两种格式的区别：前缀格式中，先使变量加（减）1，再使用变量的值；后缀格式中，先使用变量的原值，再使变量加（减）1。

对于变量 i，"i++" 和 "++i" 都表示 "i=i+1"，前缀格式和后缀格式在使用上没有区别，"i--" 和 "--i" 也是一样的。

但是，当自增、自减运算作为表达式的一部分时，两种不同格式对表达式来说结果是不一样的。

3. 优先级和结合性

自增、自减运算符的优先级是高于基本算术运算符的。

例如，表达式 a*++b 的运算顺序是：先对 b 做自加 1 的运算，然后和 a 相乘。

自增、自减运算符的结合性是：右结合性，即操作数按自右向左的运算顺序。

【例 4-10】 程序运行后变量 x 与 y 的区别。

```
/*  例4-10源程序,注意下列程序运行后变量x与y的区别。*/
#include <stdio.h>
void main()
{
   int a=1,b=1,x,y;
   x=--a+1;                              // 前缀运算
   y=b--+1;                              // 后缀运算
   printf("x=%d   y=%d\n",x,y);
   printf("a=%d   b=%d\n",a,b);
}
----- 程序执行 -----
x=1    y=2
a=0    b=0
```

程序说明：

（1）变量 a 和 b 做的都是减一的操作，所以，a，b 的值都为 0。

（2）x，y 的结果值不一样。对于 x 来说，--a 是前缀运算符，对 a 先自减 1 操作后 a=0，再将 a+1 赋给 x，因此 x=1；而对于 y 来说，b-- 是后缀运算符，先把 b+1 赋值给 y 后再做 b 自减 1（b=b-1），所以 y=2。

4.3　赋值表达式

4.3.1　赋值运算符与赋值表达式

1. 赋值运算符

赋值运算符是"＝"，它的作用是执行一次赋值运算，将"＝"右边表达式的值赋给左边的变量。

赋值表达式：**变量名 = 表达式**

（1）赋值表达式功能是先计算表达式的值，再将计算结果送给变量。所以要将 x=x+1 这个式子和数学中的等式区分开来。

（2）赋值表达式本身是一个运算表达式，它也有值的，其值就是给左边变量赋的值。例如 a=b=2，先计算表达式 b=2，再将该表达式的值 2 赋给 a。

（3）在赋值运算时，当左边变量的数据类型与右边数值的类型不一致时，C 编译系统将自动完成类型转换，转换原则是：以"＝"左边变量的数据类型为准，将右边表达式的值变为左边变量的类型进行赋值。例如：

int a;

a=4.5 赋值后 a 的实际值为 4，C 编译系统将自动将 4.5 转换成整型，去掉小数部分。

2. 赋值语句

（1）语句形式

变量名 = 表达式；

注意与赋值表达式的区别，赋值表达式后加分号才为赋值语句，赋值语句执行赋值操作。

例如：赋值语句"x=y=z=2;"的执行步骤是：①先执行赋值表达式"z=2"，且表达式值亦为 2；②再执行赋值表达式"y=2"，且表达式值亦为 2；③最后 x 与 y、z 一样被赋值 2。

3. 复合赋值运算

在赋值符号"＝"之前加上其他运算符，可以构成复合的赋值运算符。常见的复合赋值运算有：

+=、 –= 、*= 、/=、%=（亦称自反算术赋值运算符）

如 a+=4 等价于 a=a+4。

x/=（y+2）等价于 x=x/（y+2）

4. 赋值运算的优先级和结合性

赋值运算符的优先级较低，仅高于逗号运算符的优先级。

赋值运算符的结合性：右结合性，即操作数按自右向左的运算顺序。

【例 4-11】赋值运算符的使用。

```
/*  例 4-11 源程序，赋值运算符的使用。*/
#include <stdio.h>
```

```
void main ( )
{
    int a=5,b=5,c=5;
    a-=2;                                // 表示 a=a-2
    b*=a+3;                              // 表示 b=b*（a+3）
    c/=a-1;                              // 表示 c=c/（a-1）
    printf ("a=%d,b=%d,c=%d\n",a,b,c);
}
----- 程序执行 -----
a=3,b=30,c=2
```

程序说明：

（1）变量声明语句不能写成 int a=b=c=5；会有编译错误。但是可改写成
int a,b,c; a=b=c=5;

（2）b*=a+3 等价于 b=b*（a+3），而不是 b=b*a+3。

（3）复合赋值运算可以简化程序，但降低了程序的可读性，且易导致错误。建议在编写程序中，复合赋值表达式尽可能写地简单易于理解，在容易引起歧义的地方不用复合赋值运算符。

4.4 关系表达式、逻辑表达式

在选择结构程序设计中，程序中要对某些条件做出判断，根据条件的成立（真）与不成立（假），决定程序的流程。条件可以用表达式来描述，本节介绍 C 语言中用于条件判断的关系表达式和逻辑表达式。

4.4.1 关系运算符与关系表达式

1. 关系运算符：
C 语言提供 6 个关系运算符：
>（大于） >=（大于或等于） <（小于） <=（小于或等于）
==（等于，为两个"="） !=（不等于）

关系运算是双目运算，用于对两个运算对象间的大小比较。关系运算的结果是一个逻辑值。例如，5==4 的值是逻辑"假"，5>2 的值是逻辑"真"。在 C 语言中没有设置表示逻辑值的数据类型，而规定用数值 1 代表"真"，用数值 0 代表"假"；因此，5==4 的值是 0，而 5>2 的值是 1。

编程提醒：

（1）特别注意关系运算符"=="和赋值运算符"="的区别，若是想判断 a 和 b 相等，应写为"a==b"，不能写成"a=b"。后者做的是把 b 的值赋给 a。

（2）由于 C 语言中对于实型数的表示有误差，对单精度实型数一般有 7 位有效位数。所以不要对实型数据作相等或不等判断，而应该利用两个数差值的绝对值与给定的一个近似于 0 的数比较，来判断实型数据相等或不等。

【例 4-12】　分析下面程序的运行结果。

```
/*  例 4-12 源程序，两实数判断是否相等。  */
#include <stdio.h>
void main ( )
{
    float  x,y=0.3;
    y=y*11;
    x=3+0.3;
    if ( x==y ) printf ( "ok,x==y" ) ;        // 若 x 与 y 相等，输出 ok, x==y
    else printf ( "no,x!=y" ) ;               //x 与 y 不相等，则输出 no, x!=y
 }
```

```
----- 程序执行 -----
no,x!=y
```

程序说明：计算机中无法将实数的某些小数部分精确地用二进制数来表示（如 0.3、0.6 等），造成实型数据在运算时有误差。所以导致程序中用 "==" 运算符判断两个实际是相等的实数时，输出不等的错误结论。上例程序中 if 语句的表达式可改写 fabs（x-y）<1e-5。即若 |x-y|<10^{-5}，则认为 x、y 相等，否则不等。

2. 关系运算的优先级和结合性

关系运算的优先级：比算术运算低，比赋值运算高，其中 >、>=、<、<= 优先级相同；==、!= 优先级相同，且前者优先级比后者高。

关系运算的结合性：左结合性，即按自左向右的运算顺序。

3. 关系表达式

一般关系表达式格式：

表达式　关系运算符　表达式

关系表达式成立，其值为 1；关系表达式不成立，其值为 0。

例如，若有 int x=1,y=2,z=3;，计算下列关系表达式的值。

（1）x%2= =0

表达式值是 0。"x%2" 值为 1，再计算 "1= =0" 结果为 0。

（2）z=x-1>=y-2<y-x

表达式值是 0。先进行算术运算，得 "z=0>=0<1"，关系运算 ">=" 与 "<" 优先级相同，根据结合性，从左到右运算，计算 "0>=0"，其值是 1，得 "z=1<1"，再计算 "1<1" 为 0，故 z 及表达式的计算结果为 0。

（3）9<6<3

表达式值是1。先计算"9<6"其值为0，再计算"0<3"，值为1，故表达式的值为1。

4.4.2 逻辑运算符与逻辑表达式

逻辑运算是判断运算对象的逻辑关系，运算对象为关系表达式或逻辑量。在判断参加运算的对象的真、假时，将非零的数值认作"真"，0认作"假"。

1. 逻辑运算符

C语言提供3个逻辑运算符：

!（逻辑非）　　&&（逻辑与）　　||（逻辑或）

（1）逻辑非

逻辑非一般形式：

! 表达式

功能：单目运算符，其结果为运算对象逻辑值的"反"。若表达式值为0，则"! 表达式"值为1；否则，"! 表达式"值为0。

例如："! x"作用是判别 x 是否为0，x 为0时，值为1，否则值为0，与"x= =0"等价。

（2）逻辑与

逻辑与一般形式：

表达式 && 表达式

功能：若参加运算的两个表达式值均为非0，则结果为1；否则结果为0。

例如：判断"c 是一个小写字母"的逻辑表达式如下：

"c>='a' &&c<='z' "，其中"&&"用以判断两个条件"c>='a' "和"c<='z' "（ASCII 码比较）是否"同时成立"。

（3）逻辑或

逻辑或一般形式：

表达式 || 表达式

功能：若参加运算的两个表达式值均为0，则结果为0；否则结果为1。

例如：判断"c 是一个字母"的逻辑表达式如下：

"c>='A' &&c<='Z' ||c>='a' &&c<='z' "，其中"||"用以判断两个条件是否"有一个成立"。

2. 逻辑运算的优先级和结合性

逻辑运算的优先级：逻辑非（!）的优先级高于算术运算，而逻辑与（&&）和逻辑或（||）比关系运算低，逻辑与（&&）运算符优先级比逻辑或（||）高。

逻辑运算的结合性：逻辑非的结合性是右结合性，而逻辑与和逻辑或的结合性是左结合性。

3. 逻辑表达式

逻辑表达式在程序中一般用于控制语句（if、for、while、do-while），对某些条件作出判断，根据条件的成立（真）与不成立（假），决定程序的流程。参加逻辑运算的对象将非0值视为真、将0视为假。

根据下列条件，得出 C 的逻辑表达式。

（1）条件"长度分别为 a、b、c 的三条线段能够组成三角形"。

逻辑表达式：a+b>c&&a+c>b&&b+c>a

（2）条件"|x| 是一个两位数"。

逻辑表达式：　x>=10&&x<=99||x>=-99&&x<=-10

（3）条件"y 年是闰年"。

逻辑表达式：y%4= =0&&y%100!=0||y%400= =0

（4）条件"x、y 落在圆心在（0,0）半径为 1 的圆外、中心点在（0,0）边长为 2 的矩形内"。

逻辑表达式：x*x+y*y>1&&x>=-1&&x<1&&y>-1&&y<1

编程提醒：在逻辑表达式的求解中，为提高运行效率，并非所有的逻辑运算都被执行。实际上，一旦前面的运算分量的逻辑值就能确定整个逻辑表达式的值时，就不再执行后面的运算。

【例 4-13】 分析下面程序的运行结果。

```
/*  例4-13源程序，分析程序的运行结果。 */
#include <stdio.h>
void main()
{
    int x,y,z,m;
    x=y=z=1 ;                 // 给变量 x、y、z 赋值 1
    m=++x||++y||++z;
    printf("m=%d x=%d y=%d z=%d",  m,x,y,z);
}
```

----- 程序执行 -----

m=1 x=2 y=1 z=1

程序说明：由于"++x"为 2，表达式"++x||++y||++z"值已完全确定，所以表达式中的"++y"和"++z"被忽略，即 y 与 z 都不进行自增运算。

4.5 其他表达式

4.5.1 条件表达式

1. 条件运算符

条件运算符"？ ："是 C 语言唯一的三目运算符，即有三个运算对象。条件运算是根据某一逻辑条件，在两个表达式中取其中一个表达式求解。

2. 条件表达式

条件表达式一般形式：

表达式 1？表达式 2：表达式 3

条件表达式计算：先计算表达式 1 的值，若非 0，则计算表达式 2 的值作为条件表达式值；否则计算表达式 3 的值作为条件表达式值。

对整个条件表达式来说，表达式 1 起条件判别作用，根据它的值是否为 0 来决定求解表达式 2 或表达式 3。

3. 条件运算符的优先级和结合性

条件运算符的优先级高于赋值运算符和逗号运算符，低于其他运算符。例如，

（a>b）?a:b-1；等价于（a>b）?a:（b-1）

条件运算符的结合性是：右结合性，即自右向左的运算顺序。例如，

max=（x>y）?x:（y>z）?y:z 相当于

max=（x>y）?x:（（y>z）?y:z）

4.5.2   逗号表达式

1. 逗号运算符

逗号运算符","的功能是将两个或两个以上的表达式连接起来，从左到右求解各个表达式，最后一个表达式的值为整个逗号表达式的值。

2. 逗号表达式

逗号表达式一般形式：

表达式 1，表达式 2,……，表达式 n

逗号表达式的计算过程是：先计算表达式 1，再计算表达式 2，……，最后计算表达式 n，逗号表达式的值为表达式 n 的值。

例如：语句"a=3+5,2*5"的执行步骤是：计算 3+5 为 8，因"="的优先级比","高，所以先将 8 赋值给 a，再计算 2*5 的 10，整个表达式（"a=3+5,2*5"）的值为最后表达式的值 10。

逗号表达式常用在只有一个表达式位置又需计算完成多个表达式的地方，如 for 语句的表达式 1 和表达式 3 中。

4.6   多种类型混合运算

4.6.1   类型转换

C 语言中，允许不同类型数据进行混合运算，包括整型、实型、字符型数据都可以进行混合运算。在表达式的计算过程中，两个参加运算的操作数，在计算前自动进行类型转换，转换成同一类型，再运算求值。

1. 算术运算中的类型转换

（1）自动转换

转换规则如下：

规则1：凡 char 型、short 型一律自动转换成 int 型；float 型一律自动转换成 double 型，转换后若两个操作数类型相同，做算术运算，其结果类型与转换后的类型相同。

规则2：相同类型（除 char、short、float 型外）的操作数作算术运算的结果为同一类型。

如：两个整型操作数作除法运算，其结果一定是整型，即只取结果的整数部分。

5/2 结果为 2，–5/2 结果为 –2。

规则3：不同类型操作数或经规则1转换后仍然是不同类型，则其中级别低的类型自动转换成级别高的类型后再进行运算，其结果类型与转换后的类型相同。各类型的级别高低如下：

char<short<int<unsigned<long<unsigned long<float<double

如：2.0+5/2*3

在表达式计算时，根据运算符的优先级和结合性求解。原表达式相当于 2.0+（（5/2）*3）首先求 5/2 的值，两操作数为 int 型，按规则2，不需进行类型转换，得结果2，类型为 int，结果2再与3相乘，同样不需进行类型转换，得结果6，最后进行 2.0+6 运算，按规则1，操作数 2.0 类型转换为 double 后，两操作数类型仍然不同，按规则3，将6转换成 double 型后再进行运算。结果为 8.0，类型是 double 型。

（2）强制类型转换

除了由 C 自动实现数据类型转换外，C 语言还提供了强制类型转换运算符，可强制将一个表达式转换成所需类型。强制类型转换运算符的一般形式是：

（类型标识符）表达式

例如：int i=7,j=2; 则 i/j 只能做整除运算，得到整数部分3，如要保留小数部分，需做实数除法，可以写作"（double）i/j"。例如：float x=12.34; 则"x%5"不合法，必须将 x 强制转换成整型，用"（int）x%5"。

对表达式中的变量而言，无论是自动或是强制类型转换，仅仅是为了本次运算的需要，取得一个中间值，而不改变定义语句中对变量类型的定义。

例如，计算"（double）i/j"并没有把 int 类型的变量 i 变为 double 类型。

2. 赋值时数据类型的转换

在赋值语句中，左边变量和右边表达式的类型不同时，系统会自动完成类型转换，将表达式的值转换为与左边变量相同类型的数据，再赋值。

例如：int x=2; 则表达式：x=x+1.6 的值是 3。

4.6.2　运算符优先级和运算符结合方向

C 语言的运算符有 15 种优先级和 2 种结合性（见附录3），运算符的优先级规定了在表达式求解过程中，当运算对象的左右都有运算符时运算的先后次序。常用运算符的优先顺序为：

算术运算 > 关系运算 > 逻辑运算

运算级别高的运算先计算，再进行运算级别低的运算。在运算符优先级相同时，运算顺序由结合性决定。表达式中可通过增加括号来改变运算顺序。前面学过的运算符的优先级与结合性见表4-3。

表 4-3　部分运算符的优先级与结合性

优先级	运算符	含义	运算对象个数	举 例	结合方向
1	（ ）	圆括号		（a+b）*c	自左至右
2	! ++、-- + 、- （类型标识符） sizeof	逻辑非 自加、自减 正号、负号 类型强制转换 数据长度	1（单目）	!（a>0&&b<0） x++,++y y=-x （int）x/3 sizeof（int）;	自右至左
3	* / %	相乘 相除 求余数	2（双目）	r*r*3.14 x/y m%n	自左至右
4	+ -	相加 相减	2（双目）	a+b a-b	自左至右
6	> < >= <=	大于 小于 大于或等于 小于或等于	2（双目）	x>5 x<5 x>=5 x<=5	自左至右
7	== !=	等于 不等于	2（双目）	x==5 x!=5	自左至右
11	&&	逻辑与	2（双目）	x>-5&&x<5	自左至右
12	||	逻辑或	2（双目）	x>5||x<-5	自左至右
13	? :	条件	3（三目）	max = x>y ? x:y	自右至左
14	= += -= *= /= %=	赋值	2（双目）	x=5，x*=5，y/=x+6	自右至左
15	,	逗号	2（双目）	a=b,b=c+6,c++	自左至右

编程提醒：

（1）优先级分为15等级，数字越小，优先级越高。

（2）同一级别的运算符优先级相同，运算次序由结合方向决定。如："*"与"/"具有相同的优先级，其结合方向为从左到右，因此5*9/4的运算次序是先乘后除。"-"与"++"为相同级别优先级，结合方向从右到左，因此 -i++ 相当于 -（i++）。

（3）不同的运算符要求运算对象个数不同。如："!"、"++"、"sizeof"等只需一个运算对象，是单目运算符。条件运算是C语言唯一的三目运算符，需三个运算对象。

4.7　本章知识点小结

（1）一般而言，单目运算符优先级较高，赋值运算符优先级低。算术运算符优先级较高，关系和逻辑运算符优先级较低。多数运算符具有左结合性，单目运算符、三目运算符、赋值运算符具有右结合性。

（2）表达式是由运算符连接常量、变量、函数所组成的式子。每个表达式都有一个值和类型。表达式求值按运算符的优先级和结合性所规定的顺序进行。

（3）C语言中没有提供输入、输出语句，数据的输入、输出操作是通过调用库函数实现的，不同类型的数据应用不同的格式化字符串。

拓展阅读

1. 位运算

位运算是指按二进制位进行的运算。利用位运算可以实现许多汇编语言才能实现的功能。C语言提供如下表所示的各种位运算。

位运算符列表

运算符	名　称
&	按位"与"
|	按位"或"
^	按位"异或"
~	取反
<<	左移
>>	右移

说明：

（1）位运算符中除 ~ 以外，均为二目（元）运算符，即要求两侧各有一个运算量。

（2）运算量只能是整型或字符型的数据，不能为实型数据。

2. "按位与"运算符（&）

按位与是指：参加运算的两个数据，按二进制位进行"与"运算。如果两个相应的二进制位都为1，则该位的结果值为1；否则为0。即：

0 & 0 = 0，0 & 1 = 0，1 & 0 = 0，1 & 1 = 1

例：3 & 5 并不等于8，

应该是按位与运算：

00000011（3）

```
& 00000101（5）
00000001（1）
```

结果为1。

3. "按位或"运算符（|）

两个相应的二进制位中只要有一个为1，该位的结果值为1。

即 0|0=0，0|1=1，1|0=1，1|1=1

例：060|017，将八进制数60与八进制数17进行按位或运算。

```
00110000
| 00001111
00111111
```

应用：按位或运算常用来对一个数据的某些位定值为1。例如：如果想使一个数a的低4位改为1，只需将a与017进行按位或运算即可。

4. "异或"运算符（∧）

异或运算符∧也称XOR运算符。它的规则是：

若参加运算的两个二进制位同号则结果为0（假）异号则结果为1（真）

即：0∧0=0，0∧1=1，1∧0=1，1∧1=0

例：
```
00111001
^00101010
00010011
```

即：071∧052=023（八进制数）

5. "取反"运算符（~）

~是一个单目（元）运算符，用来对一个二进制数按位取反，即将0变1，将1变0。

例如：~025是对八进制数25（即二进制数00010101）按位求反。

```
0000000000010101
（~）     3
1111111111101010（八进制数 177752）
```

6. 左移运算符（<<）

左移运算符是用来将一个数的各二进制位全部左移若干位，右补0。

例如：a=<<2 将a的二进制数左移2位，右补0。

若 a＝15，即二进制数00001111，左移2位得00111100，（十进制数60）高位左移后溢出，舍弃。

左移1位相当于该数乘以2，左移2位相当于该数乘以4，15<<2=60，即乘了4。但此结论只适用于该数左移时被溢出舍弃的高位中不包含1的情况。

假设以一个字节（8位）存一个整数，若a为无符号整型变量，则a＝64时，左移一位时溢出的是0，而左移2位时，溢出的高位中包含1。

7. 右移运算符（>>）

右移运算符是a>>2表示将a的各二进制位右移2位，移到右端的低位被舍弃，对无符号数，高位补 0。

例如：a=017 时：

a 的值用二进制形式表示为 00001111，舍弃低 2 位 11：a>>2=00000011

说明：（1）右移一位相当于除以 2

（2）右移 n 位相当于除以 2n。

在右移时，需要注意符号位问题：

对无符号数，右移时左边高位移入 0；对于有符号的值，如果原来符号位为 0（该数为正），则左边也是移入 0。如果符号位原来为 1（即负数），则左边移入 0 还是 1，要取决于所用的计算机系统。有的系统移入 0，有的系统移入 1。移入 0 的称为"逻辑右移"，即简单右移；移入 1 的称为"算术右移"。

例：a 的值是八进制数 113755：

a:1001011111101101（用二进制形式表示）

a>>1: 0100101111110110（逻辑右移时）

a>>1: 1100101111110110（算术右移时）

在有些系统中，a>>1 得八进制数 045766，而在另一些系统上可能得到的是 145766。Turbo C 和其他一些 C 编译采用的是算术右移，即对有符号数右移时，如果符号位原来为 1，左面移入高位的是 1。

8. scanf（）函数中关于抑制字符的问题

抑制字符"*"，如果在格式符的符号"%"后加入"*"，表示读入的数据不赋值给任何变量，不需要为此格式符指定地址参数。

【例 4-14】 格式符"%*c"的使用。

```c
/* 例 4-14 源程序，格式符 "%*c" 的使用。*/
#include <stdio.h>
void main()
{
    char x,y;
    printf("one:");
    scanf("%c%*c%c%*c",&x,&y);
    printf("x=%c,y=%c\n",x,y);
    printf("two:");
    scanf("%c%c",&x,&y);
    printf("x=%c,y=%c\n",x,y);
}
```

----- 程序执行 -----

one:A B↙

x=A,y=B

two:A B↙

x=A, y=

程序说明：

（1）第一次输入时格式串中第二个格式符"%*c"中的抑制字符使得读入的第二个字符（空格）未向任何变量赋值（空读），因此变量 y 的值不是空格而是 B，第四个格式符"%*c"与第一次读入的回车符相对应，抑制字符的目的是使第二次输入不受影响。

（2）第二次输入时只能接收两个字符，变量 y 的值是空格，而输入的字符 B 不被任何变量接收。

习　题

一、单项选择题

1. 在 C 语言中，要求运算数必须是整型的运算符是_____。

    A．/   B．++   C．!=   D．%

2. 若以下变量均是整型，且 num=sum=7；则计算表达式 sum=num++, sum++, ++num 后 sum 的值为_____。

    A．7   B．8   C．9   D．10

3. 若有定义：int a=7；float x=2.5,y=4.7；则 x+a%3*（int）（x+y）%2/4 的值是_____。

    A．2.50000   B．2.750000   C．3.500000   D．0.000000

4. 已有如下定义和输入语句，若要求 a1,a2,c1,c2 的值分别为 10,20,A 和 B，当从第一列开始输入数据时，正确的数据输入方式是_____。（注：表示空格,<CR> 表示回车）

    int a1,a2;char c1,c2;

    scanf（"%d%c%d%c",&a1,&c1,&a2,&c2）;

    A.10A 20B<CR>   B.10 A 20 B<CR>

    C.10A20B<CR>   D.10A20 B<CR>

5. 设以下变量均为 int 类型，则值不等于 7 的表达式是_____。

    A．（x=y=6,x+y,x+1）   B．（x=y=6,x+y,y+1）

    C．（x=6,x+1,y=6,x+y）   D．（y=6,y+1,x=y,x+1）

二、填空题

1. 若 s 是 int 型变量，且 s = 6，则下面表达式的值为_____。

    s % 2 +（s + 1）% 2

2. 若 a 是 int 型变量，则下面表达式的值为_____。

    （a = 4 * 5，a * 2），a + 6

3. 阅读以下程序，当输入数据的形式为：25,13,10<CR>，正确的输出结果为_____。

```
#include <stdio.h>
void main（）
    {
        int x,y,z;
        scanf（"%d%d%d",&x,&y,&z）;
        printf（"x+y+z=%d\n",x+y+z）;
    }
```

4．若有定义：int e=1,f=4,g=2;float m=10.5,n=4.0,k; 则计算赋值表达式 k=（e+f）/g+sqrt（（double）n）*1.2/g+m 后 k 的值是_____

5．表达式 8/4*（int）2.5/（int）（1.25*（3.7+2.3））值的数据类型为_____

第 5 章　控制结构

内容导读

程序设计主要完成两部分的工作，一部分是数据设计，比如数据的定义、初始化以及输入输出；另一部分是操作设计，主要是通过操作控制语句来控制程序的流程，实现程序的功能要求。本章主要内容如下：

* C 语言的基本语句
* if 语句单分支、双分支和多分支选择结构
* switch 多分支选择语句
* while、do-while 循环结构
* for 循环结构
* break，continue，goto 等程序控制语句
* 循环嵌套

5.1　C 语句概述

高级语言编写的程序由若干条语句构成，每条语句完成特定的操作任务，通过一组语句的执行来完成某些特定的功能。

C 语言语句之间以 "；" 分隔，经编译产生若干条指令。

C 语言的语句，按其功能可分为五类。

1. 表达式语句

表达式语句是 C 语言最常见的语句，由表达式加分号组成，其一般形式如下：

表达式 ；

例如 "a=3；b=c+d；x>=y；" 都是表达式语句。

按照表达式的功能分别有以下几种：算术表达式、赋值表达式、逗号表达式、关系表达式、逻辑表达式等。表达式语句一般用于计算或者为变量赋值。

例如："i=i+1" 是赋值表达式，"i=i+1 ；" 是赋值表达式语句，一般简称赋值语句，语句的末尾一定要以分号结尾。

2. 函数调用语句

函数调用语句由函数调用加分号构成，其一般形式如下：

函数名（实际参数）；

例如 "printf（"%d",x）；"，是一个函数调用语句。

3. 空语句

空语句是只有一个分号的语句，其形式如下：

　　；

空语句不执行任何操作，一般用来预留位置或作空循环体。

例如：while（getchar（ ）!='\n'）；

4. 控制语句

控制语句是控制和改变程序流程走向的语句。例如根据条件的真假来选择程序的执行方向，或者根据条件的真假来重复执行某些语句。C 语言具有九种控制语句，它们是：

```
if（ ）~ else ~              （条件语句）
for（ ）~                    （循环语句）
while（ ）~                  （循环语句）
do ~ while（ ）~            （循环语句）
continue                   （结束本次循环语句）
break                      （中止执行 swtich 或循环语句）
switch                     （多分支选择语句）
goto                       （转向语句）
return                     （从函数返回语句）
```

上面九种语句中的括号表示其内容是一个条件，~ 表示是内嵌的语句。

例如，"if（ ）~ else ~"的某个具体应用语句如下：

```
if（a>b）  max=a;
else       max=b;
```

5. 复合语句

复合语句是指将一些连续的语句用大括号 { } 括起来，又称之为分程序。

例如下面是一个复合语句：

```
{
    int   t;
    t=a;
    a=b;
    b=t;
}
```

注意：

（1）复合语句中定义的变量，其作用范围仅限于该复合语句中。

（2）无论大括号里的语句多么复杂，系统都将其视为一个语句。

（3）最后一个语句后面的分号不能省略，大括号外面不能加分号。

C语言允许一行书写多个语句，上例可改写成如下形式：

```
{  int t;  t=a;  a=b;  b=t;  }
```

5.2 顺序结构程序设计

顺序结构是结构化程序设计中最简单、最常见的一种程序结构。在顺序结构的程序中，程序的执行是按照语句的先后次序来依次执行，并且每个语句都会被执行一次。通常，顺序结构的程序是由表达式语句、输入输出等函数调用语句组成。

【例5-1】 输入一个小写英文字母，输出该字符和其对应的大写字母以及对应的ASCII码值。

程序设计分析：

（1）定义两个变量c1和c2，c1存放输入的小写英文字母，c2存放对应的大写字母。

（2）输入小写字母到c1。

（3）小写字母转换为大写字母，转换结果存入c2中。由于小写字母的ASCII码比对应的大写字母ASCII码大32，所以c2=c1-32。

（4）输出大小写字母及相应的ASCII码。

```
/* 例 5-1 源程序，输出小写英文字母对应的大写字母及对应的 ASCII 码 */
#include<stdio.h>
void main()
{
    char  c1,c2;
    printf("please input char c1:");
    scanf("%c",&c1);
    c2=c1-32;
    printf("c1=%c,c1 ASCII=%d\n",c1,c1);
    printf("c2=%c,c2 ASCII=%d\n",c2,c2);
}
----- 程序执行 -----
please input char c1:b↙
c1=b,c1 ASCII=98
c2=B,c2 ASCII=66
```

【例5-2】输入圆的半径，计算对应圆的周长和面积。

程序设计分析：

（1）输入圆的半径到变量r。

（2）圆周长的计算：perimeter=2*π*r，根据该公式计算周长并将结果保存在变量perimeter中。

（3）圆面积的计算：area=π*r*r，根据该公式计算面积并将结果保存在变量 area 中。

（4）输出计算结果。

```
/* 例 5-2 源程序，输入圆的半径，计算对应圆的周长和面积 */
#include<stdio.h>
void main()
{
    float   r,perimeter,area;
    printf("please input the circle's  radius:");
    scanf("%f",&r);
    perimeter=2*3.14*r;
    area=3.14*r*r;
    printf("perimeter=%.2f , area=%.2f\n",perimeter,area);
}
----- 程序执行 -----
please input the circle's  radius:3.5↙
perimeter=21.98, area=38.47
```

5.3 选择结构程序设计

上一节中求解的问题都是一步步按顺序求解的。实际上在问题的解决过程中，很多情况都不是按顺序完成的，就像走路会碰到分叉口一样，有些情况需要根据条件选择下一步如何执行，也就是程序产生了分支。这就是本节要介绍的选择结构。

选择结构也称为分支结构，是 C 语言程序设计的基本结构之一，大多数程序中都包含选择结构。它的作用是根据判定条件的真假，从给定的两个分支或多个分支程序段中选择一个分支执行。

例如在大学生体能测试中有 1 个 50 米跑步项目，其中男生成绩达到 8.1 秒及格，女生成绩达到 9.1 秒及格。试编程判断任意一人的 50 米跑步成绩是否达到及格水平。解决这个问题，需要使用选择结构来编程。

要实现选择结构的程序设计，应该考虑两个问题：一是选择结构判定条件如何表示，二是 C 语言中用什么语句实现选择结构。一般，C 语言中判定条件使用关系表达式或者逻辑表达式表示；实现选择结构使用条件（if）语句或开关（switch）语句。本节将详细介绍实现选择结构的语句及其在 C 语言中的应用。

5.3.1 if 语句

if 语句是通用的选择结构语句，它根据给定的条件进行判断，来决定执行某个分支程序段。C 语言的 if 语句主要有三种使用形式：单分支 if 语句、双分支 if 语句、多分支 if 语句。

本节中将分别介绍这三种语句。

1. 单分支 if 语句

单分支 if 语句的一般使用形式为：

if（表达式）

{

语句块；

}

这种形式 if 语句的执行过程：如果表达式的值为真（非 0），则执行后面的语句，否则什么也不做。单分支 if 语句的执行过程如图 5-1 所示。

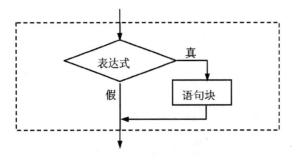 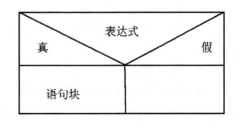

图 5-1　单分支 if 语句执行过程图

【例 5-3】　输入两个数，按由小到大的顺序输出。

程序设计分析：

（1）输入两个数到变量 a 和变量 b 中。

（2）比较 a 和 b 的大小，如果 a 的值比 b 大，则将 a 和 b 对调交换。即将 a 的值先赋给临时变量 t，再将 b 的值给 a，然后将 t 的值赋给 b。

（3）经过步骤 2，变量 a 中存放的是较小的数，b 中存放的是较大的数。输出 a 和 b 的值。

```c
/* 例 5-3 源程序，输入两个数，按由小到大的顺序输出 */
#include <stdio.h>
void main ( )
{
    int  a,b,t;
    printf ( "Input a, b:\n" );
    scanf ( "%d,%d",&a, &b );
    if ( a>b )
    {
        t=a;                               // 实现 a、b 变量值的交换
        a=b;
        b=t;
    }
```

```
    printf("a=%d  b=%d\n",a,b);
}
```

----- 程序执行 -----

```
Input a,b:
20,10✓
a=10  b=20
```

【例5-4】 输入三个数，按由小到大的顺序输出。

程序设计分析：

（1）输入三个数到变量a、变量b和变量c中。

（2）比较a和b的大小，如果的a值比b大，则将a和b对调交换。

（3）比较a和c的大小，如果的a值比c大，则将a和c对调交换。

（4）比较b和c的大小，如果的b值比c大，则将b和c对调交换。

（5）经过步骤2、步骤3和步骤4，变量a中存放的是最小的数，b中存放的是中间数，c中存放的是最大的数。输出a、b、c的值。

```
/* 例5-4源程序，输入三个数，按由小到大的顺序输出 */
#include <stdio.h>
void main()
{
    int  a,b,c,t;
    printf("Input a,b,c:\n");
    scanf("%d,%d,%d",&a,&b,&c);
    if(a>b)
    { t=a; a=b; b=t; }                  // 实现a、b变量值的交换
    if(a>c)
    { t=a; a=c; c=t; }                  // 实现a、c变量值的交换
    if(b>c)
    { t=b; b=c; c=t; }                  // 实现b、c变量值的交换
    printf("a=%d  b=%d  c=%d\n",a,b,c);
}
```

----- 程序执行 -----

```
Input a,b,c:
20,10,15✓
a=10  b=15  c=20
```

2. 双分支if语句

双分支if语句的一般使用形式为：

if（表达式）

{ 语句块1; }

else

{ 语句块 2 ; }

这种形式 if 语句的执行过程：如果表达式的值为真，则执行语句块 1，否则执行语句块 2。双分支 if 语句的执行过程如图 5-2 所示。

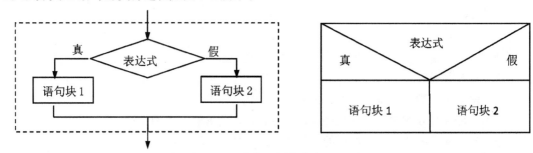

图 5-2　双分支 if 语句执行过程图

【例 5-5】 编程判断一个整数的奇偶性。

程序设计分析：

（1）输入一个整数到变量 a 中。

（2）变量 a 对 2 求余运算，如果结果为 0，则 a 是偶数，否则 a 为奇数。

```c
/* 例 5-5 源程序，判断一个整数的奇偶性 */
#include<stdio.h>
void main()
{
    int a;
    printf("please input an integer:");
    scanf("%d",&a);
    if(a%2==0)                          //a 对 2 求余的结果为 0，表示 a 是偶数
        printf("This is an even number\n");// 只执行 1 条语句时可以去掉花括号
    else
        printf("This is an odd number \n");// 只执行 1 条语句时可以去掉花括号
}
```

----- 程序执行 -----

please input an integer:8↙

This is an even number

程序说明：如果要执行的分支语句只有 1 条，可去掉语句外面的花括号。

【例 5-6】 在 50 米跑步体能测试中男生成绩达到 8.1 秒及格，试编程判断任意一个男生的 50 米跑步成绩是否达到及格水平。

程序设计分析：

（1）输入一个男生的 50 米跑步成绩到变量 a 中。

（2）判断 a 是否小于等于 8.1 秒。若 a<=8.1，则输出跑步成绩及格信息；否则输出跑步

成绩不及格信息。

```
/* 例 5-6 源程序，判断男生 50 米跑步成绩是否达到及格水平 */
#include<stdio.h>
void main()
{
    float  a;
    printf("please input the running performance:");
    scanf("%f",&a);
    if(a<=8.1)
        printf("you had the right grades  now!\n");
    else
        printf("you don't reach the goal! \n");
}
----- 程序执行 -----
please input the running performance:8.3↙
you don't reach the goal!
```

3. 多分支 if 语句

前面两种形式的 if 语句一般用于双分支结构。在程序中如果有多个选择分支时，就需要使用多分支的 if 语句，这种语句的一般使用形式如下：

if（表达式 1）
{ 语句块 1 ; }
else if（表达式 2）
{ 语句块 2 ; }
　　…
else if（表达式 n）
{ 语句块 n ; }
[else
{ 语句块 n+1 ; }]

注意：最后一个 else 分支可以省略。

这种形式 if 语句的执行过程：先计算表达式 1，若表达式值为真（非 0），则执行语句块 1，整个 if 语句执行结束；否则，计算表达式 2，……；只有当表达式 1、表达式 2……表达式 n 的值都为假（0）时，执行最后 else 分支的语句块 n+1，如果没有最后的 else 语句分支，则什么也不执行。执行过程如图 5-3 所示。

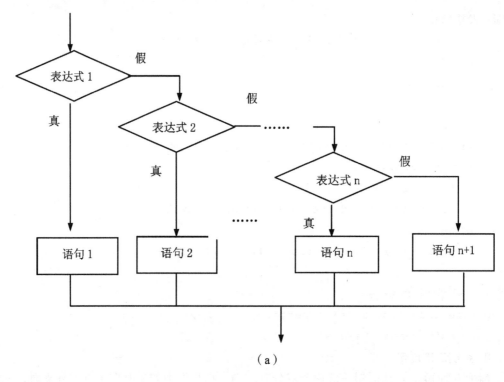

（a）

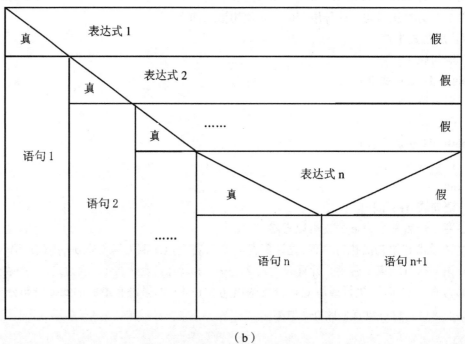

（b）

图 5-3　多分支 if 语句执行过程图

【例 5-7】 输入一个百分制成绩，将其转换成 "A"、"B"、"C"、"D"、"E" 五分制成绩并输出。

转换规则：成绩 >=90，结果为 A；成绩 >=80，结果为 B；成绩 >=70，结果为 C；成绩 >=60，结果为 D；成绩 <=59，结果为 E。

程序设计分析：

（1）输入一个实数成绩到变量 score 中。

（2）利用 if 多分支选择结构判断成绩的范围，根据转换规则，将其转换为五分制成绩并赋值给字符变量 ch。

（3）输出五分制成绩。

```c
/* 例 5-7 源程序，百分制成绩转换成五分制成绩 */
#include<stdio.h>
void main ( )
{
    float score;
    char ch;
    printf ("Please input score:\n");
    scanf ("%f",&score);
    if (score>=90)
        ch='A';
    else if (score>=80)
        ch='B';
    else if (score>=70)
        ch='C';
    else if (score>=60)
        ch='D';
    else
        ch='E';
    printf ("The score is %c\n",ch);
}
```

```
----- 程序执行 -----
Please input score: 75↙
The score is C
```

思考：在本例中，判断 B 等级时，条件是否需要改写成 "score>=80 && score<90"？

【例 5-8】 输入一个字符，判断输入字符的种类（大写字母、小写字母、数字字符个数和其他字符）。

程序设计分析：

（1）输入一个字符到变量 c。

（2）判断该字符的种类。如果 c>='0'&&c<='9'，则为数字字符；如果 c>='A' &&c<='Z'，则为大写字母；如果 c>='a' &&c<='z'，则为小写字母；否则为其他字符。

```
/* 例 5-8 源程序，输入一个字符，判断输入字符的种类 */
#include<stdio.h>
void main（ ）
{
    char  ch;
    printf（"Input a character:\n"）;
    ch=getchar（ ）;                    //输入一个字符，可换成 scanf 语句
    if（ch>='0'&&ch<='9'）
       printf（"This is a digit letter \n"）;
    else if（ch>='A' && ch<='Z'）
       printf（"This is an uppercase character \n"）;
    else if（ch>='a' && ch<='z'）
       printf（"This is a lowercase character \n"）;
    else
       printf（"This is an other character \n"）;
}
---- 程序执行 ----
Input a character:5↙
This is a digit letter
```

说明：

（1）上述三种形式的 if 语句中，if 后面的表达式必须用括号括起来。该表达式通常是逻辑表达式或关系表达式，也有可能是其他表达式甚至是一个变量，用于表示选择分支的条件。

如　if（a=5）　　　　　　　　　　　　或　if（a==5）

　　printf（"a=b, x=y"）;　　　　　　　　　printf（"a=b, x=y"）;

（2）只要 if 后面表达式的值为非 0，则表示条件为真，需要执行其后的语句。

如上例中"if（a=5）printf（"a=b, x=y"）;"if 后面表达式值为 5，所以要执行其后的 printf 语句。这种情况在语法上是合法的。

而上例中"if（a= =5）printf（"a=b, x=y"）;"只有 a 和 5 相等时表达式值才为真（非 0），才会执行其后的 printf 语句。

（3）要执行的选择分支只有 1 条语句时，语句外面可不用加花括号。

（4）if 语句可以单独使用，但 else 语句必须与 if 配对使用，不能单独出现。

4. if 语句的嵌套使用

在 if 语句的选择分支中包含一个或多个 if 语句的情况，称为 if 语句的嵌套。其一般使用形式为：

```
if（表达式）
{ ……
    if 语句 1；
    ……
}
else
{ ……
    if 语句 2；
    ……
}
```

嵌套 if 语句的执行过程：先计算表达式，在表达式值为真（非 0）条件下执行与外层 if 表达式相邻的语句块（包括 if 语句 1）；在表达式值为假（0）条件下执行外层 else 后面的语句块（包括 if 语句 2）。

说明：

（1）并非只有 if 分支和 else 分支同时出现 if 语句才叫嵌套，只要其中一个分支出现 if 语句，就是 if 语句的嵌套。

```
如 if（表达式 1）              if（表达式 1）
      if（表达式 2）              语句 1；
      语句 1；                   else
   else                          if（表达式 2）
      语句 2；                      语句 2；
```

（2）对于嵌套的 if 语句，应当注意 else 与 if 的配对关系。特别当嵌套的层次较多、else 与 if 数目不成对出现时，其逻辑关系容易发生混乱。C 语言规定，else 总是与离它最近且未与其他 else 配对的 if 配对。

如下面的两个例子是等价的，即 else 与第二个 if 语句配对。

```
if（表达式 1）              if（表达式 1）
   if（表达式 2）            { if（表达式 2）
      语句 1；                   语句 1；
   else                          else
      语句 2；                   语句 2；
                              }
```

（3）对于嵌套的 if 语句，可使用花括号来确定 else 与 if 语句的配对关系，如：

```
if（表达式 1）
{ if（表达式 2）
     语句 1； }
 else
     语句 2；
```

这里用花括号限定了内嵌 if 语句的范围，因此 else 与第一个 if 语句配对。

【例5-9】 大学生体能测试 50 米跑步项目，男生成绩达到 8.1 秒及格，女生成绩达到 9.1 秒及格。试编程判断任意一个学生的 50 米跑步成绩是否达到及格水平。这里，男生性别用 'M' 表示，女生性别用 'F' 表示。

程序设计分析：

（1）定义一个字符变量 sex 和一个实数变量 running，sex 变量存放学生的性别信息，running 变量存放学生跑步信息。

（2）输入性别信息到变量 sex 中，输入跑步信息到变量 running 中。

（3）如果性别为 M，根据男生的成绩标准进行判断；否则，按照女生的成绩标准进行判断。

```c
/* 例 5-9 源程序，判断任意一个学生 50 米跑步成绩是否达标 */
#include<stdio.h>
void main()
{   char sex;                            // 性别
    float running;                       // 跑步成绩
    printf("please input the runner's sex and performance:\n");
    scanf("%c,%f",&sex, &running);       // 输入性别和跑步成绩
    if(sex=='M')                         // 根据男生的成绩标准判断
       {  if(running<=8.1)
             printf("you had the right grades  now!\n");
          else
             printf("you don't reach the goal! \n");
       }
    else                                 // 根据女生的成绩标准判断
       {  if(running<=9.1)
             printf("you had the right grades  now!\n");
          else
             printf("you don't reach the goal! \n");
       }
}
```

----- 程序执行 -----

please input the runner's sex and performance:

F↙

8.5↙

you had the right grades now!

思考 1：不使用 if 语句的嵌套能不能实现上述功能，如果能，应该如何修改？

思考 2：下列三个程序是否能够输出变量 x、y、z 中的最大值？

程序1
```c
#include<stdio.h>
void main()
{
    float  x,y,z,max;
    scanf("%f",&x);
    scanf("%f",&y);
    scanf("%f",&z);
    max=x;
    if(z>y)
      if(z>x)
        max=z;
      else
       if(y>x)
           max=y;
    printf("%f\n",max);
}
```

程序2
```c
#include<stdio.h>
void main()
{
    float  x,y,z,max;
    scanf("%f",&x);
    scanf("%f",&y);
    scanf("%f",&z);
    max=x;
    if(z>y)
        if(z>x)
            max=z;
        else
            if(y>x)
                max=y;
    printf("%f\n",max);
}
```

程序3
```c
#include<stdio.h>
void main()
{
    float  x,y,z,max;
    scanf("%f",&x);
    scanf("%f",&y);
    scanf("%f",&z);
    max=x;
    if(z>y)
    {
    if(z>x)
      max=z;
    }
    else
      if(y>x)
          max=y;
    printf("%f\n",max);
}
```

5.3.2　switch 语句

实现多分支选择结构的程序设计，C 语言还提供了另外一种语句——switch 语句。这种语句的特点是根据一个表达式的多种不同取值，来进行程序多分支的选择，其一般形式为：

switch（ 表达式 ）
{
　　case 常量 1: 语句块 1；[break；]
　　case 常量 2: 语句块 2；[break；]
　　……
　　case 常量 n: 语句块 n；[break；]
　　[default:　语句块 n+1；]
}

注意：

（1）case 分支后面的 break 语句用于跳出 switch 结构，可以省略。

（2）default 分支可以省略。

switch 语句的执行过程：先计算表达式的值，并与后面各个 case 分支常量表达式值逐个相比较。若表达式值与某个 case 分支的常量 i 值相等时，则执行该分支的语句块直到后面所有分支执行完毕。若表达式值与所有 case 分支的常量 i 值都不相等，则从 default 进入，执行语句块 n+1。switch 语句执行过程如图 5-4 所示。

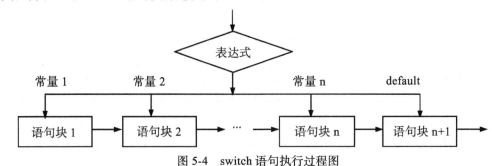

图 5-4 switch 语句执行过程图

【例 5-10】 输入一个整数，如果范围在 0 ~ 7 之间，则输出对应的星期几英文单词。否则，输出错误信息。例如输入 2，输出 Tuesday。

程序设计分析：

（1）输入一个整数到变量 a 中。

（2）判断变量 a 的值，输出相应的英文星期几信息。如果变量 a 的值超出范围，则输出错误信息。

```c
/* 例 5-10 源程序，输入一个数字，输出对应的星期几英文单词 */
#include<stdio.h>
void main()
{
    int  a;
    printf("input integer number:");
    scanf("%d",&a);
    switch(a)
    {
        case 1: printf("Monday\n");        break;
        case 2: printf("Tuesday\n");       break;
        case 3: printf("Wednesday\n");     break;
        case 4: printf("Thursday\n");      break;
        case 5: printf("Friday\n");        break;
        case 6: printf("Saturday\n");      break;
        case 7: printf("Sunday\n");        break;
        default:printf("error\n");
    }
}
----- 程序执行 -----
```

```
input integer number:5↙
Friday
```

思考：去掉 case 语句后面的 break 语句，输入 5 后运行结果是什么？

【例 5-11】 把例 5-7 的百分制成绩转换为五分制成绩，改为用 switch 语句实现。

```c
/* 例 5-11 源程序，百分制成绩转换五分制成绩 */
#include<stdio.h>
#include<stdlib.h>
void main ( )
{
    int   score;
    printf ("Please input score:\n") ;
    scanf ("%d",&score) ;
    switch ( score/10 )
    {
        case   0:                          // 表示 score/10 值为 0 时，语句组为空
        case   1:                          // 语句组空，将顺序下延直至遇到语句再执行
        case   2:
        case   3:
        case   4:
        case   5:  printf ("E\n") ;
                   break;
        case   6:  printf ("D\n") ;
                   break;
        case   7:  printf ("C\n") ;
                   break;
        case   8:  printf ("B\n") ;
                   break;
        case   9:
        case   10: printf ("A\n") ;
                   break;
    }
}
```

```
----- 程序执行 -----
Please input score:
85↙
B
```

程序说明：

（1）score/10 为整数与整数相除，所以结果为整数。

（2）case 0，case 1…case 4 的语句组为空，程序会顺序下延直至遇到语句再执行。

编程提醒：

（1）switch 后面的表达式只能为整型、字符型或枚举类型的数据。

（2）当 switch 后面的表达式值与某个 case 分支常量匹配时，就从该分支开始执行直到最后。

若想 switch 语句和 if 的多分支结构一样，只执行满足条件的分支，则需要在 case 语句后面使用 break 语句跳出 switch 结构。switch 结构常与 break 语句结合使用，使 switch 语句真正变成多分支结构。

（3）各个分支常量表达式的值必须互不相同，否则出现矛盾。

（4）case 后面若有多个语句，不必用花括号 { } 括起来。

（5）多个 case 分支可以共用一组语句，如上例中：

……

case 3:

case 4:

case 5: printf（"E\n"）; break;

（6）default 分支可以缺省，此时若 switch 后面的表达式值与所有 case 分支的常量 i 值都不相等，则程序跳出 switch 结构，直接执行 switch 的后续语句。

5.4 循环结构程序设计

循环（重复）是计算机解决问题常见的一种方式。在实际问题中，常常需要进行大量的重复操作，从而实现问题的解决。如前面大学生体能测试 50 米跑步项目中，男生成绩达到8.1 秒及格，女生成绩达到 9.1 秒及格。若要编程依次判断某班 30 人的跑步成绩是否达到及格水平，则这个判断的过程需要重复 30 次。这样一类需要重复执行的编程问题，最好使用循环结构来解决。

循环结构是结构化程序设计的基本结构之一。它的特点是，在给定的条件成立时，重复执行某个程序段，直到条件不成立为止。给定的条件称为循环条件，一般使用关系表达式或逻辑表达式表示。重复执行的程序段称为循环体。

在 C 语言中，主要使用三种形式的循环语句实现循环，分别是当型循环 while 语句、直到型循环 do-while 语句和 for 语句。本节中将分别介绍这三种循环语句，通过举例介绍循环程序设计的编程应用。

5.4.1 while 循环

由 while 语句构成的循环也称当型循环，其一般使用形式如下：

```
while（表达式）
{
    循环体；
}
```

该语句的执行过程：

（1）计算 while 后面括号内表达式的值，执行步骤 2。

（2）若表达式值为真（非 0），则执行循环体语句，然后转去执行步骤 1；若表达式的值为假（0），循环结束，程序退出 while 结构执行后续语句。while 语句的执行过程如图 5-5 所示。

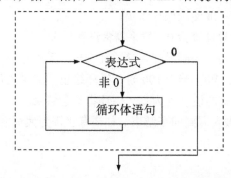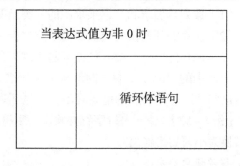

图 5-5　while 语句执行过程图

说明：

（1）while 循环先判断循环条件表达式是否成立，再根据判断结果决定是否执行循环体语句。如果条件表达式的值一开始就为"假"，则循环体一次也不执行。

（2）循环体语句若只有 1 条，可省略花括号。

（3）循环体中一定要有使循环趋于结束的语句，以避免死循环的发生。

（4）while 表达式后面一般不加分号，加上分号则表示循环结构的结束。

【例 5-12】利用 while 循环求 1+2+3+4……+100 的和。

程序设计分析：

（1）定义变量 i 和 sum。

（2）让 i 从 1 逐渐增加到 100，把 i 值累加到 sum 变量中。

（3）步骤 2 重复执行 100 次。

```
/* 例 5-12 源程序，求 1+2+3+4……+100 的和 */
#include <stdio.h>
void main（）
{
    int  i,sum;
    i=1;
    sum=0;                            //sum 称累加器，累加前清零
    while（i<=100）                   // 如果 i<=100，继续进入循环执行
```

```
    {
        sum=sum+i;                              // 把 i 累加到 sum 变量中
        i++;                                    //i 值加 1
    }
    printf("sum=%d\n",sum); }
```

----- 程序执行 -----

sum=5050

程序说明：

（1）数列累加求和、累乘求积的一类问题，一般使用循环解决。

（2）注意循环初值的设置。对于累加器一般常设置为 0，累乘器常设置为 1。

（3）循环体中一定要有使循环趋于结束的语句，否则循环将变成死循环，无限运行。

上例中的"i++;"，使 i 的值从 1 逐渐增大到 100。当 i>100 时，循环终止。如果程序中没有语句"i++;"，则 i 的值始终不变，循环表达式的值永远为真，循环将不会结束。

【例 5-13】 输入一行字符并输出，字符的输入遇到回车结束。如果有字符为大写字母，则转换为小写后再输出。

程序设计分析：

（1）定义一个字符变量。

（2）输入一个字符并判断是否是 '\n'，是则循环结束，不是则进入步骤 3。

（3）判断字符是否是大写字母，是则转换为小写。

（4）输出字符，执行步骤 2。

```c
/* 例 5-13 源程序，输入一行字符并输出，如有大写字母则转换成小写字母后输出 */
#include<stdio.h>
void main()
{
    char  ch;
    ch=getchar();
    while(ch!='\n')
    {
        if(ch>='A'&&ch<='Z')
            ch=ch+32;
        printf("%c",ch);
        ch=getchar();
    }
}
```

----- 程序执行 -----

This is ABC↙

this is abc

5.4.2　do-while 语句

do-while 语句一般称为直到型循环结构，其一般使用形式如下：

```
do
{
    循环体；
}while（表达式）；
```

该语句的执行过程：

（1）执行循环体语句。

（2）计算 while 后面表达式的值，若表达式值为真（非 0），执行步骤 1；若表达式的值为假（0），循环结束，程序跳出 while 结构执行后续语句。do-while 语句的执行过程如图 5-6 所示。

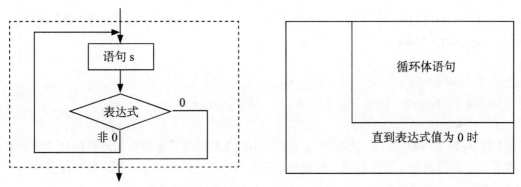

图 5-6　do-while 语句执行过程图

说明：

（1）do-while 循环先执行循环体语句，然后判断循环条件是否成立。因此如果条件表达式的值一开始就为"假"，则 do-while 循环至少也要执行一次循环体语句。

（2）循环体语句若只有 1 条，可去掉外面的花括号。

（3）循环体中一定要有使循环趋于结束的语句，以避免死循环的发生。

（4）do-while 语句的 while（表达式）后面一定要加分号，表示循环结构的结束。

（5）do-while 循环语句与 while 循环语句可以相互转化。

【例 5-14】　输入一个整数 n，计算 n!。

程序设计分析：

（1）n！=n*（n-1）*（n-2）*…*1。

（2）输入一个整数 n。

（3）定义变量 i 和 product，让 i 从 n 逐渐减少到 1，把 i 值累乘到 product 变量中。

（4）步骤 3 重复执行 n 次。

/* 例 5-14 源程序，输入一个整数 n，计算 n!*/

```
#include <stdio.h>
void main ( )
{
    int   i,n;
    long   product;
    product=1;                              // 累乘求积, product 赋初值为 1
    printf ("please input n (n>=0) :");
    scanf ("%d",&n);
    i=n;
    do
    {
        product = product *i;               // 把 i 累乘到 product 变量中
        i--;                                //i 值减 1
    } while (i>=1);                         // 如果 i>=1, 进入循环执行累乘
    printf ("%d!=%ld\n",n,product);
}
```

----- 程序执行 -----

please input n (n>=0) :10↙

10!=3628800

【例 5-15】 猜数游戏。系统产生一个 0~100 之间的随机整数, 用户猜测这个随机数。如果猜错, 继续猜测; 如果猜对, 根据用户猜测的次数, 给出成绩。用户猜对或者输入 -1, 退出游戏。成绩的评定方法:

 小于等于 4 次就猜对——very good;

 大于 4 次小于等于 7 次才猜中——good;

 大于 7 次小于等于 10 次才猜中——normal;

 大于 10 次才猜中——poor。

程序设计分析:

(1) 生成一个 [0, 100) 中的随机数放入到变量 n 中, 设置输入次数计数变量 c, 初值为 0。

(2) 输入一个整数放入到变量 m 中, 输入次数 c 加 1。

(3) 比较 m 和 n 的大小, 如果 m>n 或 m<n 给出相应的提示信息。如果相等, 判断 c 的次数, 并给出成绩。

(4) 如果 m 不等于 -1 并且 m 不等于 n, 执行步骤 2。

```
/* 例 5-15 源程序, 猜数游戏 */
#include<stdio.h>
#include<stdlib.h>
#include<time.h>
void main ( )
```

```
{
   int   n,m,c;               //n 存放随机数，m 存放用户输入的数，c 记录用户输入的次数
   srand(time(NULL));   // 时间作为随机数种子
   n=rand()%100;             // 产生 [0,100) 之间的随机整数
   c=0;                      // 输入次数置 0
   do
   {
      c++;
      printf("\nplease input an integer[0,100):");
      scanf("%d",&m);
      if(m>n)
         printf("the number of input is too big\n");// 提示用户输入的数太大
      else if(m<n)
         printf("the number of input is too small\n");// 提示用户输入的数太小
      else                   //m 与 n 相等，根据用户输入的次数进行评定成绩
         {
            if(c<=4)
               printf("you are right!grade:very good\n");
            else if(c<=7)
               printf("you are right!grade: good\n");
            else if(c<=10)
               printf("you are right!grade:normal\n");
            else
               printf("you are right!grade:poor\n");
         }
   }while(m!=n && m!=-1);     // 循环条件：m 不等于 n 且 m 不等于 -1
}
```

----- 程序执行 -----

```
please input an integer[0,100):50↙
the number of input is too big
please input an integer[0,100):20↙
the number of input is too big
please input an integer[0,100):18↙
the number of input is too small
please input an integer[0,100):19↙
you are right!grade:very good
```

5.4.3 for 语句

for 语句是循环控制结构中使用最广泛、最灵活的一种循环控制语句，一般用于循环次数已知的情况。

for 语句的一般使用形式如下：

for（表达式 1；表达式 2；表达式 3）

循环体；

其中：表达式 1 一般为赋值表达式，用于给循环控制变量赋初值；表达式 2 一般是关系表达式或者逻辑表达式，用来作为循环的控制条件；表达式 3 一般为赋值表达式，用来给循环控制变量增量或减量。

for 语句执行过程：

（1）先计算表达式 1。

（2）计算表达式 2，若表达式 2 为真（非 0），执行步骤 3；否则执行步骤 4。

（3）执行循环体语句，计算表达式 3，然后转回步骤 2 继续。

（4）for 循环结束，执行 for 循环的后续语句。

for 语句执行过程如图 5-7 所示。

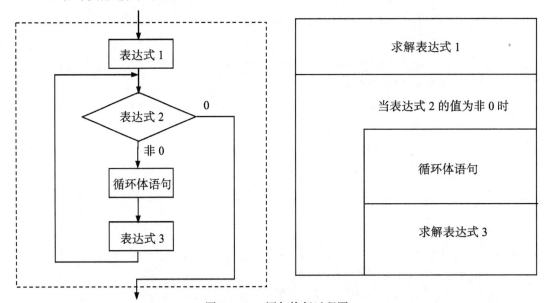

图 5-7　for 语句执行过程图

用 for 循环语句完成例 5-12。

```
/* 例 5-12 源程序，计算 1 到 100 的和。*/
#include <stdio.h>
void main（）
{
```

```
    int  i,sum=0;                    //sum存放100个数据的和，累加前清零
    for(i=1; i<=100; i++)            //i<=100，继续进入循环执行；i值加1
    {
        sum= sum+i;                  // 把 i 累加到 sum 变量中
    }
    printf("%.2f\n",sum);
}
```

【例5-16】 找出所有的水仙花数。所谓水仙花数是指一个3位数，其各位数字的立方和等于该数自身。例如：371=3*3*3+7*7*7+1*1*1，那么371就是水仙花数。

程序设计分析：

（1）利用for循环遍历100~999中所有的数，即让变量i从100逐渐变化到999。

（2）分别将每个i的个位、十位、百位分解出来，放入变量c、b、a中。分解的方法：

百位数：a=i/100

十位数：b=（i-a*100）/10

个位数：c=i%10

（3）判断a*a*a+b*b*b+c*c*c是否等于i。若判断的结果为真，则i是水仙花数，输出i；否则继续判断其他的数。

```
/* 例 5-16 源程序，找出所有的水仙花数 */
#include <stdio.h>
void main()
{
    int  i,a,b,c;
    for(i=100;i<=999;i++)
    {
        a=i/100;                                // 得到百位数
        b=（i-a*100）/10;                        // 得到十位数
        c=i%10;                                 // 得到个位数
        if（a*a*a+b*b*b+c*c*c==i）
            // 可用pow（a,3）代替 a*a*a，pow 为求数的次方函数
            printf("%d is a Armstrong number!\n",i);
    }
}
----- 程序执行 -----
153 is a Armstrong number!
370 is a Armstrong number!
371 is a Armstrong number!
407 is a Armstrong number!
```

程序说明：

（1）分解三位数得到十位上的数字方法有多种，思考 b=i/10%10 ,b=i%100/10 能不能正确分解十位上的数字？

（2）表示三个数字的立方和，使用数学函数更简便，使用数学函数需要加头文件 #include<math.h>。

【例 5-17】 输入整数 n，判断该数是否为素数。素数的概念：如果一个数 n 只能被 1 和自身所整除，这个数就是素数，也叫质数。

程序设计分析：

（1）输入一个整数放入变量 n 中。

（2）设置一个标志变量 flag 并赋初值 1，表示默认情况下 n 是素数。

（3）让循环变量 i 从 2 逐渐遍历至 n-1。如果 n 能被其中的任何一个整除，则给 flag 赋值 0，表示 n 不是素数。

（4）根据 flag 的值来判断，如果 flag 为 1，n 为素数；如果 flag 为 0，n 不是素数。

```c
/*  例 5-17 源程序，判断 n 是否为素数   */
#include <stdio.h>
void main ( )
{
    int   n,i,flag=1;               // 给 flag 标志变量赋初值 1，表示默认 n 为素数
    printf ( "Please input n（n>1）:\n" ) ;
    scanf ( "%d",&n ) ;
    for ( i=2; i<=n-1; i++ )
        if ( n%i==0 ) flag=0;       //i 能整除 n，标记 flag 为 0，表示 n 不是素数
    if ( flag==1 )                  // 根据 flag 为 1 或为 0，知道 n 是否为素数
        printf ( "Yes\n" ) ;
    else
        printf ( "No\n" ) ;
}
```

```
----- 程序执行 1 -----
Please input n（n>1）:
50↙
No
----- 程序执行 2 -----
Please input n（n>1）:
13↙
Yes
```

程序说明：由数学知识可知，判断循环不需要到 n-1，可到 n/2。还可以进一步缩小范围，循环只需要到 $\sqrt{n}$ 即可。

for 语句的使用说明：

（1）for 语句中的三个表达式都可以省略。但在省略表达式时，表达式之间的分号不能省略。

（2）如果省略表达式 1，则应在 for 语句前面给循环变量赋初值。如：

```
sum=0;                              sum=0;    i=1;
for（i=1; i<=100; i++）    等价于    for（  ;i<=100;i++）
    sum=sum+i;                          sum=sum+i;
```

（3）表达式 2 是循环执行条件。如果省略，则在程序中一定要设定退出循环的条件。一般通过条件 if 语句和转向语句 break 等结合，解决死循环问题。如：

```
sum=0;                              sum=0;
for（i=1; i<=100; i++） 等价于  for（i=1;  ;i++）
    sum=sum+i;                      {
                                    if（i>100） break; //break 语句可强制退出循环
                                    sum=sum+i;  }
```

如果省略表达式 2，程序中又没有退出循环的条件语句，则表示循环条件永远为真，会造成死循环，这种情况是编程者要避免的。如下述程序段就是一个死循环：

```
for（i=1;  ;i++）
    sum=sum+i;
```

（4）表达式 3 一般用于改变有关变量的值，特别是循环变量的值。如果省略表达式 3，会让循环变量值不发生变化，则循环条件永远成立，造成死循环。因此省略表达式 3 后，在循环体中要有语句改变循环变量的值，使循环趋于结束。如：

```
sum=0;                              sum=0;
for（i=1; i<=100; i++）    等价于    for（i=1; i<=100 ;  ）
    sum=sum+i;                      {
                                        sum=sum+i;
                                        i++;
                                    }
```

（5）for 语句中的三个表达式都可以省略，如

```
sum=0;                              sum=0;    i=1;
for（i=1; i<=100; i++）    等价于    for（  ;  ;  ）
    sum=sum+i;                      {  sum=sum+i;
                                       i++;
                                       if（i>100） break;
                                    }
```

（6）表达式 1 可以是设置循环变量初值的表达式，也可以是与循环变量无关的其他表达式。如：

```
sum=0;
for(i=1; i<=100; i++)      等价于        for(sum=0,i=1; i<=100;i++)
    sum=sum+i;                                  sum=sum+i;
```

（7）表达式 2 一般是关系表达式或逻辑表达式，也可以是数值表达式或字符表达式，例如：

```
for(  ; c=getchar()!='\n';    )
    printf("%c",c);
```

小结：

从以上说明可以看出，C 语言的 for 语句功能强大，使用灵活，可以把循环体和一些与循环控制无关的操作作为表达式出现，使程序短小简洁。但是，过分使用这个特点会使 for 语句显得杂乱，降低程序的可读性。因此，建议不要把与循环控制无关的内容放在 for 语句的三个表达式中，这是程序设计的良好风格。

5.4.4　几种循环的比较

从前面对循环结构的语句和例子介绍，可以看出循环结构主要由四部分组成：
（1）循环变量（条件状态）的初始化。
（2）循环变量（条件状态）的检查，以确认是否进行循环。
（3）循环变量（条件状态）的修改，使循环趋于结束。
（4）循环体执行的操作。

在 C 语言中，三种循环结构都可以用来处理同一个问题。但是，在具体使用时存在一些细微的差别。

（1）循环变量初始化：while 循环和 do-while 循环中，循环变量初始化在循环语句之前完成；在 for 循环中，循环变量的初始化常在表达式 1 中完成。

（2）循环条件：while 循环和 do-while 循环中的循环条件在 while 后面指定，for 循环则一般在表达式 2 中指定。

（3）循环变量的修改：对于循环变量的修改，while 循环和 do-while 循环一般在循环体内进行，而 for 循环一般在表达式 3 中完成。

（4）循环体：while 循环和 for 循环一般是先判断条件表达式，后执行循环体；do-while 循环是先执行循环体，再判断表达式。所以，while 循环和 for 循环是典型的当型循环，而 do-while 循环则是直到型循环。

（5）三种循环一般可以相互替代，相互转换。对于重复操作次数直接或间接已知的问题，一般采用 for 循环。对于重复操作的次数未知的情况，一般使用 while 循环或 do-while 循环。

5.4.5　其他控制语句

前面介绍的各个循环例子，都是在执行循环体之前或之后判断循环条件是否成立，从而决定是否终止循环体的执行。有时根据实际问题的情况，需要提前结束循环。这时可以利用 C 语言提供的 break 语句来终止循环的执行。

还存在一种情况：根据程序的执行情况，本次循环不需要（或不能）执行到最后，就该开始下一次循环。这时可以利用 continue 语句结束本次循环，开始下一次循环。

1. break 语句

break 语句的一般使用形式为：

break;

break 语句有两个功能：

（1）在 switch 语句中终止包含该 break 语句的 case 分支的执行，这点在前面已经有过介绍，这里不再重复。

（2）终止循环的执行，程序跳出循环结构并执行其后续语句。

break 语句在循环体中一般都与 if 语句合用，常用于减少不必要的循环次数，提高程序运行效率。break 语句在三种循环语句中的执行过程如图 5-8 所示。

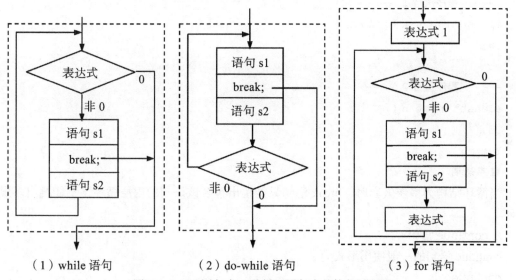

（1）while 语句　　　　（2）do-while 语句　　　　（3）for 语句

图 5-8　break 语句在三种循环语句中的执行过程图

【例 5-18】　使用 break 语句改进例 5-17 判断一个数是否为素数。

程序设计分析：

（1）输入一个整数放入变量 n 中。

（2）让循环变量 i 从 2 逐渐遍历至 n-1。如果 n 能被其中的任何一个整除，则退出循环。

（3）根据 i 的值来判断，如果 i 值小于等于 n-1，说明循环结构是强制退出，因此 n 不是素数；如果 i 值大于 n-1，说明循环结构是自动退出，因此 n 是素数。

```
/* 例 5-18 改进的源程序，判断 n 是否为素数 */
#include <stdio.h>
```

```
#include<math.h>
void main()
{
    int   n,i;
    printf("Please input n(n>1):\n");
    scanf("%d",&n);
    for(i=2; i<=sqrt(n); i++)          //sqt(n)函数求n的平方根, 其值即为√n
    if(n%i==0)  break;                 //i能整除n, 强制退出循环
    if(i>sqrt(n))                      // 根据i与大小关系来判断n是否为素数
    printf("Yes\n");
    else
        printf("No\n");
}
----- 程序执行1 -----
Please input n(n>1):
50↙
No
----- 程序执行2 -----
Please input n(n>1):
13↙
Yes
```

程序说明：

当循环结构为多层嵌套时，break 语句只能跳出包含该语句的内层循环，不能跳出多层循环。

2. continue 语句

continue 语句的一般使用形式为：

continue;

功能：跳过尚未执行的语句，结束本次循环的执行，并判断是否继续下一次循环的执行。

continue 语句只能出现在循环体中，一般都与 if 语句合用。其在三种循环语句中的执行流程如图 5-9 所示。

【例 5-19】 把 50 到 100 之间不能被 5 整除的数累加求和输出。

程序设计分析：

（1）定义一个累加器，赋初值为 0。

（2）让变量 i 从 50 变化至 100，依次判断其是否能被 5 整除。如果 i 能被 5 整除，停止本次循环，继续下一次循环；如果 i 不能被 5 整除，则将其加至累加器中。

（3）输出累加器的值。

/* 5-19 源程序, 输出 50-100 内不能被 5 整除的数的累加和 */

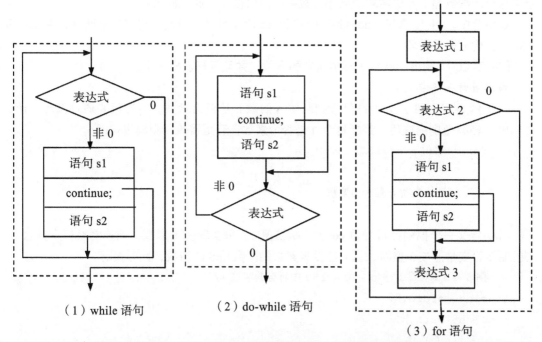

图 5-9 continue 语句在三种循环语句中的执行过程图

```
#include <stdio.h>
void main ( )
{
   int   i,sum=0;
   for ( i=50;  i<=100;  i++ )
   {
     if ( i%5==0 )
        continue;                      //i 能被 5 整除，则结束本次循环
     sum=sum+i;
   }
   printf ( "sum=%d",sum ) ;
}
----- 程序执行 -----
sum=3000
```

5.4.6 循环的嵌套

循环的嵌套又称多重循环，是指一个循环结构的循环体内又包含另外一个完整的循环结构。内嵌的循环语句称内循环，包含循环的外部循环称为外循环。多重循环中，内层循环体

重复执行的次数等于外层循环的循环次数乘以内层循环的循环次数。

C 语言中，while 语句、do-while 语句和 for 语句可以自身嵌套构成多重循环，也可以相互嵌套，构成多重循环。

【例 5-20】 输出 100 ～ 150 中所有的素数，并且每行输出 5 个。

程序设计分析：

（1）例 5-17、例 5-18 中已经会判断输入的数 n 是否为素数。本题只要通过循环，让 n 在 [100，150] 范围内遍历，判断每个 n 是否为素数，若是素数，则输出。即：

```
for(n=100; n<=150; n++)
{
    循环体判断 n 是否为素数
}
```

（2）定义一个控制换行变量 count，赋初值 0。每发现一个素数，则控制换行变量增 1。若控制换行变量能被 5 整除，说明已发现素数的个数是 5 的倍数，此时换行。

```
/* 例 5-20 源程序，输出 100 ～ 150 中所有的素数 */
#include<stdio.h>
#include<math.h>
void main()
{
    int  n, i, count=0;                    //count 控制 5 个换行
    for(n=100; n<=150; n++)
    {
        for(i=2; i<=sqrt(n); i++)          // 改进的判断素数程序
            if(n%i==0)
                break;
        if(i>sqrt(n))
        {
            printf("%5d",n);               // 输出素数
            count++;                       // 统计已输出素数个数
            if(count%5==0)                 // 输出 5 个换行
                printf("\n");
        }
    }
}
----- 程序执行 -----
101    103    107    109    113
127    131    137    139    149
```

程序说明：

（1）内循环采用的是判断素数的改进算法程序。

（2）本例由于外循环的循环体有多条语句，必须用花括号括起，而内循环的循环体只有一条语句，所以可不用花括号括起来。

（3）必须是外循环包括内循环，不能发生交叉。

（4）在程序设计时，一般外循环控制整体，内循环控制局部。例如按行列输出图形或数据时，外循环控制行，内循环控制行中的每一列。

（5）书写形式上要正确使用"缩进式"，以便明确循环的层次关系，增强程序的可读性。

5.5　典型实例

【例 5-21】 打印输出以下图案（菱形）。

```
   *
  * * *
 * * * * *
* * * * * * *
 * * * * *
  * * *
   *
```

程序设计分析：

（1）先将图形分成两部分处理，前 4 行为一部分，后 3 行为另一部分。根据前面循环嵌套部分的介绍，外层 for 循环控制图形输出的行，内层 for 循环控制图形输出的列。

（2）假设第 4 行前没有空格，前 4 行图案的规律：

第 1 行：3 个空格，1 个星号

第 2 行：2 个空格，3 个星号

第 3 行：1 个空格，5 个星号

第 4 行：0 个空格，7 个星号

根据以上的情况，可以得出前 4 行图案的规律：

第 i 行：4-i 个空格，2*i-1 个星号

（3）后 3 行图案的规律：

第 1 行：1 个空格，5 个星号

第 2 行：2 个空格，3 个星号

第 3 行：3 个空格，1 个星号

根据以上的情况，可以得出后 3 行图案的规律：

第 i 行：i 个空格，7-2*i 个星号

```
/* 例 5-21 源程序, 打印菱形星号图案 */
#include <stdio.h>
void main ( )
{
    int  i,j,k;
    /* 输出前 4 行图案 */
    for ( i=1;i<=4;i++ )                    // 控制行
    {
        for ( j=1;j<=4-i;j++ )              // 输出 4-i 个空格
        printf ( "  " );
        for ( k=1;k<=2*i-1;k++ )           // 输出 2*i-1 个星号
            printf ( "* " );
        printf ( "\n" );                    // 输出完一行空格和星号后换行
    }
    /* 输出后 3 行图案 */
    for ( i=1;i<=3;i++ )                    // 控制行
    {
        for ( j=1;j<=i;j++ )               // 输出 i 个空格
            printf ( "  " );
        for ( k=1;k<=7-2*i;k++ )           // 输出 7-2*i 个星号
            printf ( "* " );
        printf ( "\n" );                    // 输出完一行空格和星号后换行
    }
}
----- 程序执行 -----
      *
     * * *
    * * * * *
   * * * * * * *
    * * * * *
     * * *
      *
```

【例 5-22】 输入整数 n, 输出 n 的所有质数因子 (如 n=90, 则输出 2、3、3、5)。

程序设计分析:

一个整数如果只能被 1 和它本身整除, 那么这个整数便是质数。 对 n 进行质因数分解, 首先应该找到一个最小的质数 i (i 的值为 2), 然后按下列步骤完成。

(1) 如果这个质数 i 恰好等于 n, 则说明分解质因数的过程已经结束, 输出 n 即可。

（2）如果 i<>n，但 n 能被 i 整除，则应输出 i 的值，并用 n 除以 i 的商，作为 n 的新值，重复执行步骤 1。

（3）如果 i<>n，n 不能被 i 整除，则用 i+1 作为 i 的新值，重复执行步骤 1。

```c
/* 例 5-22 源程序，将整数 n 分解出所有质数因子 */
#include <stdio.h>
void main()
{
    int   n,i;
    printf("Input n:");
    scanf("%d",&n);
    i=2;                            // 给 i 赋值最小的质数
    while(n!=i)                     // 循环结束的条件是找到的质数与 n 相等
        if(n%i==0)                  //n 能被 i 整除，表示 i 是 n 的因子
        {
            printf("%d\t",i);       // 因子输出
            n= n/i;                 // 将 n 除以 i 的商作为新值赋给 n
        }
        else
            i++;                    // 用 i+1 作为新值赋给 i
    printf("%d\n",n);
}
```

```
----- 程序执行 -----
Input n:90↙
2    3    3    5
```

【例 5-23】　电文加密问题。根据字母表，将电文消息中的每个字母往前移动 4 位，其他字符不变。例如 A->W，B->X，C->Y，D->Z，E->A，a->w，b->x，c->y，d->z，e->a。

程序设计分析：

（1）用户输入电文消息，可以利用 while 循环，将用户输入的明文字符放入变量 ch 中，以换行符 '\n' 作为输入结束的条件，即用户输入回车、ch=='\n' 时，停止循环。

（2）判断 ch 是否是字母，如果是字母，将其减 4，使其变成字母表中前第 4 个字母。

（3）如果 ch 减 4 后超出字母的范围，再加上 26，使其变成目标字母。例如：

　　　'A' – 4 后的 ASCII 码为 61，目标字母 'W' 的 ASCII 码为 87。

　　　'B' – 4 后的 ASCII 码为 62，目标字母 'X' 的 ASCII 码为 88。

　　　'C' – 4 后的 ASCII 码为 63，目标字母 'Y' 的 ASCII 码为 89。

　　　'D' – 4 后的 ASCII 码为 64，目标字母 'Z' 的 ASCII 码为 90。

（4）大小写字母的处理规律相似。

（5）在 C 语言中，如果用户一次输入多个数据，多出的数据会自动转换为下一次的输入。

因此，编程时可以按"输入一个字符处理一个字符"的方法处理。

```c
/* 例 5-23 源程序，电文加密问题 */
#include<stdio.h>
void main( )
{
    char  ch;
    printf("Input a string:\n");
    ch=getchar( );                          // 输入第一个字符
    while(ch!='\n')                 // 如果输入的字符不是换行符，进入循环处理
    {
        if(ch>='A'&&ch<='Z' || ch>='a'&&ch<='z')  // 判断 ch 是否是字母
        {
            ch=ch-4;
            if((ch<'A'&&ch>='A'-4) || (ch<'a'&&ch>='a'-4))    // 判断 ch 是否越界
                ch=ch+26;
        }
        putchar(ch);                        // 输出字符 ch
        ch=getchar( );                      // 输入新字符
    }
}
---- 程序执行 ----
Input a string:
hello world↙
dahhk sknhz
```

思考：在判断字母 ch-4 后是否越界时，判定条件可否写为下列表达式？为什么？

(ch<'A')||(ch<'a'&&ch>='a'-4)

5.6 本章知识点小结

本章主要介绍了 C 语言的基本语句，顺序结构、选择结构和循环结构的设计思路和实现方法。

（1）顺序结构的程序，按照语句的先后顺序来依次执行，一般由表达式语句、输入输出等函数调用语句组成。

（2）选择结构的程序，根据判定条件的真假，从给定的两个分支或多个分支程序段中选择一个执行。选择结构一般由 if 语句或者 switch 语句实现。在程序设计中，根据选择结构的分支情况 if 语句分为单分支 if 语句、双分支 if 语句和多分支 if 语句。switch 语句是另一

种多分支控制语句，其特点是根据一个表达式的不同取值，来进行多个分支判断。

（3）循环结构的程序，在给定的条件成立时，重复执行某个程序段，直到条件不成立为止。循环结构一般由三种语句 while、do-while 和 for 语句实现。一般前两种语句适用于循环次数不明确的情况，for 语句适用于循环次数比较明确的循环，这三种循环结构可以相互转化。while 循环和 do-while 循环在循环条件一开始就不成立时有区别，其他完全相同。

（4）break 用于跳出本层循环；continue 用于停止本次循环，继续下一次循环。

（5）循环嵌套是指循环体里面包括一个完整的循环结构。三种循环结构可以互相嵌套，但不能出现交叉循环的情况。程序设计时，一般外循环控制整体，内循环控制局部，例如输出图形时，外循环控制行，内循环控制行中的每一列。

（6）通过本章的学习，读者应该掌握 C 语言结构化程序设计的思路和基本语句的用法。

拓展阅读

本章拓展部分将介绍循环结构常用的算法。在循环应用中，穷举和迭代是两类具有代表性的算法。

1. 穷举法

穷举法也称"枚举法"，它的基本思想是：根据题目的部分条件确定答案的大致范围，在此范围内对所有可能的情况一一列举，逐一验证，直到所有的情况被验证完毕。

使用穷举法解决问题的过程与步骤：

（1）分析问题，确定答案的数据类型和大致范围。

（2）根据答案的数据类型和大致范围，确定穷举的范围，通过循环遍历范围内的所有可能情况。

（3）对范围内的所有情况一一验证，如果情况符合问题的条件，则为答案；继续遍历范围内的其他情况，直到所有的情况遍历完为止。

【例 5-24】　有一个古典数学问题，一百个铜钱买了一百只鸡，其中公鸡一只 5 钱、母鸡一只 3 钱、小鸡一钱 3 只，问一百只鸡中公鸡、母鸡、小鸡各有多少只。

程序设计分析：

（1）首先分析问题，求一百只鸡中公鸡、母鸡、小鸡各自的只数。根据问题的描述，设一百只鸡中公鸡、母鸡、小鸡的只数分别为 x、y、z，则 x、y、z 的数据类型为整型，大致范围为 0 ~ 100。

（2）由于鸡和钱的总数都是 100，公鸡一只 5 钱、母鸡一只 3 钱、小鸡一钱 3 只，从而可以进一步确定 x、y、z 的取值范围：x 的取值范围为 0 ~ 20，y 的取值范围为 0 ~ 33，z 的取值范围为 0 ~ 99。

（3）根据问题的表述，在 x、y、z 的取值范围内，同时满足下面两个条件的 x、y、z 值，则为问题的正确答案。

5x+3y+z/3=100（百钱）

x+y+z=100 （百鸡）

```c
/* 例5-24源程序，古典数学百钱买百鸡问题 */
#include "stdio.h"
void main()
{
    int   x,y,z;                          // 定义三个变量，分别表示公鸡、母鸡、小鸡的个数
    for(x=0;x<=20;x++)
        for(y=0;y<=33;y++)
            for(z=0;z<=99;z++)
            {
                if((5*x+3*y+z/3.0==100)&&(x+y+z==100))  // 是否满足百钱和百鸡的条件
                    printf("cock=%d,hen=%d,chicken=%d\n",x,y,z);
            }
}
```

----- 程序执行 -----

cock=0,hen=25,chicken=75

cock=4,hen=8,chicken=78

cock=8,hen=11,chicken=81

cock=12,hen=4,chicken=84

程序说明：

（1）本段程序中用了三重循环，循环体执行次数较多，可将其进行改进，变成二重循环程序。

（2）根据问题的描述，设一百只鸡中公鸡、母鸡的只数分别为 x、y，则小鸡的只数为100-x-y。改进的程序如下：

```c
/* 例5-24改进的源程序，百钱买百鸡问题 */
#include "stdio.h"
void main()
{
    int x,y;                              // 定义2个变量，分别表示公鸡，母鸡的个数
    for(x=0;x<=20;x++)
        for(y=0;y<=33;y++)
        {
            if((5*x+3*y+(100-x-y)/3.0==100)         // 是否满足百钱的条件
                printf("cock=%d,hen=%d,chicken=%d\n",x,y,100-x-y);
        }
}
```

2. 迭代法

数学上，我们经常会碰到这样的问题：已知第一项（或者第几项），要求计算出后面某项的值，这是递推法。

从已知条件出发，逐步推算出要解决问题的方法，这叫递推。从问题的结果出发，从而逐步推算出问题的已知条件，这种递推方法叫倒推。无论是递推还是倒推，计算机处理这类问题时，经常将递推问题转换为迭代形式，即要找到问题的迭代公式。

迭代是一种不断用变量的旧值递推新值的过程。在程序中每一次循环都执行同一条语句，用同一个变量来存放每一次推出来的新值（新值与变量的旧值有关），即用一个新值代替旧值。

利用迭代法解决问题的过程与步骤：

（1）确定迭代变量

在使用迭代算法解决的问题中，至少存在一个直接或间接地不断由旧值递推出新值的变量，这个变量就是迭代变量。首先确定迭代变量及其数据类型。

（2）建立迭代关系

迭代关系，就是指从迭代变量的前一个值推出下一个值的公式关系，迭代关系式的确立是解决问题的关键，通常根据问题的表述可以通过递推或倒推的方法来完成。

（3）控制迭代过程

不能让迭代过程无休无止的重复执行下去，因此迭代过程开始后什么条件下结束，这是编写迭代程序必须考虑的重要问题。

迭代过程的控制通常分为两种情况：一种是迭代次数直接已知的情况或者可以计算出来；另外一种是迭代次数无法确定。对于前一种情况，可以编写一个固定次数的循环来实现对迭代过程的控制；对于后一种情况，需要进一步分析出用来结束迭代过程的条件。

【例 5-25】　猴子第 1 天摘了若干个桃子，当即吃了 1 半，还不解馋，又多吃了 1 个；第 2 天，吃剩下的桃子的 1 半，还不过瘾，又多吃了 1 个；以后每天都吃前 1 天剩下的 1 半多 1 个，到第 10 天想再吃时，只剩下 1 个桃子了。问第 1 天猴子共摘了多少个桃子？

程序设计分析：

猴子每天都吃前 1 天剩下的 1 半多 1 个，已知第 10 天剩下 1 个桃子，要求第 1 天的桃子数。根据问题描述，这是个倒推的问题，需要根据第 10 天的桃子数，倒推出第 1 天的桃子数。显然，这是一个典型的迭代问题。

（1）首先确定迭代变量

在猴子吃桃问题中，每天都吃前 1 天剩下的 1 半再多 1 个，每天的桃子数在有规律的变化。在这个问题的表述中，出现了两个对象：前 1 天的桃子数，第 2 天的桃子数。设 $x1$ 为前 1 天桃子数，$x2$ 为第 2 天桃子数，则有 $x1-(x1/2+1)=x2$，即 $x1=2*(x2+1)$。

已知第 10 天的桃子数为 1 个，要求解第 1 天的桃子数，则求解过程如下：

第 10 天　$x2=1$　$x1=2*(x2+1)$　　$x1$ 可根据 $x2$ 的值计算出来

第 9 天　$x2=x1$　$x1=2*(x2+1)$　　此时的 $x2$ 是第 10 天的 $x1$ 值

第 8 天　$x2=x1$　$x1=2*(x2+1)$　　此时的 $x2$ 是第 9 天的 $x1$ 值

......

第 2 天　 x2=x1　 x1=2*（x2+1）　　 此时可推出第 1 天的桃子数

根据上面的求解过程，可以发现所有的每一天的求解都是类似的，其中 x2 不断的由旧的 x1 推出新值，x1 不断的由 x2 推出新值。故可以确定 x1、x2 这两个为迭代变量且数据类型为整型。

（2）建立迭代关系

根据上面的求解过程，迭代可以转化为下面的公式：

x2=x1；

x1=2 *（x2+1）；

其中，x2 表示第 2 天的桃子数，其值为前一天的 x1 值；x1 为前 1 天桃子数，其值为 x2 加 1 后的 2 倍。

（3）控制迭代过程

根据问题的描述，桃子的数量是从第 10 天倒推到第 2 天，是一个迭代次数已知的过程，因此可以采用固定次数的循环方式来实现对迭代过程的控制。程序如下：

```c
/* 例 5-25 源程序，猴子吃桃问题 */
#include<stdio.h>
void main()
{
    int  day,x1,x2=1;
    x1=（x2+1）*2；
    for（day=9;day>1;day- -）      // 倒推过程从第 9 天开始，到第 2 天结束
    {
        x2=x1;
        x1=2 *（x2+1）;           // 前 1 天的桃子数是第 2 天桃子数加 1 后的 2 倍
    }
    printf（"total=%d",x1）;
}
```

----- 程序执行 -----

total = 1534

思考：可以采用别的循环结构来解决这个问题吗？

【例 5-26】 利用公式 $\pi/4 \approx 1-1/3+1/5-1/7+\cdots\cdots$ 计算 π 的近似值，直到某一项的绝对值小于 1e-6 为止。

程序设计分析：

本问题通过求若干项的和，从而求 π 的近似值。这是一个累加求和问题，求和项分别为 1、-1/3、1/5、-1/7……累加项呈现一定的规律，故这是一个有规律的累加求和问题，也是一个迭代的问题。

（1）确定迭代变量

本问题中累加项分别为 1、-1/3、1/5、-1/7……是一个正负相间的分数序列，需要将这些数据的和放入一个变量 n 中。假设分数序列的分母为 i，则 i 的初值为 1，和变量 n 初值为 1，符号变量 k 初值为 1，整个问题的求解过程就变为：

i=1	k=1	n=1	变量初始值情况
i=i+2	k=（-1）*k	n=n+1.0/i*k	累加第 2 项
i=i+2	k=（-1）*k	n=n+1.0/i*k	累加第 3 项
i=i+2	k=（-1）*k	n=n+1.0/i*k	累加第 4 项
	……		
i=i+2	k=（-1）*k	n=n+1.0/i*k	累加最后 1 项，其中 fabs（1.0/i*k）>=1e-6

根据上面的求解过程，可以发现每一次的累加过程都是类似的，其中 i 值不断的由旧的 i 加 2 推出，k 在原来 k 值的基础上乘以 -1，n 在原来 n 的基础上累加一项分数 1/i*k。故变量 i、k、n 就是迭代变量，并且 i、k 是整型变量，n 为实型变量。

（2）建立迭代关系

根据上面的累加求和过程，其可以抽象为下面的迭代公式：

i=i+2；

k=（-1）*k；

n=n+1.0/i*k；

其中，i 表示累加项的分母，k 表示累加项的符号，n 用来记录累加和。每迭代累加一次，分母的值加 2，符号变量的值乘以 -1。

（3）控制迭代过程

在本问题中，累加求和项的个数是不确定的。因此，迭代过程的次数无法直接或间接确定。题中没有指定总的累加项数，但是提出了精度要求，即规定最后一个累加项的绝对值小于 1e-6 为止。实际上给出了迭代循环结束的条件（fabs（1.0/i*k）>=1e-6），即在循环执行时，每次计算一个累加分数项并累加到 n 上，一旦计算出某项的绝对值 t<1e-6 则循环终止。

```
/* 例 5-26 源程序，计算 π 的近似值 */
#include <stdio.h>
#include <math.h>
void main（）
{
    int  i;
    int  k;
    float  pi,n=1;
    i=1;k=1;
    while（fabs（1.0/i*k）>=1e-6）
    {
        i=i+2;
```

```
        k=-k;
        n=n+1.0/i*k;
    }
    pi=4*n;
    printf("pi=%f",pi);
}
```
---- 程序执行 ----

pi=3.141598

说明：

（1）累加求和问题，只要累加项呈现一定的规律，都可用迭代的方法来解决。但是要注意迭代变量和迭代关系的确定，这对于问题的解决很重要。迭代变量赋初值的问题，可以根据实际问题灵活处理。

（2）累乘求积问题的处理类似于累加求和，如果累乘项具有一定的变化规律，也可用迭代的方法来处理。如例 5-14 求 n!，就是一个典型的迭代问题，参考本节中的相关实例，读者可以自行分析该问题迭代处理的三个方面情况。

习　题

一、单项选择题

1. C 语言对嵌套 if 语句的规定是：else 总是与_____。
    A．其之前最近的 if 配对　　　　　　B．第一个 if 配对
    C．缩进位置相同的 if 配对　　　　　D．其之前最近的且尚未配对的 if 配对

2. 以下描述中正确的是_____。
    A．由于 do-while 循环中循环体语句只能是一条可执行语句，所以循环体内不能使用复合语句
    B．do-while 循环由 do 开始，用 while 结束，在 while（表达式）后面不能写分号
    C．在 do-while 循环体中，一定要有能使 while 后面表达式的值变为零（"假"）的操作
    D．do-while 循环中，根据情况可以省略 while

3. C 语言中 while 和 do-while 循环的主要区别是_____。
    A．do-while 的循环体至少无条件执行一次
    B．while 的循环控制条件比 do-while 的循环控制条件严格
    C．do-while 允许从外部转到循环体内
    D．do-while 的循环不能是复合语句

4. 下面有关 for 循环的正确描述是_____。

    A．for 循环只能用于循环次数已经确定的情况

    B．for 循环是先执行循环体语句，后判断表达式

    C．在 for 循环中，不能用 break 语句跳出循环体

    D．for 循环的循环体语句中，可以包含多条语句，但必须用花括号括起来

5．对 for（表达式 1；；表达式 3）可理解为_____。

    A．for（表达式 1；0；表达式 3）

    B．for（表达式 1；1；表达式 3）

    C．for（表达式 1；表达式 1；表达式 3）

    D．for（表达式 1；表达式 3；表达式 3）

二、程序编写

1．试编程判断输入的正整数是否既是 5 又是 7 的整倍数。若是，则输出 yes；否则输出 no。

2．编程输入整数 a 和 b，若 a^2+b^2 大于 100，则输出 a^2+b^2 百位以上的数字，否则输出两数之和。

3．有一函数：

$$y = \begin{cases} x & (x < 1) \\ 2x - 11 & (1 \leqslant x < 10) \\ 3x - 11 & (x \geqslant 10) \end{cases}$$

    编写一程序，输入 x，输出 y 值。

4．输入两个正整数 m 和 n，求其最大公约数和最小公倍数。

5．求 $\sum_{n=1}^{20} n!$（即求 1!+2!+3!+…+19!+20!）。

6．打印出以下图案（平行四边形）。

```
    ******
   ******
  ******
 ******
```

7．求 s=a+aa+aaa+…+aa…aa 的值，其中 a 是一个数字，n 表示最后一个数据的位数。

    例如：a=3，n=6，则 s=3+33+333+3333+33333+333333。

8．鸡兔同笼问题。一个笼子中有 100 只鸡和兔子，共有 260 条腿，求鸡和兔子各有多少只？

9．提高题：输入一个整数，判断它能否被 3、5、7 整除，并输出以下信息之一：

（1）能同时被 3、5、7 整除；

（2）能被其中两数（要指出哪两个数）整除；

（3）能被其中一个数（要指出哪一个数）整除；

（4）不能被 3、5、7 任一个数整除。

10. 提高题：给一个不多于 5 位的正整数，要求：

（1）求出它是几位数；

（2）分别打印出每一位数字；

（3）按逆序打印出各位数字，例如原数是 321，应输出 123。

第6章 数组

 内容导读

在程序设计中，当涉及大批数据的时候，需要定义很多个变量，处理起来很繁琐。为了方便解决这类问题，可把具有相同类型的若干变量按有序的形式组织起来。这些组织起来的同类数据元素的集合就称为数组。数组不是基本数据类型，属于后面章节所要讲的构造数据类型。本章主要内容如下：

* 一维数组定义及使用
* 数组典型应用
* 二维数组定义及使用

6.1 一维数组

数组是在程序设计中，为了处理方便，把具有相同类型的若干变量按有序的形式组织起来的一种形式。简单地说，数组即同种类型变量的集合。按数组元素的类型不同，数组可分为数值数组、字符数组、指针数组、结构数组等各种类别。按数组维数不同，可分为一维数组、二维数组、多维数组。本节主要讲述一维数组的使用。

6.1.1 一维数组的定义

由一个下标确定元素的数组称为一维数组。一维数组定义的一般形式：

数组类型　数组名 [常量表达式]；

例如：int a[10];

表示定义了一个整数类型数组，数组名为 a，数组有 10 个元素。

其中：

（1）数组类型为 C 语言的类型说明符，标识数组元素的数据类型。

（2）数组名的命名规则和变量名相同，遵循 C 语言标识符命名规则。

（3）由于数组是指一批数据的集合，所以要指明数据的个数，常量表达式就是用来表示数组元素个数的。常量表达式可以是常量或符号常量，不能包含变量。如下定义的数组是错误的。

int n=10;

int a[n];

（4）C语言数组的下标是从 0 开始的，所以 int a[10] 所表示的 10 个元素分别为：a[0]，a[1]，a[2]，a[3]，a[4]，a[5]，a[6]，a[7]，a[8]，a[9]。特别注意，不存在元素 a[10]。

（5）允许在同一个类型说明中，说明多个数组和多个变量，例如：

int a[10],b[5],c;

6.1.2　一维数组的初始化

对数组元素的初始化可用以下方法实现。

（1）在定义数组的同时，为数组元素赋初值，形式如下：

数组类型　数组名 [常量表达式] ={ 表达式列表 };

例如：int a[10]={1,2,3,4,5,6,7,8,9,10};

则 C 在为数组分配存储单元的同时，还为数组各元素赋初值，a[0] 的初值为 1、a[1] 的初值为 2……a[8] 的初值为 9、a[9] 的初值为 10。

说明：如对数组的所有元素赋初值，则可以不指定数组的长度。

例如：int a[]={1,2,3,4,5,6,7,8,9,10};与上面数组 a 的定义等价，C 会根据初值的个数确定数组的长度。

（2）如对部分元素赋初值，则从数组第一个元素起按顺序给出初值，未赋初值的数值类型数组元素初值为 0、字符类型数组元素初值为 '\0'（转义字符，ASCII 码为 0 的字符）。

例如：int a[10]={1,2,3}; char b[5]={'+', '–'};，使 a 数组前 3 个元素的值依次为 1、2、3，其余元素值为 0；使 b 数组前两个元素的值依次为 '+'、'–'，其余元素值为 '\0'。

注意：初值的个数不能多于数组长度。例如：语句 int a[5]={1,2,3,4,5,6,7,8,9,10}; 是非法的。

6.1.3　一维数组元素的引用

定义数组后，在程序中即可使用它。对数组的使用是通过引用单个数组元素实现的，不能将数组作为一个整体加以引用。一维数组元素的引用方式：

数组名 [下标表达式]

下标表达式可以是整型常量，也可以是整型表达式，其取值范围是 0 ~ 数组长度 –1。一个数组元素即是一个普通变量，即可以像使用普通变量一样的使用数组元素，如可以给它赋值，可以放在表达式中参加运算。如下面的程序段：

```
int a[10];
a[0]=5;                        //第 1 个元素值为 5
a[1]=2*a[3/4];                 //第 2 个元素值为 2*a[0]，即 10
a[5]=a[3%2]+a[6-6];           //第 6 个元素值为 a[1]+a[0]，即 15
```

```
a[10]=10;                                    // 该表达式错误, 不存在 a [10] 元素
```

因为数组是一批变量的集合, 所以在程序中对所有数组元素赋值或者输出时, 经常要和循环结构结合在一起。如下面程序段:

```
int a[10],i;
for(i=0;i<10;i++)
   {
   a[i]=2*i+1;
   printf("%4d",a[i]);
   }
```

特别要注意, 循环变量取值时不要取到数组下标越界的情况。

6.1.4 一维数组应用举例

【例 6-1】 数组元素的赋值与输出。

```
/* 例 6-1 源程序, 数组元素的赋值与输出 */
#include <stdio.h>
void main()
{
   int i;
   int a[5];                              // 数组定义
   for(i=0;i<5;i++)                       // 下标从 0 开始, 最后元素下标为 4
      a[i]=2*i+1;                         // 给每个元素赋值
   for(i=0;i<5;i++)
      printf("%3d",a[i]);                 // 输出数组元素
}
----- 程序执行 -----
1  3  5  7  9
```

程序说明: 数组是一批变量的集合, 所以数组元素的处理涉及多个数据, 因此对数组元素的赋值与输出需要与循环结合在一起。

【例 6-2】 输入 5 个整数, 输出平均值。

```
/* 例 6-2 源程序, 求 5 个整数的平均值 */
#include <stdio.h>
void main()
{
   int i, a[5];                           // 数组定义
   float s=0,ave;
   printf("input numbers\n");
   for(i=0;i<=4;i++)               // 下标从 0 开始, 所以最后元素下标为 4
```

```
    scanf("%d",&a[i]);                // 给每个元素赋值
  for(i=0;i<=4;i++)
    s+=a[i];
  ave=s/5.0;
  printf("ave=%3f",ave);              // 输出数组元素
  }
```
----- 程序执行 -----
```
  input numbers:
  1   3   5   7   9↙
  ave=5.000000
```

程序说明：数组元素相当于一个普通变量，所以利用 scanf() 函数给数组元素输入值语法等同于给普通变量输入值：scanf("%d", &a[i]);

【例 6-3】 用数组求 Fibonacci 数列前 30 项，Fibonacci 数列满足以下条件：

$F_1=1$ （n=1）
$F_2=1$ （n=2）
$F_n=F_{n-1}+F_{n-2}$ （$n \geqslant 3$）

```
/* 例 6-3 源程序，求 Fibonacci 数列前 30 项 */
#include <stdio.h>
void main()
{
  int i;
  int f[30]={1,1};                // 数组初始化，前两个元素值为 1
  for(i=2;i<30;i++)               // 因已对数组 f 的前两个元素赋初值，i 从 2 开始
    f[i]=f[i-2]+f[i-1];           //f[i] 的前两个元素的下标为 i-2 和 i-1
  for(i=0;i<30;i++)
  {
    if(i%5==0)  printf("\n");     // 每一行输出 5 个数
    printf("%10d",f[i]);          //%10d 表示每个输出项占 10 列
  }
}
```
----- 程序执行 -----

1	1	2	3	5
8	13	21	34	55
89	144	233	377	610
987	1597	2584	4181	6765
10946	17711	28657	46368	75025
121393	196418	317811	514229	832040

程序说明：

（1）为使输出数据清晰，输出时要规定域宽及每一行数据个数。

（2）数组元素的下标必须是整型表达，如本题中的 i、i-1、i-2，如将变量 i 定义成实型，则程序有语法错误。

【例 6-4】　某高校对食堂进行一次满意度调查，请 n 个学生对食堂服务质量打分，共分 5 个等级，最低为 1 分，最高为 5 分。得出一份评价等级分布表，统计各档分数的打分人数。

程序设计分析： 定义一数组用来存放各档分数的打分人数。操作步骤如下：

（1）定义数组并将其每个元素初始化为 0。

（2）输入参加调查人数 n 及 n 个分数。

（3）若是有效票（在 1 分 ~5 分间），做相应统计。

（4）输出评价等级分布表。

```c
/* 例 6-4 源程序，评价等级分布表 */
#include <stdio.h>
void main()
{
    int rate[6],i,n,s;
    for(i=0;i<6;i++) rate[i]=0;              // 数组元素赋值 0
    printf("Input numbers:\n");
    scanf("%d",&n);                          // 输入参加调查人数
    printf("Input scores:\n");
    for(i=0;i<n;i++)
    {
        scanf("%d",&s);                      // 输入评分
        if(s>=1&&s<=5)                       // 若是有效票
        {
            ++rate[0];                       // 有效票数加 1
            ++rate[s];                       // 相应打分档次的人数多 1
        }
    }
    printf("grade form:\n");
    for(i=1;i<6;i++)
        printf("%d:%5d\n",i,rate[i]);
    printf("valid vote:%d\n",rate[0]);
}
```

----- 程序执行 -----

Input numbers:

5✓

```
Input scores:
2 3 3 8 0↙
grade form :
1:     0
2:     1
3:     2
4:     0
5:     0
valid vote : 3
```

程序说明：

（1）本程序中数组 rate 有 6 个元素，第 1 个元素存放有效票数，第 2 到第 6 个元素的下标值与各档评分等级分值一致，分别用来存放对应评分等级投票人数。

（2）本运行示例中，输入的 5 个数据，有两个打分为无效数据，最后输出 1 分到 5 分之间每档分数的票数及总有效票数。

6.2 数组典型应用

6.2.1 最值算法

在程序设计中，经常需要解决最值问题，即在一批数据中找出最大（小）值。采用的算法一般是假定第 1 个数据为最大（小）值，然后从第 2 个数据到最后一个数据，依次和假定的最大（小）值比较，假如有比最值更大（小）的数据，则给最大（小）值重新赋值。

【例 6-5】 在 10 个数中输出最大值。

程序设计分析： 利用前面所讲的最值算法，找到 10 个数中的最大值并输出。操作步骤如下：

（1）定义数组并输入数据。

（2）假定 a[0] 为 10 个数中的最大值。

（3）从第 2 个开始直到最后一个元素分别和最大值比较。有发现比假定的最大值更大的数据，则最大值重新赋值。

（4）循环结束，输出真正最大值。

```c
/* 例 6-5 源程序，输出最大值 */
#include <stdio.h>
void main()
{
    int a[10],i,max;
    printf("input  10  number:\n");
```

```
for(i=0;i<10;i++)
   scanf("%d",&a[i]);
max=a[0];                                // 假定第一个数据为最大值
for(i=1;i<10;i++)                         // 第2个数据开始逐一比较
   {
      if(a[i]>max)                        // 比假定的最大值还要大
         max=a[i];
   }
printf("max=%d\n",max);                   // 循环结束后输出最大值
}
----- 程序执行 -----
input  10  number:
18  21  -67  90  3  76  890  12  -45  78↙
Max=890
```

【例6-6】 学校举办歌唱比赛，5名评委进行打分。选手的最后得分的计算方法是：去掉一个最高分，去掉一个最低分，剩下的3个评委分数取平均值。要求输出选手的最后得分。

程序设计分析：定义一数组用来存放5位评委的分数。操作步骤如下：

（1）定义数组并将其每个元素初始化为0。

（2）输入5位评委的分数并累加计算总分。

（3）利用最值算法原理找到最大值和最小值。

（4）总分减去最大值和最小值即为3位评委的总分，除以3得到选手最后得分。

（5）输出选手最后得分。

```
/* 例6-6源程序，根据评委的打分，计算选手的最后得分 */
#include <stdio.h>
void main()
{
   int a[5],i,max,min,sum;
   float avg;
   sum=0;
   printf("input  5  number:\n");
   for(i=0;i<5;i++)
      {
         scanf("%d",&a[i]);               // 每个评委打分
         sum+=a[i];
      }
   max=a[0];
   min=a[0];
```

```
    for(i=1;i<5;i++)                        // 逐一比较
      {
        if(a[i]>max)                        // 比假定的最大值还要大
          max=a[i];
        if(a[i]<min)
          min=a[i];
      }
    avg=(sum-max-min)/3.0;                   // 总分减去最高分，减去最低分除以 3
    printf("avg=%f\n",avg);                  // 最后得分
}
----- 程序执行 -----
input  5  number:
7  9  6  8  10↙
avg=8.000000
```

6.2.2 查找算法

在数据处理时经常需要在一批数据中查找某一个所需的数据，例如从学生信息中查找某个学生；从图书馆中查找某一本书等等。下面介绍两种查找算法：顺序查找法和折半查找法。

1. 顺序查找法

【例 6-7】 在 n 个数中查找某一个数据 x，假定 n 为 10。

程序设计分析：顺序查找法是最简单最原始的查找方法。操作步骤如下：

（1）将 x 和 a 数组中的每一元素依次比较，发现相等，得到位置下标，查找结束。

（2）比较完所有数据，没有发现和 x 相等的数据，得出结论：无该数据存在，查找结束。

（3）最理想状态为第一个数即为查找的数据，比较 1 次；最差状态比较完所有数据，查找结束。所以对 n 个数的平均比较次数达 $\dfrac{n+1}{2}$ 次。

```
/* 例 6-7 源程序，顺序查找 */
#include <stdio.h>
#include <stdlib.h>
#define N 10
void main()
{
    int a[N],i,x;
    printf("input  %d  number:\n",N);        // 提示输入 N 个数
    for(i=0;i<N;i++)
      {
```

```
            scanf("%d",&a[i]);}
    printf("input x to look for:\n");        // 提示输入要查找的数
    scanf("%d",&x);
    for(i=0;i<N;i++)                         // 逐一查找
       {
          if(a[i]==x)                        // 找到了
             {
               printf("find: %d it is a[%d]\n",x,i);
               exit(0);                      // 在数组中找到 x，结束程序
             }
       }
    printf("%d not been found.\n",x);    // 如 x 在数组中存在，则不会执行此语句
}
```

----- 程序执行 1 -----

input 10 number:

18 21 -67 90 3 76 890 12 -45 78✓

input x to look for:

90✓

find: 90 it is a[3]

----- 程序执行 2 -----

input 10 number:

18 21 -67 90 3 76 890 12 -45 78✓

input x to look for:

100✓

100 not been found.

编程思考   如果将 "exit(0);" 换成 "break;" 结果如何?

2. 折半查找法

【例 6-8】 在 n 个有序数中查找某一个数 x。

程序设计分析：前提，n 个数已按一定的规律（如升序）排列好。查找效率较高。操作步骤如下：

（1）首先检查 n 个数的中间那个数是否是所查找的数，如是，则查找结束；否则进行下一步操作。

（2）在上一步的比较中确定所查找数在中间数的哪一边。若所查找数比中间数小，则必定出现在中间数的左半区间，可以排除右半区间；若所查找数比中间数大，下次只查找右半区间，排除左半区间，这样将查找范围缩小一半。

（3）重复以上步骤，直到找到该数，或查找区间为空表示找不到所查找的数。

对 n 个数的平均比较次数为 $[\log_2 n]+1$ 次。

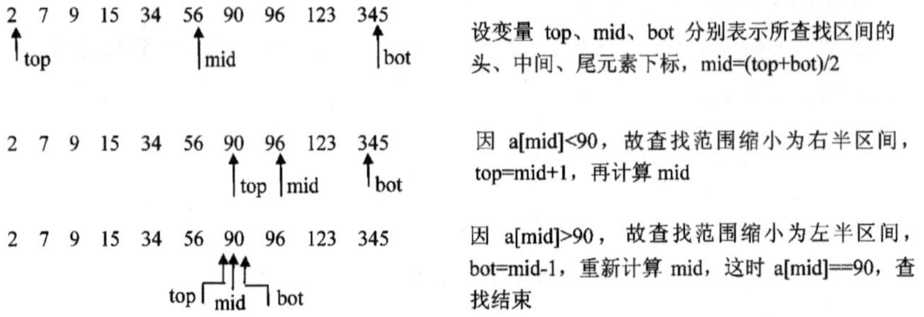

```
2  7  9  15  34  56  90  96  123  345      设变量 top、mid、bot 分别表示所查找区间的
  top              mid            bot       头、中间、尾元素下标，mid=(top+bot)/2
```

```
2  7  9  15  34  56  90  96  123  345      因 a[mid]<90，故查找范围缩小为右半区间，
                    top mid      bot        top=mid+1，再计算 mid
```

```
2  7  9  15  34  56  90  96  123  345      因 a[mid]>90，故查找范围缩小为左半区间，
                  top mid bot              bot=mid-1，重新计算 mid，这时 a[mid]==90，查
                                           找结束
```

图 6-1　折半查找法过程

例如：初始数据 2　7　9　15　34　56　90　96　123　345 存放在数组 a 中，查找 90。折半查找过程如图 6-1 所示。

```c
/* 例 6-8 源程序，折半查找 */
#include <stdio.h>
#include <stdlib.h>
#define N 10
void main()
{ int a[N],x,i,top,bot,mid;
  printf("input  %d  number:\n",N);        // 提示输入 N 个数
  for(i=0;i<N;i++)
    {scanf("%d",&a[i]);}
  printf("input x to look for:\n");         // 提示输入要查找的数
  scanf("%d",&x);
  top=0;
  bot=N-1;                   //top 和 bot 赋值为查找区间中第一个和最后元素的下标
  while(top<=bot)
  {                                         // 若 top>bot 表示所查找区间为空
    mid=(top+bot)/2;                        // 求区间中中间元素的下标
    if(x==a[mid])
    {                                       // 若中间元素就是要找的数
      printf("find: %d,it is a[%d]\n",x,mid);
      exit(0);
    }
    else if(x<a[mid]) bot=mid-1;    //x 小于中间元素，查找缩小为左半区间
    else if(x>a[mid]) top=mid+1;    //x 大于中间元素，查找缩小为右半区间
  }
  printf("%d not been found.\n",x);         // 本语句能执行到表示这组数中找不到 x
}
```

```
----- 程序执行 1 -----
input  10  number:
2  7  9  15  34  56  90  96  123  345↙
input x to look for:
90↙
find: 90,it is a[6]
---- 程序执行 2 ----
input  10  number:
2  7  9  15  34  56  90  96  123  345↙
input x to look for:
100↙
100 not been found.
```

程序说明：

（1）折半查找法每次查找将区间比上次缩小一半，大大加快了查找速度，前提是数据必须是有序的。

（2）若原始数据是无序的，可用下一节中的排序算法先将数据排列成有序数据。

（3）在查找过程中，如找到要查的数据，则用语句 exit(0)；结束程序（也可以用 return 语句），所以程序如能执行到最后的 printf 函数调用语句，则表示没有找到要查的数据。

6.2.3　排序算法

排序是程序设计中常见的算法之一，主要任务是将无序的数据排列成有序的，排序方法有很多种，下面介绍两种简单的排序方法——冒泡排序和选择排序。

1. 冒泡排序

【例 6-9】 冒泡排序。

程序设计分析：冒泡排序方法（以从小到大排序为例）是每相邻两数进行比较，将大数调换到后面，操作步骤如下：

（1）第一趟，n 个数组元素，两两比较，发现逆序了（即比较的两数，大的数在前，小的数在后），则交换两个数据，效果是一趟比较完后，最大的数沉到底部。

（2）接着对前 n–1 个数进行相同的比较交换操作，将次大数放在倒数第二的位置……一直进行到所有数都按照顺序排列为止。

（3）在这样的操作中，大数不断往下沉，小数不断往上冒，故称冒泡排序，冒泡排序过程如图 6-2 所示。

n 个数用冒泡排序，则第一趟要比较、交换 n–1 次，第二趟要比较、交换 n–2 次……第 i 趟要比较、交换 n–i 次，共进行 n–1 趟排序后完成。

通过以上冒泡排序的展开分析，可以归纳出该排序算法如下：

```
for(i=0;i<n-1;i++)           // n 个数共进行 n-1 趟排序
```

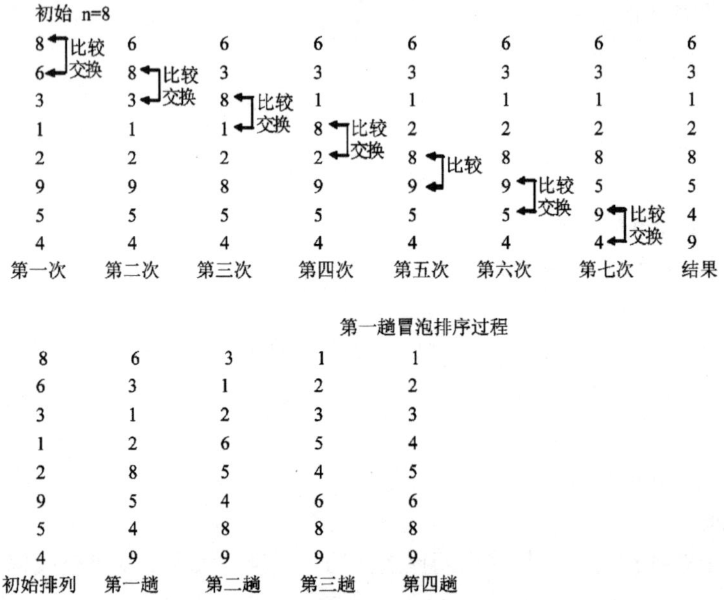
初始 n=8
比较
交换
第一次
第二次
第三次
第四次
第五次
第六次
第七次
结果
第一趟冒泡排序过程
初始排列
第一趟
第二趟
第三趟
第四趟

图 6-2 冒泡法排序过程

```
{
   第 i 趟排序算法          // 第 i 趟有 n-i 个数参加排序
}
第 i 趟排序算法：
for(j=0;j<n–i-1;j++)          // 本趟 n-i 个数比较交换 n-i-1 次
{
   若 a[j] > a[j+1] 则交换 a[j] 与 a[j+1]
}
/* 例 6-9 源程序，冒泡排序 */
#include <stdio.h>
#define N 8
void main()
{
   double a[N],t;
   int i,j;
   printf("input  %d  number:\n",N);
   for(i=0;i<N;i++)
      scanf("%lf",&a[i]);
   for(i=0;i<N-1;i++)          //N 个数，要进行 N-1 趟排序
      for(j=0;j<N-i-1;j++)    // 每趟排序 N-i 个数两两比较交换次数为 N-i-1
         if(a[j]>a[j+1])       // 相邻两元素无序
```

```
        {
            t=a[j];              // 以下 3 行交换 a[j]与 a[j+1]
            a[j]=a[j+1];
            a[j+1]=t;
        }
    printf("the  sorted  numbers:\n"); // 输出排序后结果
    for(i=0;i<N;i++)
        printf("%.2f  ",a[i]);
}
```

----- 程序执行 -----

input 8 number:

8 6 3 1 2 9 5 4↙

the sorted numbers:

1.00 2.00 3.00 4.00 5.00 6.00 8.00 9.00

编程思考：内循环控制条件为何不是 j<N-i？若要将数据按照从大到小排序，如何修改程序？

2．选择排序

【例 6-10】 选择排序。

程序设计分析： 选择排序算法（以从小到大排序为例）对 n 个数的序列，每次选出最小的数放队列头，操作步骤如下：

（1）第一趟，从 n 个数中选出最小的数，与第 1 个数交换位置。

（2）第二趟，除第 1 个数外，从其余 n-1 个数中选出最小的数，与第 2 个数交换位置。

（3）依次类推，选择 n-1 次后所有数都按照顺序排列为止。这种操作是每次选择最小的数据和排头位置相交换，故称选择排序，选择排序过程如图 6-3 所示。

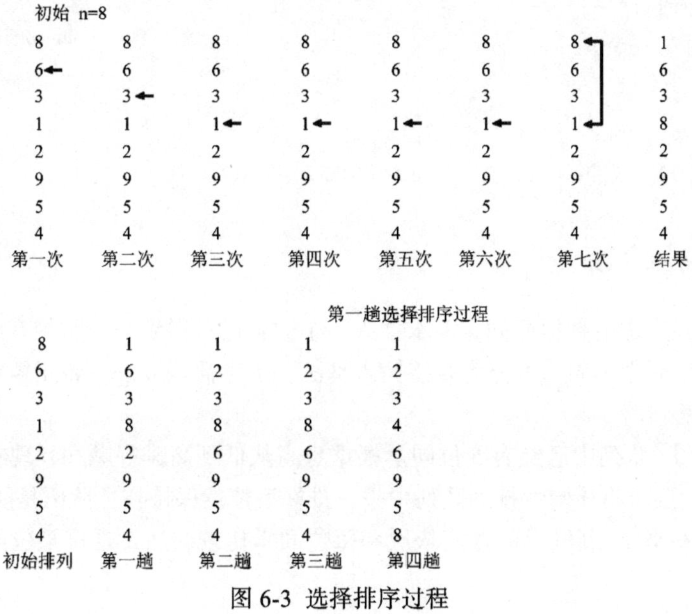

```
              初始 n=8
              8      8      8      8      8      8      8┐     1
              6←     6      6      6      6      6      6│     6
              3      3←     3      3      3      3      3│     3
              1      1      1←    1←    1←    1←    1┘    8
              2      2      2      2      2      2      2      2
              9      9      9      9      9      9      9      9
              5      5      5      5      5      5      5      5
              4      4      4      4      4      4      4      4
            第一次  第二次  第三次  第四次  第五次  第六次  第七次  结果
```

第一趟选择排序过程

```
              8      1      1      1      1
              6      6      2      2      2
              3      3      3      3      3
              1      8      8      8      4
              2      2      6      6      6
              9      9      9      9      9
              5      5      5      5      5
              4      4      4      4      8
            初始排列  第一趟  第二趟  第三趟  第四趟
```

图 6-3 选择排序过程

```
/* 例 6-10 源程序，选择排序 */
#define N 8
#include <stdio.h>
void main()
{
    double a[N],t;
    int i,j,k;
    printf("input  %d  number:\n",N);
    for(i=0;i<N;i++)                    // 输入 N 个待排序的数
        scanf("%lf",&a[i]);
    for(i=0;i<N-1;i++) {                //N 个数共需进行 N-1 趟排序
        k=i;        // 本趟排序的第一个数下标为 i，k 是要找的最小元素下标
        for(j=i+1;j<N;j++)
            if(a[j]<a[k]) k=j;        //a[j] 比 a[k] 小，则将 j 赋给 k
    t=a[k];                // 将找到的最小元素交换到本趟排序数的最前面
    a[k]=a[i];
    a[i]=t;
        }
    printf("After sorted:\n");   // 输出排序结果
    for(i=0;i<N;i++)
        printf("%.2f  ",a[i]);     // 结果保留 2 位小数
    printf("\n");
}
----- 程序执行 -----
input  8  number:
8 6 3 1 2 9 5 4↙
After sorted:
1.00  2.00  3.00  4.00  5.00  6.00  8.00  9.00
```

6.2.4 插入算法

有一个已经有序的数据序列，要求插入一个数据后，得到一个新的有序数列，即为插入算法。根据算法原理不同，可分为直接插入算法，折半插入算法，希尔插入算法等，本节介绍直接插入算法。

【例 6-11】 队列中已经有 5 位同学根据身高从低到高排好顺序，现在又来了一位新同学，身高为 x。要求将该同学排到队列中去，排好后依然保持整个队伍是从低到高排列。

程序设计分析：新同学的身高依次和每位同学比较，当发现有某位同学身高高于自己

的时候，表示该位置是新同学应该插入的队列位置。从最后一位同学到该位同学位置依次后移一位，腾出该位置给新同学。插入完成，得到6位同学从低到高的排列队列。操作步骤如下：

（1）首先查找到待插入数据在数组中的位置k。

（2）从最后一个元素开始直到下标为k的元素依次往后移动了一个位置。

（3）第k个元素的位置腾出，将数据插入。插入算法如图6-4所示：

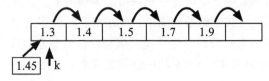

图6-4　插入算法示意图

```c
/* 例6-11源程序，插入算法 */
#define N 6
#include <stdio.h>
void main()
{
    double a[N],x;
    int i,j,k;
    printf("input  %d  number:\n",N-1);
    for(i=0;i<N-1;i++)              // 输入5个同学的身高
        scanf("%lf",&a[i]);
    printf("input x\n");           // 输入新同学的身高x
    scanf("%lf",&x);
    for(i=0;i<N-1;i++)             // 查找插入位置
        if(x<a[i]) break;
    k=i;
    for(j=N-2;j>=k;j--)           // 位置后移
        a[j+1]=a[j];
    a[k]=x;
    for(i=0;i<N;i++)
        printf("%.2f    ",a[i]);   // 输出结果
}
```
----- 程序执行 -----
```
input  5  number:
1.3  1.4  1.5  1.7  1.9↙

input x:
1.45↙

1.30  1.40  1.45  1.50  1.70  1.90
```

6.3 二维数组

前面介绍的数组只有一个下标，所以称为一维数组，在实际问题中有很多数据值是二维或多维的，如数学中的矩阵、行列式等。C语言中允许构造多维数组。多维数组元素有多个下标，以标识它在数组中的位置。二维数组是最简单、应用最广泛的多维数组。如要求编程解决如下问题：学生会为统计来教室自习的学生情况，编程计算自修室就座率。自修室是7排6列布置，共42个座位。若用定义42个元素的一维数组来表示，则无法直观表现。所以应该使用二维数组来编程解决。

6.3.1 二维数组的定义

二维数组要由两个下标确定元素。二维数组定义的一般形式：

数组类型 数组名 [常量表达式 1][常量表达式 2]；

其中：

（1）数组类型为 C 语言的类型说明符，标识数组元素的类型。

（2）数组名为 C 语言的合法标识符。

（3）常量表达式应为正整型常量，其中常量表达式 1 是第一维的下标值，表示数组的行数；常量表达式 2 是第二维的下标值，表示列数，即每一行的元素个数；例如：

```
int  a[3][4];
```

定义了一个三行四列的数组，数组名为 a，数组元素共有 3×4 个，分别为：

a[0][0],a[0][1],a[0][2],a[0][3]

a[1][0],a[1][1],a[1][2],a[1][3]

a[2][0],a[2][1],a[2][2],a[2][3]

二维数组在概念上是二维的，即其下标在两个方向上变化，一个是行数，一个是列数。比如像电影院中的座位号，有几排几列之分。但是，存放在内存单元中的数据却是连续的，即实际的硬件存储器是连续编址的，也就是说存储器单元是按一维线性排列的。如何在一维存储器中存放二维数组，有两种方式：一种是按行排列，放完一行之后顺次放入第二行。另一种是按列排列，放完一列之后再顺次放入第二列。在 C 语言编译器中，二维数组都是按行排列的。二维数组内存分配图如 6-5 所示，二维数组的数组名即为二维数组的首单元地址。

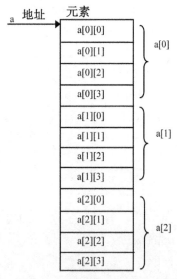

图 6-5　二维数组内存分配图

6.3.2　二维数组的初始化

对二维数组的初始化由以下方法得到：

（1）分行赋初值。形式如下：

数组类型 数组名 [常量表达式][常量表达式] ={{ 表达式列表 1},{ 表达式列表 2},... };

如：int a[2][3]={{1,2,3},{4,5,6}};

（2）不分行一起赋值。形式如下：

数组类型 数组名 [常量表达式][常量表达式] ={ 表达式列表 };

如：int a[2][3]={1,2,3,4,5,6};

此例子将 2×3 个数据元素值一起写于花括号内，系统会根据数组的列数自动判断出，{1,2,3} 为第一行的 3 个数据，{4,5,6} 为第二行的数据。

前两个例子都是数据元素个数和初值个数相等的情况，实际编程中也会出现初值个数少于实际元素个数的情况。对于数值类型的数组，没有初始化数据的元素值为 0。

如：int a[2][3]={{1,2},{4}};

则表示：a[0][0]=1　a[0][1]=2　a[0][2]=0

　　　　　a[1][0]=4　a[1][1]=0　a[1][2]=0

如：int a[2][3]={1,2};

则表示：a[0][0]=1　a[0][1]=2　a[0][2]=0

　　　　　a[1][0]=0　a[1][1]=0　a[1][2]=0

（3）缺省数组定义中的第一维长度赋初值，形式如下：

数组类型 数组名 [ ][常量表达式] ={ 元素初值 };

此时数组行数可由初始化数据的个数及数组定义里的列数计算得到。格式如下：

例如：int a[][4]={{1,2},{3,4,5},{6}}; 与 int a[3][4]={{1,2},{3,4,5},{6}}; 等价。

　　　int a[][3]={1,2,3,4,5,6,7}; 与 int a[3][3]={{1,2,3},{4,5,6},{7}}; 等价。

　　　int a[][]={1,2,3,4,5,6}; 不正确。没有列数，无法确定每一行数组元素的个数。

6.3.3　二维数组元素的引用

二维数组是由一组有行列之分的相同类型元素组成的，每一元素是一个变量，对这些变量的引用和操作与一维数组相似。二维数组元素的引用方式为：

数组名 [下标表达式 1][下标表达式 2]

其中，下标表达式 1 和下标表达式 2 为正整型表达式，取值应限制在 0 ~ 行长度 –1 和 0 ~ 列长度 –1。由于二维数组有两个下标变量，所以在引用时经常要和二重循环结合在一起。

【例 6-12】 某自修室为 7 排 6 列布置，学生会为统计来教室自习的学生情况，编程计算自修室就座率。

程序设计分析：

（1）自修室是 7 排 6 列布置，定义一个 7 行 6 列的二维数组。

（2）数组元素值表示每个座位的情况，用 1 表示有人就座，0 表示空座位。

（3）二维数组所有元素之和表示有人就座的座位数。

```c
/* 例 6-12 源程序，统计自修室的就座率 */
#define M 7
#define N 6
#include <stdio.h>
void main()
{
    int a[M][N]={{0,1,1,0,0,1},{1,1,0,0,1,1},{1,1,1,1,0,1},{0,0,0,0,1,1},
    {1,1,0,1,0,0},{0,0,1,0,0,1},{1,1,0,0,0,1}};
    int i,j,n=0;
    printf("The seat distribution:\n");
    for(i=0;i<M;i++){                    // 座位分布情况
        for(j=0;j<N;j++){
            printf("%2d",a[i][j]);        // 输出元素值
            n+=a[i][j];                   // 统计有多少个 1，即有多少座位已入座
        }
        printf("\n");                     // 按行列格式输出
    }
    printf("Seat utilization rate:%.2f%%\n",(float)n/(M*N)*100);
}
```

----- 程序执行 -----

```
The Seat distribution:
 0 1 1 0 0 1
 1 1 0 0 1 1
 1 1 1 1 0 1
 0 0 0 0 1 1
 1 1 0 1 0 0
 0 0 1 0 0 1
 1 1 0 0 0 1
Seat utilization rate :52.38%
```

程序说明：因为数组元素 1 表示有人就座，元素 0 表示空座位，所以 n+=a[i][j] 计算数组之和，和为 22 就表示有 22 个座位是有人就座的。22/42 即表示就座率。

编程思考：最后的 printf 语句中的 %% 有何作用？ (float)n/(M*N)*100 中的 (float) 有何作用？

【例 6-13】 如表 6-1 所示的一个学习小组有 4 位学生，每位学生有 3 门课成绩，求每个学生的平均成绩及小组里每门课的平均成绩。

表6-1　学习成绩表

课程1	课程2	课程3	学生平均成绩
70	78	90	
79	86	90	
96	75	65	
80	76	88	
课程1平均	课程2平均	课程3平均	

程序设计分析：

（1）本题有4位学生，3门课程，可定义一个4行3列的数组，但为了方便存放每位学生的平均分和每门课程的平均分，所以定义一个5行4列的数组。

（2）多出来的行列按行存放平均值（学生平均成绩），按列存放平均值（每门课的平均成绩）。

```c
/* 例6-13源程序，求每个学生的平均成绩及每门课的平均成绩 */
#define M 4                            // 学生数
#define N 3                            // 课程数
#include <stdio.h>
void main()
{
  double a[M+1][N+1],sum;
  int i,j;
  for(i=0;i<M;i++)
  for(j=0;j<N;j++)
    scanf("%lf",&a[i][j]);            // 输入数据
  for(i=0;i<M;i++)
  {                                    // 计算每个学生的平均成绩
  sum=0;                               // sum存放每一学生的总分，赋初值0
  for(j=0;j<N;j++)
    sum+=a[i][j];
  a[i][N]=sum/N;                       // a[i][N]存放每个学生的平均成绩
  }
  for(i=0;i<N;i++)
  {                                    // 计算每门课的平均成绩
    sum=0;                             // sum存放每一课程的总分，要赋初值0
    for(j=0;j<M;j++)
```

```
        sum+=a[j][i];
        a[M][i]=sum/M;                        //ave[i] 存放每门功课的平均成绩
    }
for(i=0;i<M;i++)
    printf("NO %d :%8.2f\n",i+1,a[i][N]);        // 输出每个学生的平均成绩
for(i=0;i<N;i++)
    printf("Score %d :%8.2f\n",i+1,a[M][i]);     // 输出每门课程的平均成绩
}
----- 程序执行 -----
70    78    90↙
79    86    90↙
96    75    65↙
80    76    88↙
NO 1 :79.33
NO 2 :85.00
NO 3 :78.67
NO 4 :81.33
Score1 :81.25
Score2 :78.75
Score3 :83.25
```

程序说明：

（1）在计算每个学生平均成绩的循环语句中，变量 sum 存放每个学生的成绩累加和，所以在计算学生成绩累加和前 sum 必须赋值为 0。

（2）在计算每门课的平均成绩循环语句中，此时 sum 中存放的是每门课程的成绩累加和，在计算每门课程的成绩累加和前 sum 必须赋值为 0。

（3）在求每门课程的平均成绩循环语句中，外层循环变量 i 是课程号（列下标），共有 N 门功课，循环 N 次；内层循环变量 j 是学生号（行下标），共有 M 个学生，每门课有 M 个成绩，循环 M 次。

编程思考： 若在定义变量 sum 时已给它赋初值 0，则能否删除上述两循环语句中的 "sum=0;" 语句？

6.3.4 二维数组应用举例

【例 6-14】 找出二维数组的最大值元素，将其与最后一个元素交换，并以行列对齐的方式输出。

程序设计分析：

（1）本程序所要完成的主要功能是找出二维数组中的最大值元素所在的位置，以便和最

后一个元素交换。

（2）在查找二维数组的最大值时，首先假定第一个元素为最大值，然后逐一与其他元素比较，重新确定最大值。

（3）比较完所有元素最后将最大值与数组中的最后一个元素交换。

```c
/* 例 6-14 源程序，二维数组的最大值与最后元素交换 */
#define M 3
#define N 4
#include <stdio.h>
void main()
{
   double a[M][N],max;
   int i,j,maxi,maxj;
   for(i=0;i<M;i++)
      for(j=0;j<N;j++)
         scanf("%lf",&a[i][j]);
   max=a[0][0];              // 为 max 赋初值
   maxi=maxj=0;             // 为记录 max 中元素所在的下标变量赋初值
   for(i=0;i<M;i++)
      for(j=0;j<N;j++)
         if(max<a[i][j])    // 当 max 比当前元素小
         {
         max=a[i][j];       // 改变 max 值
         maxi=i;            // 记录放在 max 中元素的行、列下标
         maxj=j;
         }
   a[maxi][maxj]=a[M-1][N-1];    // 以下两语句交换最大元素与矩阵最后元素
   a[M-1][N-1]=max;
   for(i=0;i<M;i++)         // 嵌套循环以行列对齐格式输出处理完后矩阵数据
      {
      for(j=0;j<N;j++)
         printf("%8.2f",a[i][j]);
      printf("\n");
      }
}
----- 程序执行 -----
1  -12  3  4↙
5  6  7  8↙
```

```
   9  8  7  6↙
      1.00   -12.00     3.00      4.00
      5.00     6.00     7.00      8.00
      6.00     8.00     7.00      9.00
```

程序说明：

（1）在查找数组的最大值时，要给相应变量赋初值，注意给 max 所赋的初值必须是这组数据之一，不能是无关的常量。

（2）在查找到最大值时，要记录下它的位置即行、列号，否则最后无法交换。

（3）最后元素为 a[M-1][N-1]，因最大元素已保存在变量 max 了，所以可以直接将 a[M-1][N-1] 赋值给原最大值所在的元素 a[maxi][maxj]。

编程思考：

（1）如将 max 赋初值语句写成 max=0;，会有什么样的结果？

（2）如果不定义变量 maxi、maxj，找到最大值后将 max 与 a[i][j] 交换，能否完成题目要求？

【例 6-15】 输入一日期，输出该天是这年中的第几天。

程序设计分析：

（1）因为闰年的二月份有 29 天，非闰年二月份为 28 天，将每个月的天数存放在一个二维数组中，第一行存放非闰年的每月天数，第二行存放闰年的每月天数。

（2）累加这一日期前完整月的天数，再加上本月到日期止的天数，就是该日期在这年中的第几天。

```
/* 例 6-15 源程序，输入一日期，输出该天是这年中的第几天 */
#include <stdio.h>
void main()
{
    int m[][13]={{0,31,28,31,30,31,30,31,31,30,31,30,31},
                 {0,31,29,31,30,31,30,31,31,30,31,30,31}};
                                           // 数组初始化，存放每月天数
    int year,month,day,j,leap;
    printf("Place input date(yyyy-mm-dd):");      // 输入提示
    scanf("%d-%d-%d",&year,&month,&day);
    leap=year%4==0&&year%100!=0||year%400==0;     // 若是闰年 leap 为 1
    for(j=0;j<month;j++)
        day+=m[leap][j];                   //leap 作为行下标累加完整月天数
    printf("%d\n",day);
}
----- 程序执行 1 -----
Place input date(yyyy-mm-dd): 2005-6-8↙
```

```
159
----- 程序执行 2 -----
Place input date(yyyy-mm-dd): 2004-6-8↙
160
```

程序说明：

（1）判别闰年的条件为年份能被 4 整除但不能被 100 整除，或者年份能够被 400 整除。如 2005 不是闰年。2004 是闰年。

（2）当是闰年时，变量 leap 的值为 1，m[leap][j] 表示闰年第 j 月的天数，当非闰年时，变量 leap 的值为 0，m[leap][j] 表示非闰年第 j 月的天数。

6.4　本章知识点小结

本章主要介绍了一维数组定义、一维数组初始化、二维数组定义、二维数组初始化、数组的典型应用等内容。

1．一维数组定义形式：

　　数组类型　数组名 [常量表达式] ;

2．一维数组初始化：

（1）在定义数组的同时，为数组元素赋初值，形式如下：

　　数组类型　数组名 [常量表达式] ={ 表达式列表 } ;

（2）在定义数组的同时，对部分元素赋初值。

3．二维数组定义形式：**数组类型　数组名 [常量表达式 1] [常量表达式 2] ;**

4．二维数组初始化：

（1）分行赋初值。形式如下：

　　数组类型　数组名 [常量表达式][常量表达式] ={{ 表达式列表 1},{ 表达式列表 2},... } ;

（2）不分行一起赋值。形式如下：

　　数组类型　数组名 [常量表达式][常量表达式] ={ 表达式列表 } ;

（3）缺省数组定义中的第一维长度赋初值，形式如下：

　　数组类型　数组名 [ ][常量表达式] ={ 元素初值 } ;

5．数组的典型应用：

（1）最值算法：查找最大值（或最小值），假定数组第一个元素为最大值，循环从第 2 个元素开始直到最后一个元素，发现有比假定的最大值还要大的数据元素，则最大值重新赋值。循环结束，得到最大值。

（2）查找算法：在数组元素序列中查找指定的数据 x。查找成功，返回数组元素所在的位置，查找不成功，给出不成功提示。本章节要掌握直接查找和折半查找算法。

（3）排序算法：对数组元素按照从大到小（从小到大）的顺序排序，本章节要掌握的有冒泡排序和选择排序。

（4）插入算法：在一个有序的数组队列中，插入一个新数据，使得数组队列依然有序。

拓展阅读

1. 插入算法的改进

在例 6-11 中讲述了插入算法的原理：

（1）首先查找到待插入数据在数组中的位置 k；

（2）从最后一个元素开始直到下标为 k 的元素依次往后移动了一个位置；

（3）第 k 个元素的位置腾出，将数据插入。

该算法原理中的第 1 步查找待插入数据的位置是将数据从数组开始位置往后依次比较的方法进行的，当找到位置 k 后，再将 k 后的数据整体后移，并考虑到数据被覆盖的问题，所以需要将数组最后一个元素直至 k 位置元素整体后移的方法操作。

将该算法换一个角度考虑：

（1）在查找待插入数据位置的时候，从最后一个元素开始往前比较。

（2）只要发现数组元素比待插入的 x 数据大，说明该数组元素应该位置后移，以便在前面有空余的位置给 x 数据插入。

（3）当查找到某数据元素值小于 x 的时候，说明找到插入位置了，x 应该插入在该数组元素的后面。

【例 6-16】 改进的插入算法

```
/* 例 6-16 源程序，改进的插入算法 */
#define N 6
#include <stdio.h>
void main()
{
double a[N],x;
int i,j,k;
printf("input  %d  number:\n",N-1);
for(i=0;i<N-1;i++)                    // 输入 5 个同学的身高
   scanf("%lf",&a[i]);
printf("input x\n");                  // 输入新同学的身高 x
   scanf("%lf",&x);
for(i=N-2;i>=0;i--)                   // 从最后一个数组元素开始比较
   if(x<a[i]) a[i+1]=a[i]; else break;   // 发现 x 值小，则数组元素后移
a[i+1]=x;
for(i=0;i<N;i++)
   printf("%.2f   ",a[i]);            // 输出结果
```

```
}
```

----- 程序执行 -----

```
input  5  number:
1.3   1.4   1.5   1.7   1.9↙
input x:
1.45↙
1.30   1.40   1.45   1.50   1.70   1.90
```

思考：

（1）本程序中要求已经有排好序的5个数据存在，插入一个数据后，使数组里的6个数据依然是排好顺序的。

（2）若是该题目改成已经有4个数据存在，插入新数据后，使新队列依然是有序的，也是可行的。

（3）若是进一步修改成有3个、2个、1个数据存在，插入新数据后，使新队列依然是有序的，显然也是可行的。

（4）最后题目改为数组中没有任何数据存在，每插入一个数据，使得队列是有序的。这种算法就称为插入排序算法。所以插入算法只是插入排序算法的一个特例。

2. 几种排序算法

在前文中介绍了两种排序算法：冒泡排序和选择排序。实际上，排序算法非常多，接下来将介绍几种常用的排序算法（以从小到大排序为例）。

（1）插入排序算法：插入法是一种比较直观的排序方法。第一个数据直接放入数组单元，以后每插入一个数据，都和已在数组单元里的数据比较，决定新插入数据的位置。把数组元素插完也就完成了排序。

【例6-17】 插入排序，输入一系列数据，当输入-999时，表示输入结束，要求按从小到大输出数据。

```
/* 例6-17源程序，插入排序 */
#define N 80                          // 定义足够大的数组空间
#include <stdio.h>
void main()
{
  double a[N],x;
  int i,j,k;
  i=0;
  printf("input number:\n");
  scanf("%lf",&a[i]);                 // 插入的第一个数据放a[0]位置
  while(1)
    {
    scanf("%lf",&x);
```

```
        if (x== -999)  break;                 // 数据输入 -999，退出循环
        i++;
        for(j=i-1;j>=0;j--)                    // 查找插入位置
           if(x<a[j]) a[j+1]=a[j]; else break;
        a[j+1]=x;
        }
    printf("input a array:\n");
    for(j=0;j<=i;j++)
       printf("%.2f   ",a[j]);                 // 输出结果
}
```
----- 程序执行 -----
```
    input  number:
    3↙
    7↙
    6↙
    4↙
    -999↙
    input a array:
    3.00  4.00  6.00  7.00
```

（2）快速排序算法：快速排序是对冒泡排序的一种改进。由 C.A.R.Hoare 在 1962 年提出。基本思想是：通过一趟排序将排序的数据分割成独立的两部分，其中一部分的所有数据都比另外一部分的所有数据要小，然后再按此方法对这两部分数据分别进行快速排序，因此整个快速排序过程适合用后面章节的递归算法实现。

（3）希尔排序算法：希尔排序是插入排序算法的改进，该方法又称缩小增量排序，因 DL.Shell 于 1959 年提出而得名。其基本思想是：先取一个小于 n 的整数 d1 作为第一个增量，把所有数据分成 d1 个组。所有距离为 d1 的倍数的数据元素放在同一个组中。先在各组内进行直接插入排序；然后，取第二个增量 d2<d1 重复上述的分组和排序，直至所取的增量 dt=1(dt<dt-l<…<d2<d1)，即所有记录放在同一组中进行直接插入排序为止。

习 题

一、单项选择题

1. 在 C 语言中，引用数组元素时，其数组下标的数据类型允许是_____。

   A. 整型常量   B. 整型表达式

   C. 整型常量或整型表达式   D. 任何类型的表达式

2. 以下对一维整型数组 a 的正确说明是_____。

    A．int a(10);
                         B．int n=10,a[n];

    C．int n;
                         D．#define SIZE 10

      Scanf("%d",&n);
                    int a[SIZE];

      int a[n];

3. 以下对二维数组 a 的正确说明是_____。

    A．int a[3][ ];
                         B．float a(3,4);

    C．double a[1][4];
                     D．float a(3)(4);

4. 以下对二维数组 a 进行正确初始化的语句是_____。

    A．int a[2][ ]={{1,0,1},{5,2,3}};

    B．int a[ ][3]={{1,2,3},{4,5,6}};

    C．int a[2][4]={{1,2,3},{4,5},{6}};

    D．int a[ ][3]={{1,0,1},{ },{1,1}};

5. 若二维数组 a 有 m 列，则计算任一元素 a[i][j] 在数组中位置的公式为_____。
（假设 a[0][0] 位于数组的第一个位置上。）

    A．i*m+j   B．j*m+i   C．i*m+j-1   D．i*m+j+1

二、程序编写

1. 从键盘输入 10 个整数，其值在 0 至 5 的范围内，用 -1 作为输入结束的标志。统计每个整数的个数。

2. 定义一个含有 10 个整型元素的数组，按顺序分别赋予从 2 开始的偶数，然后按顺序每五个数求出一个平均值，放在另一个数组中并输出。

3. 通过循环按顺序为一个 5×5 的二维数组 a 赋 1 到 25 的自然数，然后输出该数组的左下半三角。

4. 有一个已排好序的数组，要求删除数组中的某一个数，要求按原来排序的规律输出剩余的数据。

5. 将一个数组中的值按逆序重新存放。例如：原来顺序为 7，4，6，2，3。要求改为 3，2，6，4，7。

第 7 章　字符串

内容导读

随着计算机科学的不断发展，计算机已经从初期的以"计算"为主的一种工具，发展成为以信息处理为主的、集计算和信息处理于一体的工具。而 C 语言中信息处理需涉及字符数据操作，但在 C 语言程序中只有字符变量，没有字符串变量。当需要对字符串处理时，可将字符串中每个字符看成字符类型数组中的一个元素来处理。本章主要内容如下：
* 字符数组的定义、初始化、引用
* 字符串的输入输出
* 常用字符串函数

7.1　字符数组基本概述

当定义的数组类型为字符类型时，该数组称为字符数组，字符数组的每一个元素占一个字节，可以存放一个字符。

7.1.1　字符数组的定义

字符数组同样按照定义时下标变量的个数不同，可分为一维字符数组和多维字符数组。一维字符数组定义的一般形式：

char 数组名 [常量表达式]；

例如：char c[10];

则表示定义了一个名字为 c 的一维数组。该数组有 10 个元素，每个元素存放一个字符类型的数据。

当执行了 c[0]='H';c[1]='e';c[2]='l';c[3]='l';c[4]='o'; 等赋值表达式后，数组 c 的内存形式如图 7-1 所示，剩下未赋初值的数组元素值为不确定值。

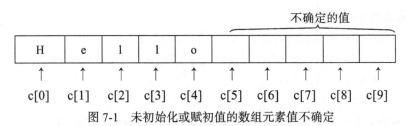

图 7-1 未初始化或赋初值的数组元素值不确定

上述的存放方式，在实际操作中有很多缺点，比如无法知道 10 个存贮单元里有多少个存放了有效字符。这时可以加语句 c[5]= '\0'，则数组 c 的内存形式如图 7-2 所示。

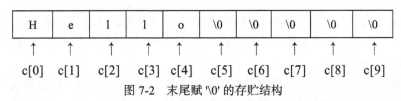

图 7-2 末尾赋 '\0' 的存贮结构

有了 '\0' 标志后，对字符数组的有效元素就有了判定方法。而对于 '\0' 标志的添加，不需要每次都使用 c[5]= '\0' 的方式，在给字符数组初始化的同时，会自动在末尾添加 '\0' 标志（初始化时，注意留有空间存放 '\0' 符号）。

7.1.2 字符数组的初始化

字符数组可以有以下几种初始化方式：

（1）定义字符数组的同时，逐个字符赋给数组中各元素，形式如下：

char 数组名 [常量表达式] ={ ' 单个字符 ',' 单个字符 ',… };

例如：char c[10]={'c', ' ','p','r','o','g','r','a','m'};

这种方式初始化要注意字符的个数不能超过数组的长度。若是超过，则提示语句出错；若是字符个数刚好等于数组长度，语句不会出错，但是字符每个送入存储单元后，'\0' 结束标志没有地方存放，所以对后面的字符串函数使用会带来错误；所以，最好的方式是字符个数小于等于数组长度 -1，预留的一个存储空间给 '\0' 标志。

（2）定义字符数组的同时，整个字符串常量赋给数组，形式如下：

char 数组名 [常量表达式] ={ " 字符串 "};

例如：char c[10]={"C program"};

（3）第二种形式还可以省略字符串外的大括号，形式如下：

char 数组名 [常量表达式] = " 字符串 ";

例如：char c[10]="C program";

第二、三种方式初始化的时候，系统强制要在字符串后面添加结束标志 '\0'。所以字符串的长度一定要小于数组长度，否则会有语句错误提示。

例如：char c[9]={"C program"}; 是错误的定义语句。

（4）数组初始化时，若给出了全部元素的初值，则可以省略数组长度。形式如下：

char　数组名 [] ={ " 字符串 "};

所以，上面的字符数组定义及初始化可写成如下语句：

```
char c[]={'c', ' ','p','r','o','g','r','a','m'};
char c[]={"C program"};
char c[]="C program";
```

同样表示定义了一个字符类型的数组，数组名为 c, 数组元素个数为 9 个。

7.1.3　字符串和字符数组

上面的表达式中用双引号括起来的字符序列就叫字符串，或叫字符串常量。其中的字符可以包含字母、数字、其他字符、转义字符、汉字（一个汉字占 2 个字节）。例如，"Good"、"语言程序设计" 等等。

每个字符串常量末尾都有一个字符串结束标志"\0"隐藏在串最后，标志着该字符串结束。字符串结束标志由系统自动添加在字符串常量最后。

一个字符串中字符个数称为该字符串的长度（不包括串结束标志）。字符串中每个汉字相当于 2 个字符，占 2 个字节存储单元。

双引号括起来的是字符串，内可不含字符，如 " " 表示空串；单引号括起来的是字符，且必须只有一个字符。"A" 是字符串常量，包括 'A' 及 '\0' 两个字符，而 'A' 是字符常量，只有一个字符。

编程提醒：

（1）数组的长度必须比字符串的元素个数多 1，用以存放字符串结束标志 '\0'。

（2）用字符串初始化字符数组时，可以缺省数组长度的定义。

（3）数组名是地址常量，不能将字符串直接赋给数组名。例如："char c[6]; c="Hello""；是错误的。

（4）'\0' 是字符串的结束标志，在 '\0' 之后的字符无意义。例如："char c[]="abc\0xyz""；则数组 c 的长度为 3，而其中存放的字符串为 "abc"。

7.2　字符数组的输入 / 输出

字符数组的输入 / 输出有下面几种方法：

7.2.1　逐个字符的输入 / 输出

前面章节讲过的 getchar（ ）、putchar（ ）、scanf（ ）、printf（ ）可实现逐个字符的输入、输出。

【例 7-1】 输入一行小写字母，将其进行加密，加密规则是往后移动 3 个字符位置。如：'a' 字母加密后为 'd' 字母，若是加密后的字母超过了 'z' 则循环至 'a' 字母开始往下，如 'y' 字母

加密后为 'b' 字母。

```
/*  例 7-1 源程序，字符加密  */
#include <stdio.h>
void main()
{
char c[81];                              // 不确定字符串长度，取一个较大的数
int i;
for(i=0;(c[i]=getchar())!='\n';i++);     // 输入字符串
   c[i]= '\0';                           // 将数组最后的添加结束标志
for(i=0;c[i]!='\0';i++)                  // 逐个处理、输出字符
   {
      c[i]+=3;                               // 加密规则为 +3
      if(c[i]>='z') c[i]-=26;           // 超过 'z' 字母，重新从 'a' 开始
      printf("%c",c[i]);
   }
}
```

----- 程序执行 -----

Hello↙

Khoor

程序说明

（1）　for(i=0;(c[i]=getchar())!='\n';i++); 等价于

　　　c[0]=getchar();

　　　for(i=0;c[i]!='\n';)

　　　　　c[++i]=getchar();

即输入一个字符给数组后，判断是否是回车，若不是则继续接收字符，若是回车则退出循环。

（2）结束输入后。c[i]= '\0' 完成给字符串加结束标志。

7.2.2　字符串的输入 / 输出

用格式符 "%s" 可整个输入、输出字符串，注意：对应的参数应该是数组名，数组名的实质即数组的起始地址。

（1）格式符 %s 输出字符串。

例如：

```
char a[ ]= "Hello world!"
printf ("%s\n",a);
```

输出结果为：Hello world!

逐个输出数组 a 中的每个元素，直到遇到 '\0' 结束。

（2）格式符 %s 输入字符串。

例如：

```
char a[80];
scanf("%s",a);
```

a 为数组名，也就是存贮单元的地址，所以不能写成 scanf("%s",&a)。

注意：从键盘输入 Hello world↙，a 并不能正常接受 Hello world 两个单词。因为输入函数在遇到 Hello 后面的空格后，a 就停止接受后面的值，系统自动在 Hello 的后面加一个终止符（'\0'）存放到字符数组 a 中。相当于 a[0]='H'，a[1]='e'，a[2]='l'，a[3]='l'，a[4]='o'，a[5]='\0'。

【例 7-2】 修改如下，字符加密程序修改之一

```
/*   例 7-2 源程序，字符加密程序修改之一   */
#include <stdio.h>
void main()
{
    char c[81];
    int i;
    scanf("%s",c);                          // 输入字符串
    for(i=0;c[i]!='\0';i++)
    {
        c[i]+=3;
        if(c[i]>='z') c[i]-=26;
        printf("%c",c[i]);
    }
}
----- 程序执行 -----
Hello↙
Khoor
```

编程提醒：将字符串存放在字符数组中，不是以字符数组定义的长度为准，而是检测字符 '\0' 来判别字符串是否处理完毕。

scanf 函数用格式符 %s 输入字符时遇空格、Tab、回车符终止，并写入串结束标志 '\0'。因此，要想在字符串中包含空格、Tab 字符，就不能用 scanf 函数中格式符 %s 输入。下面介绍的 gets 函数可解决该类问题。

7.2.3 读取字符串函数 gets()

gets() 函数的一般调用形式为：

gets（str）；

参数：str 为字符数组存储单元的地址。

功能及返回值：读取字符串，直至碰到换行符或 EOF 时停止，并将读取的结果存放在参数指定的字符数组中。换行符不作为读取串的内容，读取的换行符被转换为 null 值，并由此来结束字符串。

7.2.4　输出字符串函数 puts()

puts() 函数的一般调用形式为：

puts（str）；

参数：str 为字符数组存储单元的地址。

功能及返回值：输出内存中从数组名所指向的存储单元起的若干字符，直到遇到 '\0' 为止，最后输出一个换行符。

【例 7-3】 修改如下，字符加密程序修改之二。

```
/*  例 7-3 源程序，字符加密程序修改之二  */
#include <stdio.h>
void main()
{
    char c[81];
    int i;
    gets(c);
    for(i=0;c[i]!='\0';i++)
      {
          c[i]+=3;
          if(c[i]>='z')  c[i]-=26;
      }
    puts(c);
}
----- 程序执行 -----
Hello↙

Khoor
```

puts 函数与 printf 函数以格式符 %s 输出字符串的区别：前者逐个输出字符到 '\0' 结束时自动输出一个换行符，后者逐个输出字符到 '\0' 结束，不自动输出换行符。

7.3　字符串典型实例

【例 7-4】　将两个字符串连接起来。

程序设计分析：将 s2 串连接到 s1 串后，用 '\0' 判断字符是否结束。

```
/*  例7-4源程序，字符串连接 */
#include <stdio.h>
void main()
{
    char s1[80],s2[40];
    int i=0,j=0;
    printf("\nInput the first string:");
    gets(s1);
    printf("\nInput the second string:");
    gets(s2);
    while (s1[i] !='\0')
        i++;                        //i 定位到 s1 串尾，以便 s2 串连接上来
    while (s2[j] !='\0')            // 只要 s2 串没结束，就连接到 s1 中
        s1[i++]=s2[j++];
    s1[i] ='\0';
    printf("\nNew string: %s",s1);
}
```

```
----- 程序执行 -----
Input the first string:
Hello ✓
Input the second string:
world✓
New string:Hello world
```

程序说明：

（1）while (s1[i] !='\0') 是用来判断 s1 串的长度的，但满足退出循环的时候，i 刚好是 s2 串连接进来的首位置。

（2）s1[i++]=s2[j++] 将 s2 串的字符送到 s1 串后，i，j 变量都做加 1 操作。i 加 1 是找下一个可存放的位置，j 加 1 是找下一个被送到 s1 串中的字符。

编程思考： 假定 s1，s2 串中的字符都是升序排列的，将两个字符串连接起来，要求新串依然升序排列。

【例7-5】 从字符串中删除指定的字符。同一字母的大、小写按不同字符处理。

程序设计分析：

（1）i作为标志变量，一步步往后移。

（2）在移动过程中如果s[i]不是要删的字符，则将其按顺序放到新串中。

（3）新串也是存放在s中，只是用k来控制新串的下标，由于要删除一些元素，因此新串的下标总是比原下标i要慢。

```c
/*  例7-5源程序，删除指定字符 */
#include <stdio.h>
void main()
{
char str[]="Hello world";
char s[80];
char ch;
int i,k=0;
printf(" 原字符串:%s\n",str);
printf(" 删除字符:");
scanf("%c",&ch);
for(i=0;str[i]!='\0';i++)                // 循环到 '\0'
   if(str[i]!=ch) s[k++]=str[i];         // 判定出不是要删除的字符
s[k]='\0';
printf(" 新字符串:%s\n",s);
}
----- 程序执行 -----
原字符串:Hello world
删除字符:o↙
新字符串:Hell wrld
```

7.4　常用字符串函数

C语言提供了一些字符串处理函数。这些函数可用于字符串的赋值、连接和比较运算等操作，字符串函数对应的头文件为string.h。

7.4.1　字符串连接函数 strcat()

strcat() 函数的一般调用形式为：

strcat（str1,str2）；

参数：str1 和 str2 为字符数组存储单元的地址。

功能及返回值：从地址 str2 起到 '\0' 止的若干个字符（包括 '\0'），复制到字符串 str1 后。str1 一般为字符数组且必须定义得足够大，使其能存放连接后的字符串，函数返回值为 str1。

【例 7-6】 修改例 7-4 将两个字符串连接起来。

程序设计分析： 将 s2 串连接到 s1 串后，可直接使用 strcat() 函数，但必须添加对应的头文件 string.h。

```
/*  例 7-6 源程序，字符串连接 */
#include <stdio.h>
#include <string.h>
void main()
{
    char s1[80],s2[40];
    int i=0,j=0;
    printf("\nInput the first string:");
    gets(s1);
    printf("\nInput the second string:");
    gets(s2);
    strcat(s1,s2);
    printf("\nNew string:");
    puts(s1);
}
```

```
----- 程序执行 -----
Input the first string:
Hello ↙
Input the second string:
world↙
New string:Hello world
```

7.4.2 字符串拷贝函数 strcpy()

C 语言不允许将字符串用赋值表达式赋值给数组名。

例如：char c[10]; c="HangZhou" 是非法的。

要将一字符串存入数组中，除了初始化和输入外，还可以调用字符串拷贝函数来实现。

strcpy() 函数的一般调用形式为：

strcpy（str1,str2）；

参数：str1 和 str2 为字符数组存储单元的地址。

功能及返回值：将从地址 str2 起到 '\0' 止的若干个字符（包括 '\0'），复制到从地址 str1 起的内存单元内，函数返回值为 str1。

如将上题中的 strcat(s1,s2); 语句改为 strcpy(s1,s2); 则程序运行结果为：

```
----- 程序执行 -----
Input the first string:
Hello ↙
Input the second string:
world↙
New string: world
```

7.4.3　字符串比较函数 strcmp()

strcmp() 函数的一般调用形式为：

strcmp（str1,str2）;

参数：str1 和 str2 为字符数组存储单元的地址。

功能及返回值：依次对 str1 和 str2 对应位置上的字符按 ASCII 码的大小进行比较，直到出现不同字符或遇到字符串结束标志 '\0'。如果两字符串所有字符都相同，则认为两字符串相等，函数返回值为 0。出现不同的字符，若 str1 中这一字符的 ASCII 码比 str2 中这一字符的 ASCII 码大，则函数返回 1；若 str1 中这一字符的 ASCII 码比 str2 中这一字符的 ASCII 码小，则函数返回 -1。

7.4.4　求字符串长度函数 strlen()

strlen() 函数的一般调用形式为：

strlen（str1）;

参数：str1 为字符数组存储单元的地址。

功能及返回值：返还字符串的长度即所包含的字符个数（不计 '\0'）。

例如：strlen("China") 的返回值为 5。

【例 7-7】 将字符串 s 中的字符逆序输出。

程序设计分析　要将字符串逆序存放，可先找出最后字符的位置（下标），再将第一个元素与最后元素交换、第二个元素与倒数第二个元素交换……n 个元素共交换 n/2 次即可将原字符串逆序存放。

```c
/*  例 7-7 源程序，字符串逆序输出 */
#include <stdio.h>
void main()
{
    char s[80],t;              //t 作为两元素交换的临时变量
    int i,k;
    printf("Input a string:\n");
    gets(s);
```

```
    k=strlen(s);                    // 计算字符串的长度
    for(i=0;i<k/2;i++)              // 每循环一次，头、尾元素交换一次，所以循环 k/2 次
        {t=s[i];s[i]=s[k-i-1];s[k-i-1]=t;}  // 头、尾元素交换
    printf("New str:\n");
    puts(s);
}
```

----- 程序执行 -----
```
Input a string:
Hello↙
New str:
olleH
```

程序说明：程序中用到了 strlen() 函数，求字符串的长度，该函数可以计算出字符数组中有效字符个数，即统计从字符数组的开始位置到 '\0' 值之前的字符个数有多少个。

【例 7-8】输入 5 个国家的名称，按字母顺序排列输出。

程序设计分析：一维字符数组中可以存放一个字符串，如有若干个字符串则可以用一个二维字符数组来存放。现在有 5 个国家名，所以可定义一个二维字符数组 char cs[5][20]。假定每个国家的名称不超过 19 个字符。

如图 7-3 所示一个 n×m 的二维字符数组可以理解为由 n 个一维数组所组成，可以存放 n 个字符串，每个字符串的最多字符个数为 m-1，因为最后还要存放字符串的结束标志 '\0'。

cs[0]	C	h	i	n	a	\0	\0	\0	\0
cs[1]	A	m	e	r	i	c	a	\0	\0
cs[2]	J	a	p	a	n	\0	\0	\0	\0
cs[3]	F	r	a	n	c	e	\0	\0	\0
cs[4]	B	r	i	t	a	i	n	\0	\0

图 7-3 存放 5 个国家名称的二维数组

数组 cs 可以理解为由 5 个一维字符数组 cs[0]、cs[1]、cs[2]、cs[3]、cs[4] 组成，它们分别相当于一个一维字符数组名，各是 5 个字符串的起始地址。所以，在引用二维字符数组 cs 时，既可以与其他二维数组一样引用它的每一个元素 cs[i][j]，也可以用 cs[0]、cs[1] 作为参数使用字符串处理函数对其中的每一个字符串进行处理。

```
/*  例 7-8 源程序，国家名称排序 */
#include "stdio.h"
#include "string.h"
void main()
{
    char st[20],cs[5][20];
    int i,j,p;
    printf("input country's name:\n");
```

```
    for(i=0;i<5;i++)
        gets(cs[i]);                            // 输入 5 个国家名称
    printf("\n");
    for(i=0;i<5;i++)
        {  p=i;                                 // 选择法排序
           strcpy(st,cs[i]);                    // 字符串拷贝
           for(j=i+1;j<5;j++)
           if(strcmp(cs[j],st)<0)
           {
               p=j;strcpy(st,cs[j]);            // 字符串比较
           }
        if(p!=i)
        {
           strcpy(st,cs[i]);
           strcpy(cs[i],cs[p]);
           strcpy(cs[p],st);
        }
        puts(cs[i]);
        }
    printf("\n");
}
----- 程序执行 -----
input country's name:
China↙
America↙
Japan↙
France↙
Britain↙

America
Britain
China
France
Japan
```

程序说明：利用字符串拷贝、字符串比较等函数及选择法排序算法实现了二维字符串数组的排序问题。

7.5 本章知识点小结

本章主要介绍了字符数组定义，字符数组初始化，字符串和字符数组关系，字符串函数及字符串典型应用等内容。

1. 字符数组定义形式：

　　char 数组名 [常量表达式]；

2. 字符数组初始化：

（1）定义字符数组的同时，逐个字符赋给数组中各元素，形式如下：

　　char 数组名 [常量表达式] ={ ' 单个字符 ' , ' 单个字符 ',… };

（2）定义字符数组的同时，整个字符串常量赋给数组，形式如下：

　　char 数组名 [常量表达式] ={ " 字符串 "};

（3）第二种形式还可以省略字符串外的大括号，形式如下：

　　char 数组名 [常量表达式] = " 字符串 ";

（4）数组初始化时，若给出了全部元素的初值，则可以省略数组长度。形式如下：

　　char 数组名 [] ={ " 字符串 "};

3. 常用字符串函数：

（1）字符串连接函数 strcat()，一般调用形式如下：

　　strcat（str1,str2）;

（2）字符串拷贝函数 strcpy()，一般调用形式如下：

　　strcpy（str1,str2）;

（3）字符串比较函数 strcmp()，一般调用形式如下：

　　strcmp（str1,str2）;

（4）求字符串长度函数 strlen()，一般调用形式如下：

　　strlen（str1）;

拓展阅读

1. 字符串和地址

在前文中，我们讲过用字符数组存放字符串。与其他类型的数组不同，存放字符串的字符数组在初始化时，系统会自动添加一个 '\0' 到字符串的末尾，例如：

【例 7-9】 字符串内容输出。

```
/*  例7-9源程序，字符串内容输出 */
#include <stdio.h>
```

```
void main()
{
char str[]="ABC";
printf("%s",str);
}
```

----- 程序执行 -----

ABC

该程序中，在字符数组 str 初始化时，系统将字符 'A' 赋给 str[0]，'B' 赋给 str[1]，'C' 赋给 str[2]，并自动将字符串结束符 '\0' 赋给 str[3]。之所以可用 printf("%s",str); 语句将字符串内容输出的原因是：字符数组的名称即为该数组在内存单元中的首地址，我们可用下面程序运行验证这一点：

```
#include <stdio.h>
void main()
{
char str[]="ABC";
printf("%0x %0x\n",&str[0],str);          /*%0x 以十六进制输出 */
}
```

----- 程序执行 -----

240ff5c   240ff5c

程序说明：

（1）&str[0] 表示求 str 数组的首单元地址，从结果可看出，该输出数据和 str 的完全一样，说明 str 和 &str[0] 一样，都是数组在内存单元中的首地址。

（2）字符数组名是地址常量，这和后面指针章节所讲的指针概念有区别，指针是动态的，是地址变量。如下例：

```
#include <stdio.h>
void main()
{
char str[]="ABC", *p;   // 程序中的 *p 为第 9 章所讲的指针变量，即指向地址的一种变量
p=str;                   //str 是字符名称，也就是字符数组首地址，可以赋值给 p 变量
int i;
printf("%0x %0x %0x\n",&str[0],str,p);
printf("%0x  %0x\n",&str[1],++p);        // 输出数组第二个元素的地址
}
```

----- 程序执行 -----

240ff5c   240ff5c   240ff5c

240ff5d   240ff5d

程序说明：

（1）因为每个字符占一个字节，所以程序运行的第二行输出为 240ff5d，表示第二个元素比第一个元素地址多了 1。

（2）++p 可以正常输出，表示 p 是一个地址变量；如果把 printf("%0x %0x\n",&str[1],++p); 语句改为 printf("%0x %0x\n",&str[1],++str); 想要表达的意思和 p++ 一样，但运行的时候会提示程序错误，原因就是 str 是地址常量，不允许作 ++str 的操作。感兴趣同学，可先行阅读第 9 章指针内容。

2. 其他字符串函数

从例 7-4 字符串的连接这个程序可看出，掌握越多的字符串库函数，对于字符串的操作越简便，以下进一步介绍常用的一些字符串函数。在一些例子中，用到了指针变量（指向地址的变量），就是因为这些字符串函数的参数有要求必须为地址变量。

（1）字符匹配函数 strchr()

strchr() 函数的一般调用形式为：

strchr（str1,c）；

参数：str1 为字符数组存储单元的地址，c 为要查找的字符。

功能及返回值：在一个串中查找指定字符的第一个匹配元素地址。

【例 7-10】查找字符在指定串中的位置。

```
/*  例 7-10 源程序，查找字符在指定串中的位置  */
#include <string.h>
#include <stdio.h>
void main()
{
    char string[]={ "This is a string"};
    char *ptr, c = 'r';
    ptr = strchr(string, c);
    printf("The character %c is at position: %d\n", c, ptr-string+1);
}
```

----- 程序执行 -----

```
The character %c is at position:12
```

（2）大小写不敏感比较函数 stricmp()

stricmp() 函数的一般调用形式为：

stricmp（str1,str2）；

参数：str1 和 str2 为字符数组存储单元的地址。

功能及返回值：如果两字符串所有字符都相同，则认为两字符串相等，函数返回值为 0。出现不同的字符，若 str1 中这一字符的 ASCII 码比 str2 中这一字符的 ASCII 码大，则函数返回 1；若 str1 中这一字符的 ASCII 码比 str2 中这一字符的 ASCII 码小，则函数返回 -1。
与 strcmp() 函数的区别就是本函数是以大小写不敏感方式进行比较。

【例 7-11】 大小写不敏感方式比较字符串大小。

```c
/*  例 7-11 源程序，大小写不敏感方式比较字符串大小  */
#include <string.h>
#include <stdio.h>
void main()
{
    char *buf1 = "BBB";
    char *buf2 = "bbb";
    int ptr;
    ptr = stricmp(buf2, buf1);
    if (ptr > 0)
        printf("buffer 2 > buffer 1\n");
    if (ptr < 0)
        printf("buffer 2 < buffer 1\n");
    if (ptr == 0)
        printf("buffer 2 = buffer 1\n");
}
```

----- 程序执行 -----

```
buffer 2=buffer 1
```

（3）逆序函数 strrev()

strrev() 函数的一般调用形式为：

strrev（str1）；

参数：str1 为字符数组存储单元的地址。

功能：串倒转。

【例 7-12】 字符串逆序输出。

```c
/*  例 7-12 源程序，字符串逆序输出 */
#include <string.h>
#include <stdio.h>
void main()
{
    char a[] = "Hello",*forward=a;
    printf("Before strrev(): %s\n", forward);
    strrev(forward);
    printf("After strrev():  %s\n", forward);
}
```

----- 程序执行 -----

```
Before strrev():Hello
After strrev():olleH
```

（4）字符设定函数 strnset()

strnset() 函数的一般调用形式为：

strnset（str1,c,n）;

参数：str1 为字符数组存储单元的地址，c 为要设置的字符，n 为指定位置。

功能：将一个串中指定位置之前的所有字符都设为指定字符。

【例 7-13】 串指定位置设置字符。

```
/*  例 7-13 源程序，串指定位置设置字符 */
#include <stdio.h>
#include <string.h>
void main()
{
    char a[]= "Hello world",*string=a;
    char letter = 'x';
    printf("string before strnset: %s\n", string);
    strnset(string, letter, 3);
    printf("string after  strnset: %s\n", string);
}
```

----- 程序执行 -----

```
string before strnset:Hello world
string after  strnset:xxxlo world
```

习　题

一、单项选择题

1. 下面是对 s 的初始化，其中不正确的是_____。

    A．char s[5]={"abc"};　　　　　　　　B．char s[5]={'a' , 'b' , 'c'};

    C．char s[5]= " " ;　　　　　　　　　　D．char s[5]= "abcdef ";

2. 下面程序段的输出结果是_____。

```
char c[5]={'a','b','\0','c','\0'}
printf("%s",c);
```

    A．'a' 'b'　　　　　B．ab　　　　　C．ab c　　　　　D．abc

3. 有两个字符数组 a,b，则以下正确的输入语句是_____。

A．gets(a,b);　　　　　　　　　　B．scanf("%s%s",a,b);

C．scanf("%s%s",&a,&b);　　　　　D．gets("a"),gets("b");

4. 判断字符串 a 和 b 是否相等，应当使用_____。

A．if (a==b)　　　　　　　　　　B．if (a=b)

C．if (strcpy(a,b))　　　　　　　D．if (strcmp(a,b))

5. 有字符数组 a[80] 和 b[80]，则正确的输出语句是_____。

A．puts(a,b);　　　　　　　　　　B．printf("%s,%s",a[ ],b[ ]);

C．putchar(a,b);　　　　　　　　D．puts(a),puts(b);

二、程序编写（以下程序均使用 gets 或 puts 函数输入，输出字符串。不能使用 string.h 中的系统函数）

1. 从键盘输入两个字符串 s1 和 s2，把串 s2 的前五个字符连接到串 s1 中；如果 s2 的长度小于 5，则把 s2 的所有元素都连接到 s1 中。

2. 从键盘输入一个字符串 s1，编程求出 s1 的长度。

3. 将一个字符串 s1 的内容复制给另一个字符串 s2。

4. 将两个字符串 s1 和 s2 连接起来，结果保存在 s1 字符串中。

5. 搜索一个字符在字符串中的位置（例如：'I' 在 "CHINA" 中的位置为 3）。如果没有搜索到，则位置为 – 1。

6. 比较两个字符串 s1 和 s2，如果 s1>s2，输出一个正数；如果 s1=s2，输出 0；如果 s1<s2，输出一个负数；输出的正，负数值为两个字符串相应位置字符 ASCII 码值的差值，当两个字符串完全一样时，则认为 s1=s2。

第8章 函数

 内容导读

通过前面章节的学习，读者已经学会编写简单的程序。但是，开发一个大型程序，一般需要先分解成许多能够完成一定功能的小程序，再把这些小程序组合在一起。在C语言程序中，基本的结构是函数，函数化结构可以把一个大的问题分解成若干个独立的小部分，分别编写具有独立处理能力的函数，然后通过函数调用联系起来，以解决大的问题。使用函数可以使程序容易编写、阅读、调试、修改和维护。本章主要内容如下：

* 函数概述
* 函数的定义和调用
* 函数的参数传递
* 函数的嵌套调用和递归函数
* 变量的作用域与存储类型

8.1 函数概述

8.1.1 C语言程序结构

1. C语言程序的构成

一个实用的C程序可以由一个或多个源程序文件组成，一个源程序文件总是由许多函数组成，在这些函数中，除了必须有一个主函数（main）外，还可以调用C语言本身所提供的库函数，也可以调用由用户自己或他人编写的自定义函数。程序运行是从主函数main的入口开始，到主函数main的出口结束，在主函数main中完成对其他函数的调用。每个函数分工明确，各司其职。对其他函数而言，主函数main就像一个总管，循环、迭代地调用一个又一个函数。

组成一个C程序的各函数可以存放在同一个C源程序文件中，也可以存放在不同C源程序文件中。典型的C语言程序结构如图8-1所示。

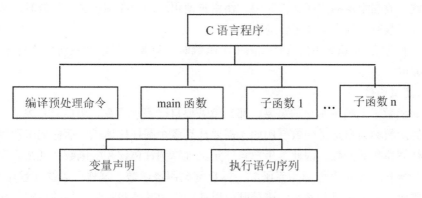

图 8-1　C 语言程序结构

2. 模块化程序设计

实际应用中，典型的商业软件通常有几百、上千甚至上万行代码。为了降低开发大规模软件的复杂度程序员必须将大的问题分解为若干个小问题，小问题再分解为更小的问题，这就是模块化程序设计的基本思想。

例如，设计学生信息管理系统。经过分析，该系统可以分为学生信息录入、统计、查询、修改和删除，每个部分在功能上相对独立，这样我们就把大问题分成五个小问题来逐个解决，这就是模块化编程思想的初步。

用 C 语言编写程序实现学生信息管理系统时，用 main（）解决整个问题，它调用实现各功能模块的函数，这些函数又进一步调用实现更小功能的函数。函数调用示意图如图 8-2 所示。

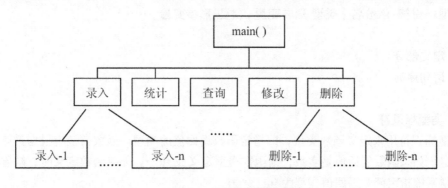

图 8-2　函数调用示意图

8.1.2　函数分类

通常将功能相对独立又经常使用的程序段编写成函数，以便需要的时候被反复调用。C 语言程序的函数有两种：标准库函数和自定义函数。

1. 标准库函数

C 语言编译系统将一些常用的操作或计算定义成函数，实现特定的功能，这些函数称为标准库函数，放在指定的"库文件"中，供用户使用。用户在调用这些函数时，必须在程序的开头把该函数所在的头文件包含进来。

例如，使用在 math.h 中定义的 sqrt（）函数时，只要在程序开头将头文件 math.h 包含到程序中即可。

2. 自定义函数

如果库函数不能满足用户的需要，那么就需要自己编写函数。用户为完成某一个特定的功能编写的函数称为自定义函数。例如，需要计算多个圆柱体体积，而标准函数库中没有提供计算圆柱体体积的函数。因此，用户自己定义计算圆柱体体积的函数，凡是程序中计算圆柱体体积的操作，都可以像调用库函数一样反复调用该函数。这样可以提高程序编写效率，减少重复代码。一个项目开发组的成员既可以使用组内其他成员编写好的自定义函数，也可以把自己编写好的自定义函数共享给别人。本章主要讨论自定义函数的应用。

8.2 函数定义和调用

8.2.1 函数定义

函数定义就是对函数所要完成的操作进行描述，即编写一段程序，使该段程序完成函数所指定的操作。和使用变量一样，函数需先定义后使用，没有定义过的函数不能使用。

函数定义的一般形式：

类型标识符 函数名（类型 形参变量，类型 形参变量，……）

{

    定义部分

    语句序列

}

1. 类型标识符

类型标识符用来定义函数类型，即指定函数返回值的类型。函数类型应根据具体函数的功能确定。如果函数返回值是实数，则函数类型定义成 float。如果函数定义时，缺省类型标识符，则系统指定函数返回值类型为 int。

函数执行后也可以没有返回值，而仅仅是完成一组特定的操作。没有具体返回值的函数，函数类型标识符用"void"，称为"空类型"。

2. 函数名

函数名是为函数取的名字，程序中除主函数 main 外，其余函数名可以任意取名，但必须符合标识符的命名规则，做到"见名知意"，不建议使用汉语拼音，最好使用英文单词及其组合。在函数定义时，函数体中不能再出现与函数名相同的其他标识符，例如数组名、变量名等。

3. 形参及其类型的定义

形参也称形参变量。形参个数及形参的类型，是由具体的函数功能决定，形参取名遵循标识符的命名规则。函数可以有形参，也可以没有形参。

之所以叫形参的原因是，在定义函数的时候，这个变量没有具体值，放在函数中只是告诉使用者，使用这个函数的时候，需要从外部传入到函数的数据类型和数据个数。

当定义的函数不需要参数时，形参表用 void 填充。有的 C 语言系统，在定义无参数函数时允许形参表为空，但函数名后的括号（）不能省略。

【例 8-1】 定义连续输出 20 个 "*" 字符的函数。

```c
/* 例 8-1 源程序，连续输出 20 个 "*" 字符 */
#include<stdio.h>
void pstar (void)
{
   int  i;
   for ( i=1;i<=20;i++)
     putchar ('*');                    // 输出 20 个 "*" 字符
   putchar ('\n');
}
void main ( )
{
   pstar ( );                          // 函数调用
   pstar ( );
}
```

程序说明：

（1）函数没有参数，在程序中直接使用 pstar( )调用，每一次调用都会输出 20 个"*"字符。

（2）函数的功能是完成输出 "*" 字符操作，不涉及函数值的问题。因此，函数类型定义为 void 型。

【例 8-2】 定义连续输出 n 个 "*" 字符的函数。

```c
/* 例 8-2 源程序，连续输出 n 个 "*" 字符 */
#include<stdio.h>
void pstar (int n)
{
   int  i;
   for ( i=1;i<=n;i++)            // 输出 n 个 "*" 字符
     putchar ('*');
   putchar ('\n');
}
void main ( )
```

```
{
    pstar(10);                              // 函数调用
    pstar(20);
}
```

程序说明：

（1）函数有一个形参，函数调用时要提供具体的参数值，使用的参数值就是函数要输出的 "*" 字符的个数。

（2）函数调用 pstar（10）将输出 10 个 "*" 字符，而函数调用 pstar（20）将输出 20 个 "*" 字符。

4. 函数值和 return 语句

函数值是函数执行后带回的一个结果，通常称为函数的返回值。例如，库函数 sqrt（）的值是一个表达式的平方根。

函数的返回值是通过函数体的 return 语句获得的，return 语句一般格式如下：

return（表达式）；

return 语句将 "表达式" 的值作为函数的返回值，函数体中一旦执行 return 语句，就结束函数运行，返回到主调函数的调用点。

当函数返回值类型被定义为 void 类型时，表示函数没有返回值，这时在 return 的后面只写一个分号，即写成

return；

实际上，当采用上述 return 语句形式时，return 语句也就可有可无，省略 return 语句的函数，执行结束后自动返回。

【例 8-3】 输入圆柱的半径和高度，求圆柱体积。要求定义和调用函数 volu（r,h）计算圆柱体的体积。

```
/* 例 8-3 源程序，计算圆柱体的体积 */
#include<stdio.h>
#define PI   3.1415926
double volu(double r,double h)              // 定义函数计算圆柱体的体积
{
    double v;
    v=PI*r*r*h;                            // 计算圆柱体积
    return(v);                             // 返回结果
}
void  main()
{
    double h,r,v;
    printf("Enter radius and height:");   // 提示输入圆柱的半径和高度
    scanf("%lf%lf", &r ,&h);              // 输入圆柱的半径和高度
```

```
    v=volu(r,h);                              // 调用函数 volu 返回值赋给 v
    printf("Volume=%.3f\n", v);               // 输出圆柱体的体积
}
```

----- 程序执行 -----

```
Enter radius and height: 2.5  20
Volume= 392.699
```

程序说明：

（1）程序运行时，先输入圆柱的半径和高度，然后调用函数 volu（）计算体积，最后输出体积。

（2）把利用数学公式求圆柱体体积的程序编成自定义函数后，可以计算任意多个圆柱体体积。

（3）volu 函数定义时，函数头部 double volu（double r,double h）中的 r 和 h 没有具体值，只是告诉使用者使用 volu（）函数时，需要从外部传入到函数 2 个 double 类型数据。

（4）函数的结果值由 return 返回。

（5）由于函数的返回值是一个实数，所以定义函数时函数类型说明为 double。

【例 8-4】 输入两个整数，求出最大值。

```
/* 例 8-4 函数，输入两个整数，求出最大值 */
```

方法一：

```
int max(int x, int y)
{
    int m;
    m=x>y?x:y;
    return m;
}
```

程序说明：

（1）max（）函数被执行后，return m 语句使得变量 m 的值成为函数的返回值。

（2）由于函数的返回值是一个整数，所以定义函数时类型说明为 int 型。

方法二：

```
int  max(int x, int y)
{
    if(x>y)
        return x;
    else
        return y;
}
```

程序说明： max（）的函数体内有两个 return 语句，但在任何情况下，只有一个起作用。

关于 return 语句的说明：

（1）return 语句也可以使用如下格式：

return 表达式；

（2）函数可以有多个 return 语句，但不表示可以有多个返回值，执行到任何一个 return 语句都将返回到主调函数。

（3）函数的返回值只能有一个，它的类型可以是除数组以外的任何类型。

例 8-3 和例 8-4 的函数都需要有返回值，因此，return 语句在例 8-3 和例 8-4 的函数体中是必不可少。当函数不需要具体的返回值时，函数体中的 return 语句可省略。

8.2.2　函数调用

程序中使用已定义好的函数，称为函数调用。如果函数 A 调用函数 B，则称函数 A 为主调函数，函数 B 为被调函数。如例 8-3 中，main 函数调用 volu 函数，称 main 函数为主调函数，volu 函数为被调函数。除了主函数，其他函数都必须通过函数调用来执行。调用函数时，将实参传递给形参并执行函数定义中所规定的程序过程，以实现相应的功能。

1. 函数原型和函数声明

（1）函数原型

函数原型是对已经定义的函数的概要描述，是定义函数时除函数体以外的那些内容。一般形式如下：

函数类型 函数名（数据类型 1 形参 1，数据类型 2 形参 2……，数据类型 n 形参 n）

函数原型中对形参表进行描述时，允许省略所有形参的名字，只保留各个形参的类型说明，但它们个数和顺序必须与形参表完全正确一致。以下是函数原型的简化形式：

函数类型 函数名（数据类型 1，数据类型 2……，数据类型 n）

（2）函数声明

在 C 程序中，通常在函数调用前必须对该函数进行声明，函数声明的目的是告诉编译系统有关被调用函数的函数类型、函数名和函数的参数类型等。当函数调用时，编译系统就可以根据被调用函数的信息，检查调用是否正确。标准库函数和自定义函数的声明形式不同。

① C 语言对标准库函数的声明采用 #include 命令方式。C 语言系统定义了许多标准库函数，stdio.h、math.h、ctype.h 和 string.h 等"头文件"中声明了这些函数。如果需要调用标准库函数，那么在程序开头用 #include 命令将相关的"头文件"包含到程序中，即在程序中对标准库函数进行了声明，用户就可以在程序中调用库函数了。例如需要调用 sqrt（）函数，程序开头用 #include<math.h> 命令对函数进行声明。

② 如果调用自定义函数，并且函数定义在前，函数调用在后，对函数的声明可以省略。如例 8-1、例 8-2、例 8-3 都省略了对函数的声明，这些函数的定义都在主函数之前，而对它们的调用都在后面的主函数内。

③ 如果调用自定义函数，并且函数调用在前，函数定义在后，对函数的声明不能省略。

函数声明是在主调函数的函数体说明部分描述被调函数原型。

函数声明和函数定义的区别：

（1）函数的定义是指对函数功能的确立，包括指定函数名、函数返回值类型、形参及其类型、函数体等。

（2）函数声明也可称为函数原型，是把自定义函数的相关信息通知编译系统，以便调用该函数时编译系统能进行对照检查。

（3）函数声明与函数定义的第 1 行（即函数首部）基本相同，只是结尾多一个分号。

2. 函数调用的形式和过程

函数调用是对已定义函数的具体应用。一般形式如下：

函数名（实参表）

发生函数调用时，函数中的形参将得到实参表中的数据，然后运行函数代码，实现函数功能。

说明：

（1）函数调用的实参的个数必须与形参个数相同。

（2）实参与形参按照在参数表中的位置一一对应传值，实参与形参的名字是否相同对调用传值无任何影响。

（3）实参与形参对应位置上的数据类型应该一致。

（4）实参可以是常量、变量及表达式。

（5）对于无参数函数，即形参表为 void 的函数，函数调用时实参表必须为空，不能有任何内容，这时函数调用的一般形式：

函数名（）

例如，在例 8-1 的 main（）函数中出现的"pstar（）;"就是函数调用，函数调用时实参表为空。

【例 8-5】调用函数 pstar（），连续输出 10 行"*"字符，每行 20 个"*"字符。

```
/* 例 8-5 源程序，连续输出 10 行 "*" 字符，每行 20 个 "*" 字符 */
#include<stdio.h>
void main（）
{
    void pstar（void）;          // 函数声明
    int i;
    for（i=1;i<=10;i++）
    {
        pstar（）;               // 函数调用
        putchar（'\n'）;
    }
}
void pstar（void）               // 函数定义
{
    int  i;
```

```
    for (i=1;i<=20;i++)
        putchar ('*');              // 输出20个 "*" 字符
}
```

程序说明：

（1）该程序由结构上互相独立的 main（）函数和 pstar（）函数构成。

（2）pstar（）函数在 main（）函数中被调用了 10 次，每一次调用输出 20 个 "**＊**" 字符。

（3）pstar（）函数是无参函数，函数调用时实参无任何内容。

【例 8-6】 改写例 2-1，编写函数在屏幕上输出如图 8-3 所示的星号图形。

图 8-3　在屏幕上输出星号图形

```
/* 例8-6源程序，在屏幕上输出星号图形 */
#include<stdio.h>
void  main ()
{
    void  pstar (int n);
    int i=1;
    for (i=1;i<=6;i++)
    {
        pstar (i);                  // 函数调用
        putchar ('\n');
    }
}
void  pstar (int n)
{
    int  j=1;
    while (j<=2*n-1)
    {
        putchar ('*');
        j=j+1;
    }
}
```

程序说明：

（1）函数 pstar（ ）的功能很明确，就是在屏幕上输出 2*n-1 个 "*" 字符，不做任何运算，也没有运算结果，自然也不需要返回值，所以函数类型为 "void" 空类型。

（2）函数定义时，形参 n 决定了需要输出的 "*" 字符个数。

计算机在执行程序时，从主函数 main（ ）开始执行，如果遇到某个函数调用，主函数 main（ ）被暂停执行，转而执行相应的函数。该函数执行完毕后，返回主函数 main（ ），从原先暂停的位置继续执行。

下面以例 8-7 为例，分析函数的调用过程。

【例 8-7】　在主函数中输入两个数，通过调用函数求出最大值，并在主函数中输出。

```
/*  例 8-7 源程序，求两个数的最大值 */
#include<stdio.h>
int  max(int x,int y)        // 定义函数求两个数中的最大值
{
   int t;
   t= x>y?x:y;
   return(t);               // 返回两个数中的最大值
}
void main()
{
   int a,b,mx;
   printf("Enter a b:");    // 提示输入两个数
   scanf("%d%d",&a,&b);     // 输入两个数
   mx=max(a,b);             // 调用 max( ) 求出 a 和 b 的最大值，返回值赋给 mx
   printf("Max=%d",mx);     // 输出 mx，即输出两个数中的最大值
}
----- 程序执行 -----
Enter a b:58  87↙
Max=87
```

程序说明：

（1）首先编写自定义函数 max（ ），求出两数的最大值，在 main（ ）函数中通过调用 max（ ）函数的方式，求出两个数中的最大值。

（2）程序执行到语句 "mx=max（a,b）;" 时，调用函数 max（ ）。函数调用完成后，返回值赋给 mx，即求出两个数的最大值。程序执行过程如图 8-4 所示。

函数 max（ ）的调用过程：

（1）建立形参变量 x，y。

（2）实参 a 和 b 的值分别传给形参变量 x，y，使形参变量获得值（无参函数调用无该步）。

（3）程序在调用点暂停执行，转入被调用的 max（ ）函数体内执行。

（4）被调用函数 max（）执行完后返回 main（）函数的调用点并带回值，然后从 main（）函数的暂停点开始继续执行尚未执行完的程序。

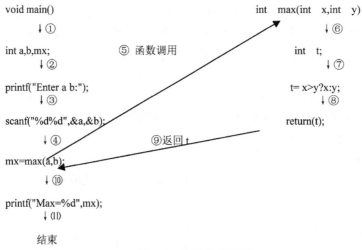

图 8-4　程序执行过程

3. 函数调用的三种方式

（1）表达式方式

函数调用出现在一个表达式中。这类函数必须是有一个返回值，参加表达式运算。如在例 8-7 中，语句"mx=max（a,b）;"中函数 max（）调用出现在赋值表达式中。

（2）参数方式

函数调用作为另一个函数调用的实参。同样，这类函数也必须是有返回值，其值作为另一个函数调用的实参。例如，在 a、b 中选择较大的数转换为逆序数，则语句"r=rev（max（a,b））;"，max（a,b）函数调用的返回值，作为 rev（）函数调用时的实参。

（3）语句方式

函数调用作为一个独立的语句。一般用在函数本身没有返回值。如在例 8-2 中，定义了函数 pstar()，则"pstar(10);"使用语句方式对函数调用。另外在程序中多次出现对 scanf()函数、printf（）函数的调用，都是用语句方式实现函数调用。

【例 8-8】　利用求两个数的最大值函数 max（），求出三个数的最大值。

```
/* 例 8-8 源程序，求三个数的最大值 */
#include<stdio.h>
void main ( )
{
    int   max ( int x,int y );            // 函数声明
    int   a,b,c;
    printf ( "Enter a b c:" );            // 提示输入三个数
    scanf ( "%d%d%d",&a,&b,&c );          // 输入三个数
```

```
    printf ( "Max=%d",max ( max ( a,b ),c )); // 函数调用，输出三个数中的最大值
}
int  max (int x,int y)                      // 定义函数求两个数中的最大值
{
    int t;
    t= x>y?x:y;
    return ( t );                           // 返回两个数中的最大值
}
```

----- 程序执行 -----

```
Enter a b c:58  87  29↙
Max=87
```

程序说明：

在该程序的 main( )函数中，语句 "printf("Max=%d",max(max(a,b),c));" 的 max(a,b) 是一次函数调用，它是另一次函数调用 max (max (a,b),c) 的一个实参。

前面已经述及，函数调用时，实参和形参按照在参数表中的位置对应传值。下面以例 8-9 为例，对此进行更为清楚的说明。

【例 8-9】 编写输出 n 个连续任意字符的函数 pstr( )，调用该函数输出一个 3 行的 "#" 三角形图案。

```
/* 例 8-9 源程序，调用函数输出一个 3 行的 "#" 三角形图案 */
#include<stdio.h>
void main ( )
{
    void pstr (int,char) ;          // 函数声明
    int i;
    for ( i=1;i<=3;i++)
    {
        pstr ( i,'#' );                 // 函数调用
        putchar ( '\n' );
    }
}
void pstr ( int n,char ch )          // 函数定义
{
    int  i;
    for ( i=1;i<=n;i++)
    putchar ( ch );                 // 输出 n 个字符 ch
}
```

----- 程序执行 -----

```
#
##
###
```

程序说明：

（1）该程序中，pstr（）函数有两个形参，第一个形参指定输出字符的个数，为 int 型；第二个形参指定要输出的字符，为 char 型。

（2）调用 pstr（）函数时，函数的实参必须和函数形参对应一致：第一个实参为控制字符输出个数，第二个实参为要显示输出的字符。

（3）若在函数调用时，将两个实参的顺序颠倒，如："pstr（'#',i）"；则会得到一个完全不符合原意的结果，这一点希望读者特别注意。

思考：

如何调用函数，输出任意行数、任意字符的三角形图案？

通过以上的例子，我们进一步清楚，一个 C 语言程序，不管由多少个函数构成，有且只能有一个 main（）函数。不管 main（）函数处在什么位置，系统总是从 main（）函数开始执行程序。因此，在以上的例子中，既可以把用户自定义函数放在 main（）函数之前，也可以把用户自定义函数放在 main（）函数之后。

8.3　函数的参数传递

函数定义中的参数称为形参，函数调用时的参数称为实参。形参和实参必须一一对应，要求两者数量相同，类型一致。在程序运行中，发生函数调用时，将实参的值依次传给形参，这就是参数传递。参数传递的方式有两种：一种是传数值，即传递数值；另一种是传地址，即传递存储单元的地址。

8.3.1　传数值

在函数的传值调用中，先建立形参变量，再把实参的值复制（赋给）给形参。这种参数传递是单向的，只允许实参把值复制给形参，而形参的值即使在函数中改变了，也不会反过来影响实参。

【例 8-10】 编写函数，对末尾数非 0 的正整数求它的逆序数。例如：在主函数中输入 1478，通过调用函数求出逆序数 8741，并在主函数中输出。

```c
/*   例 8-10 源程序，求正整数的逆序数 */
#include <stdio.h>
void main（）
{
    int  rev（int n）;                          // 函数声明
    int a;
```

```
        printf ( "Enter a:" );                    // 提示输入数据
        scanf ( "%d",&a );                         // 输入数据
        printf ( "Before the reverse : a=%d\n",a ); // 输出调用函数 rev ( ) 前变量 a
        printf ( "Reverse order:%d\n", rev ( a )); // 输出函数 rev ( ) 的返回值
        printf ( "After the reverse : a=%d\n",a ); // 输出调用函数 rev ( ) 后变量 a
    }
    int  rev ( int  n )
    {
        int k=0;
        while ( n )
        {
            k=k*10+n%10;                          // 从低位开始取数据
            n=n/10;
        }
        return k;
    }
----- 程序执行 -----
Enter a:1478↙

Before the reverse : a=1478

Reverse order:8741

After the reverse : a=1478
```

程序说明 :

（1）调用 rev 函数时，实参 a 的值 1478 传给形参变量 n。在 rev 函数执行中，形参 n 值不断改变，最终 n 值为 0，但并没有使实参 a 的值随之改变。

（2）形参变量和实参变量是相互独立的变量，占有不同的存储空间，在函数 rev 中对形参的更新，与实参无关，不影响实参值。

（3）逆序的算法原理："k=k*10+n%10" 的作用是采用除 10 取余的方法得到低位，并作新数据的高位。"n=n/10;" 的作用是低位被取后，去掉最低位重新赋值给 n，一直到 n 为 0 表示逆序操作完成。

【例 8-11】　编写 swap 函数，完成交换两个变量值的功能。在主函数中输入两个变量 x、y，检查在主函数中调用 swap 函数后，变量 x、y 的值是否交换。

```
/*   例 8-11 源程序，传值调用，形参改变，检查是否影响实参变量值 */
#include <stdio.h>
void main ( )
{
    int x,y;
    printf ( "Enter x y:" );                      // 提示输入两个数
```

```
    scanf("%d%d",&x,&y);                 // 输入两个数
    void swap( int x,int  y);            //swap 函数的声明
    swap( x,y );                         // 调用 swap 函数
    printf("In  mian:x=%d  y=%d\n",x,y);// 在主函数中输出 x,y
}
void swap(int x,int y)                   // 定义 swap 函数交换两个变量值
{
    int temp;
    temp=x;
    x=y;
    y=temp;
    printf("In swap:x=%d  y=%d\n",x,y); // 在 swap 函数中输出 x,y
}
```

```
----- 程序执行 -----
Enter x y:23 67↙
In swap:    x=67     y=23
In main:    x=23     y=67
```

程序说明：

（1）swap 函数无法真正实现两个变量值的交换。从结果可知，交换的只是形参的值。

（2）实参和形参的变量虽然名字相同，但是存储空间不同。函数调用时，实参值传给形参后，两个形参变量的值实现了交换，但这个操作不会影响实参。调用 swap 函数的执行过程如图 8-5 所示。

传值调用的两个特点：

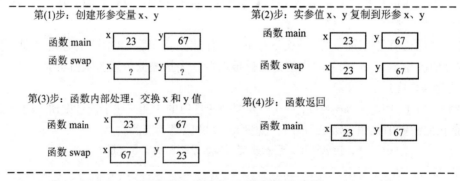

图 8-5　调用 swap 函数执行过程

（1）参数是非指针类型（即参数是整型、实型、字符型和结构类型等）。

（2）在被调函数中无法改变主调函数中的任何变量值。

如果希望被调函数中形参改变能影响到实参，则函数调用时必须采用传地址的方式。

8.3.2　传地址

传地址，即实参值必须是存储单元的地址，而不能是基本数据。当函数调用时，实参值也就是主调函数中存储单元的地址传给形参变量。在第9章指针会具体讲解存储单元的地址，在这里我们来讲解数组作为函数的参数。

数组和基本变量一样，既可以出现在任何合法的C表达式中，也可以作为函数参数。

数组作为函数的参数有两种形式：

（1）数组元素作为参数，与普通变量作函数参数一样，函数的形参变量类型要与数组类型一致，函数调用时编译系统为形参变量分配内存单元，并且把数组元素的值赋给形参变量，这种方式就是前面所讲的传数值。

（2）数组名是一个地址常量，第6章中有分析过，数组名即为数组第一个元素的存储单元地址。数组名作为参数，其本质是把数组的首地址传给形参，形参数组与实参数组因具有相同的首地址而实际占用同一段存储单元，这种方式就是传地址。

一维形参数组定义的一般形式：

类型标识符　数组名[ ]，int n

注意：数组作函数形参时，因为形参数组并没有开辟存储空间，所以不必定义长度。形参 int n 表示要处理的数组元素的个数。

若要把一维数组传递给函数，那么在函数调用时，使用不带方括号和下标的数组名作为函数实参即可。

【例8-12】 输入 n 个整数存放在数组中，试通过函数调用的方法实现数组元素的逆序存放。

程序设计分析：

（1）将 a[0] 与 a[n-1] 对换，再将 a[1] 与 a[n-2] 对换……直到将 a[int（n-1）/2] 与 a[n-int（(n-1)/2）-1] 对换。

（2）用循环处理此问题，设两个"位置指示变量"i 和 j，i 的初值为0，j 的初值为n-1。将 a[i] 与 a[j] 交换，然后使 i 的值加1，j 的值减1，再将 a[i] 与 a[j] 交换，直到 i=（n-1）/2 为止，数组元素的逆序存放过程如图8-6所示。

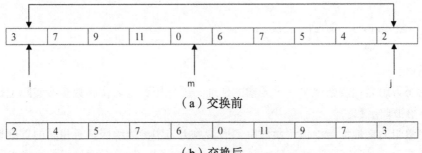

（a）交换前

（b）交换后

图8-6　数组元素的逆序存放过程

```
/* 例 8-12 源程序，通过函数调用的方法实现数组元素的逆序存放 */
#include <stdio.h>
void main( )
{
    int i,a[10]={3,7,9,11,0,6,7,5,4,2};
    void inv(int x[ ],int n);                  // 函数声明
    printf("the original array:\n");
    for(i=0;i<10;i++)
        printf("%d  ",a[i]);
    printf("\n");
    inv(a,10);                    // 调用 inv 函数，把数组的首地址和元素个数作为实参
    printf("the array has been inverted:\n");
    for(i=0;i<10;i++)
        printf("%d  ",a[i]);
    printf("\n");
}
void inv(int x[ ],int n)                  // 使用数组作为函数参数实现逆序存放
{
    int temp,i,j,m=(n-1)/2;
    for(i=0,j=n-1;i<=m;i++,j--)               // 交换数组元素位置
    {
        temp=x[i];
        x[i]=x[j];
        x[j]=temp;
    }
}
----- 程序执行 -----
the original array:
3 7 9 11 0 6 7 5 4 2
the array has been inverted:
2 4 5 7 6 0 11 9 7 3
```

程序说明：

（1）由于数组名代表数组第一个元素的地址，因此用数组名作函数实参实际上是将数组的首地址传给被调函数。

（2）将数组的首地址传给被调函数后，形参数组与实参数组因具有相同的首地址而使用同一段存储单元。因此，在被调函数中对形参数组的访问，就是对主调函数中实参数组的访问。当被调函数对形参数组进行逆序存放，实参数组的数据也就逆序存放了。

（3）函数 inv（）定义时，形参分别是 int x[] 和 int n。其中，形参 int x[] 用来存放实参传来的一维数组首地址，形参 int n 用来存放实参传来的数组元素个数。

注意：数组作函数形参时，数组的大小可以不出现在数组名后面的方括号内。调用函数语句，例如，"inv（a,10）;" 实参只要写数组的名称 a，不能加 [ ] 或长度，写成 a[ ] 或 a[10] 都是错误的。

8.4　函数的嵌套调用和递归函数

在 C 程序中，A 函数调用 B 函数，B 函数又调用 C 函数。这种层层调用称为函数的嵌套调用。而当一个函数直接或间接的调用它自身时，称为函数的递归调用。

8.4.1　函数的嵌套调用

嵌套调用的各函数应当是分别独立定义的函数，互不从属。嵌套调用是从主函数开始，逐级调用，逐层返回。

【例 8-13】　编写程序，输入 n，m，求组合数 Cmn。Cmn =m!/（n!*（m-n）!）。要求定义两个函数 fac 和 cmn 分别计算阶乘和组合数。

程序设计分析：

（1）定义一个求阶乘的函数 fac（），函数原型如下：

　　long fac（int n）;

（2）定义求组合数的函数 cmn（），在其函数体中调用 fac（）函数计算阶乘。函数原型如下：

　　long cmn（int m,int n）;

（3）在主函数 main（）中输入 m、n 的值，然后调用函数 cmn（）求得组合数。

```
/* 例 8-13 源程序，求组合数 Cmn */
#include <stdio.h>
void main（）
{
    int n,m;
    long  fac(int );              // 函数声明
    long  cmn(int ,int );         // 函数声明
    printf（"Input m n:\n"）;
    scanf（"%d%d",&m,&n）;
    printf（"cmn=%ld\n",cmn(m,n)）;  // 调用函数 cmn（）求组合数
}
long  fac(int n)                  // 定义求阶乘函数 fac（）
{
    int i;
```

```
    long t;
    t=1;
    for ( i=1; i<=n; i++)
       t*=i;
    return ( t);
}
long cmn ( int m,int n )                    // 定义求组合数函数
{
    return ( fac ( m) / ( fac ( n) *fac ( m-n ))) ;   // 通过调用求阶乘函数 fac ( ) 求组合数
}
----- 程序执行 -----
Input m n:6   3↙
cmn=20
```

程序说明：

（1）本程序中主函数 main ( ) 调用了 cmn ( ) 函数,cmn ( ) 函数又调用了 fac ( ) 函数, 在一个被调用的函数中再继续调用其他函数，形成了函数的嵌套调用。函数的嵌套调用过程 如图 8-7 所示。

（2）cmn ( ) 函数放在 main ( ) 之后,所以在 main ( ) 函数开始有 cmn ( ) 的函数声明。

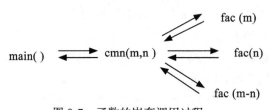

图 8-7　函数的嵌套调用过程

8.4.2　递归函数

1. 递归方法

递归是一种特殊的解决问题的方法。其基本思想是：将要解决的问题分解成比原问题规模小的类似子问题，而解决这个类似子问题时，又可以用到原有问题的解决方法，按照这一原则，逐步递推转化下去，最终将原问题转化成有已知解的子问题，这就是递归求解问题的方法。递归方法适用于一类特殊的问题，即分解后的子问题必须与原问题类似，能用原来的方法解决问题，且最终的子问题是已知解或易于解的。

用递归求解问题的过程分为递推和回归两个阶段。

递推阶段：将原问题不断地转化成子问题，逐渐从未知向已知推进，最终到达已知解的问题，递推阶段结束。

回归阶段：从已知解的问题出发，按照递推的逆过程，逐一求值回归，最后到达递归的

开始处，结束回归阶段，获得问题的解。

例如：求5！

$5！=5\times4！\rightarrow4！=4\times3！\rightarrow3！=3\times2！\rightarrow2！=2\times1！\rightarrow1！=1\times0！\rightarrow0！=1$

递推阶段 ——————————————————→ 0！是已知解问题

$5!=5\times4!=120\leftarrow4!=4\times3!=24\leftarrow3!=3\times2!=6\leftarrow2!=2\times1!=2\leftarrow1!=1\times0!=1\leftarrow0!=1$

获得解 ←—————————————————— 回归阶段

2. 函数的递归调用

在函数定义时，函数体内出现直接调用函数自身，称为直接递归调用；或通过调用其他函数，由其他函数再调用原函数，则称为间接递归调用，两类函数统称为递归函数。

若求解的问题具有可递归性时，即可将求解问题逐步转化成与原问题类似的子问题，且最终子问题有明确的解，则可采用递归函数，实现问题的求解。

由于在递归函数中，存在着调用自身的过程，控制将反复进入自身函数体执行。因此在函数体中必须设置终止条件，当条件成立时，终止调用自身，并使控制逐步返回到主调函数。

【例8-14】 用递归方法定义一个计算阶乘的函数。

这是一个典型的可以用递归方法求解的例子。例如，正整数 n 的阶乘可以写成 $n!=n\times(n-1)\times(n-2)\times\cdots\times2\times1$，也可以写成 $n!=n\times(n-1)!$。例如用（n-1）! 来计算 n! 即 $n!=n\times(n-1)!$，同理再用（n-2）! 来计算（n-1）!，即（n-1）!=（n-1）×（n-2）!，依此类推，直到用 1!=1 逆向递推出 2! 的值，再依次递推出 3!，4!…，n! 的值为止。这个递归问题可用如下递归公式表示：

$$n!=\begin{cases}1 & n=0,1\\ n*(n-1)! & n>1\end{cases}$$

用递归方法实现计算阶乘函数的程序如下：

```c
/* 例8-14 源程序，计算阶乘的递归函数 */
#include <stdio.h>
long  fac(int n)                    //定义求阶乘函数
{ long f;
   if(n<0)                          //处理非法数据
      f=-1;
   else if(n==0||n==1)
      f=1;
   else
      f=n*fac(n-1);                 //一般情况
   return f;
}
void main()
{
```

173

```
    int n;
    long  result;
    printf("Input n:\n");
    scanf("%d",&n);
    result=fac(n);
    if(result==-1)
      printf("n<0,data error!\n");
    else
      printf("%d!=%ld\n",n, result);
}
```

----- 程序执行 -----

```
Input n:
5↙

5!=120
```

程序说明：在递归函数 fac 中，1!=1 就是本递归函数的递归出口。

【例8-15】 用递归方法定义一个计算斐波那契（Fibonacci）数列的函数。

程序设计分析：

第6章已经学习用数组求 Fibonacci 数列前 30 项，设 Fibonacci 数列的第 n 个数用 fib(n) 表示，则根据斐波那契（Fibonacci）数列的特点，fib（n）的递归公式如下：

$$fib(n) = \begin{cases} 1 & (n=1) \\ 1 & (n=2) \\ fib(n-1) + fib(n-2) & (n \geqslant 3) \end{cases}$$

```
/* 例8-15源程序，用递归的方法计算斐波那契（Fibonacci）数列 */
#include <stdio.h>
void main()
{
   int n,i;
   long  x;
   long fib(int n);
   printf("Input n:");
   scanf("%d",&n);
   for(i=1;i<=n;i++)
   {
     x=fib(i);              // 调用递归函数 fib() 计算数列的第 n 项
     printf("fib(%d)=%ld\n",i,x);
   }
}
```

```
long fib（int n）
{
    long f;
    if（n==1|| n==2）
    {
        f=1;
    }
    else
    {
        f=fib（n-1）+fib（n-2）;        // 一般情况
    }
return f;
}
```

----- 程序执行 -----

Input   n:6↙

fib（1）=1

fib（2）=1

fib（3）=2

fib（4）=3

fib（5）=5

fib（6）=8

　　从例 8-9 和例 8-10 可以看出，用递归编写程序更直观、更清晰、可读性更好，更逼近数学公式的表示，能更自然地描述问题的逻辑，尤其适合非数值计算领域，如 Hanoi 塔、骑士游历、八皇后问题。但是，从程序运行效率来看，递归函数在每次递归调用时都需要进行参数传递、现场保护等操作，增加了函数调用的时空开销，导致递归程序的时空效率偏低。

8.5　函数应用举例

　　【例 8-16】 定义一个将十进制数转换为二进制数的函数。利用转换函数，将输入的十进制正整数转换为二进制数。

　　程序设计分析：十进制数转化成二进制数的方法是，将十进制数不断除 2 取余，所得到的余数的反序就是对应的二进制数。

```
/* 例 8-16 源程序，十进制数转化成二进制数 */
#include <stdio.h>
void main（）
{
```

```
    int n;
    void dec2bin(int k);          // 函数声明
    printf("Input decimal number:\n");
    scanf("%d",&n);
    dec2bin(n);                   // 函数调用
}
void dec2bin(int k)               // 定义函数dec2bin把十进制数转化成二进制数
{
    int b[32],j=0;
    while(k!=0)
    {
        b[j]=k%2;                 // 除2取余，余数放入到数组中
        k=k/2;
        j++;                      // 数组元素下标加1，为存储下一位准备
    }
    printf("Output binary number:\n");
    for(;j!=0;j--)                // 数组内的值反序输出
        printf("%d", b[j-1] );
}
```

----- 程序执行 -----

```
Input decimal number:
30↙
Output binary number:
11110
```

程序说明：

（1）自定义函数dec2bin（）在main（）函数的后面，在main（）中应该对自定义函数进行函数声明。

（2）在自定义函数dec2bin（）中，是通过除2取余数的方法实现将十进制数转换成二进制数。

【例8-17】 定义函数求最大公约数，输入两个正整数a和b，利用函数输出它们的最大公约数。

程序设计分析：求两个正整数a、b（a>b）的最大公约数，可以归结为求一数列：

$$a, b, r_1, r_2, \cdots\cdots, r_{n-1}, r_n, r_{n+1}, 0$$

此数列的首项与第二项是a和b，从第三项开始的各项，分别是前两项相除所得的余数，如果余数为0，它的前项r_{n+1}即是a和b的最大公约数，这种方法叫做欧几里德辗转相除法。其算法描述如下：

（1）输入 a，b；

（2）求 a%b 的余数 r；

（3）如果 r ≠ 0，则将 b → a，r → b，转至（2）再次求 a%b 的余数 r；

（4）如果 r 为 0，则输出 b。

```
/* 例 8-17 源程序，求最大公约数 */
#include<stdio.h>
int gcd(int a,int b)
{
    int r;
    r=a%b;                        // 求 a 和 b 的余数 r
    while(r!=0)                   // 当 r!=0，根据辗转相除法，求新的余数 r
    {
        a=b;
        b=r;
        r=a%b;
    }
    return b;
}
void  main()
{
    int a,b,t;
    printf("输入 a b:");           // 提示输入两个数
    scanf("%d%d",&a,&b);          // 输入两个数
    if(a<b)                       // 如果 a<b，则交换 a 和 b
    {
        t=a;
        a=b;
        b=t;
    }
    printf("%d 和 %d 的最大公约数：%d",a,b,gcd(a,b));// 调用函数，输出最大公约数
}
----- 程序执行 -----
输入 a b:16 24↙
24 和 16 的最大公约数：8
```

【例 8-18】 学生成绩管理系统 V1,0。从键盘输入一个班学生某门课程的成绩（全班最多不超过 50 人，具体人数由键盘输入），试编程按成绩由高到低排出名次，要求用函数的方式实现。

程序设计分析：

（1）排序算法有冒泡法、选择法等。本例采用冒泡法排序，设计排序函数 sort（）。

在 6.2.3 节中介绍了一维数组排序的程序，对 n 个元素的一维数组 a 实现排序的程序代码如下：

```
int i,j,t;
for(i=0;i<n-1;i++)
   for(j=0;j<n-i-1;j++)
     if(a[j]<a[j+1])
     {
        t=a[j];
        a[j]=a[j+1];
        a[j+1]=t;
     }
```

将这段代码作为 sort（）函数的函数体，即可得到 sort（）函数。

（2）sort（）函数的函数原型如下：

```
void sort(int a[],int n);
```

sort（）函数用两个形参对一维数组进行说明，第一个形参表示待排序的数组名，第二个形参表示参加排序的元素个数。sort（）函数的功能可以理解为对一维数组 a 进行排序。

（3）设计数组输入函数 input（）实现数组输入，设计数组输出函数 output（）实现数组输出。函数原型如下：

```
void input(int a[],int n);
void output(int a[],int n);
```

（4）设计主函数 main（），在其中定义数组 score。

① 调用 input（）函数建立数组 score。

② 调用 output（）函数输出数组 score。

③ 调用 sort（）函数对数组 score 排序。

④ 调用 output（）函数输出排序后的数组 score。

```
/* 学生成绩管理系统 V1.0 */
#include <stdio.h>
#define N 50
void main()
{
   int score[N],n;
   void sort(int a[],int n);   // 函数声明
   void input(int a[],int n);
   void output(int a[],int n);
   printf("请输入学生人数(n<%d):",N);
```

```
    scanf ("%d",&n) ;
    input (score,n) ;              // 调用 input ( ) 函数建立数组 score
    output (score,n) ;             // 调用 output ( ) 函数输出数组 score
    sort (score,n) ;               // 调用 sort ( ) 函数对数组 score 排序
    output (score,n) ;             // 调用 output ( ) 函数输出排序后的数组 score
}
void input (int a[],int n)         // 定义函数 input 输入 n 个学生某门课的成绩
{
    int i;
    printf (" 请输入成绩 : ") ;      // 提示输入成绩
    for (i=0;i<n;i++)              // 利用循环输入 n 个学生某门课的成绩
    {
        scanf ("%d", &a[i]) ;
    }
}
void output (int a[],int n)        // 定义函数 output 打印学生成绩
{
    int i;
    for (i=0;i<n;i++)
    {
        printf ("%d\t",a[i]) ;
    }
    printf ("\n") ;
}
void sort (int a[],int n)          // 定义函数 sort 按成绩由高到低排序
{
    int i,j,t;
    for (i=0;i<n-1;i++)
        for (j=0;j<n-i-1;j++)
            if (a[j]<a[j+1])
            {
                t=a[j];
                a[j]=a[j+1];
                a[j+1]=t;
            }
}
```

程序说明：

（1）由于数组名代表数组第一个元素的地址，因此用数组名作函数实参实际上是将数组的首地址传给被调函数。

（2）程序执行后，main（）函数中的sort（score,n）调用将score数组的首地址传给sort（）函数的形参数组a，使sort（）函数执行时直接对score数组进行排序。因此，sort（）函数返回之后，score数组已成为有序数组。

编程思考：

（1）函数调用语句中的n起什么作用？

（2）如果要求把学生的学号和某门课程的成绩一起输入、排序和输出，应该如何修改程序？

8.6 变量的作用域和存储类型

在C程序不同位置定义的变量，其作用范围不同，这就是变量的作用域。作用域确定程序能在何时、何处访问变量。存储类别表示系统为变量分配存储空间的方式。

8.6.1 变量的作用域

程序中被大括号括起来的区域，叫做语句块。函数体是语句块，分支语句和循环体通常也是语句块。变量的作用域规则是：每个变量仅在定义它的语句块（包含下级语句块）内有效。根据所定义位置的不同，变量区分为全局变量和局部变量。

不在任何语句块内定义的变量，称为全局变量。全局变量的作用域为从定义位置开始到文件结束。全局变量被定义后，未被初始化的全局变量系统赋初值0。

相对而言，在语句块内定义的变量，称为局部变量。其作用范围是所定义的语句块内。例如，在函数内定义的变量只能在本函数中引用，一旦离开了这个函数就不能对该变量引用。

例如，

```
int a;                       //a 全局变量，可在 main 和 fun 函数中引用
void main()
{
int  x,y;                    //x、y 局部变量，在 main 函数中引用
    …….
}
int b;                       //b 全局变量，作用域从本位置开始到文件结束
fun(int z)                   //z 局部变量，在 fun 函数中引用
{ int  c;                    //c 局部变量，在 fun 函数中引用
    …….
}
```

程序说明：通常将全局变量的定义放在程序的头部，即第 1 个函数前面。

在同一个函数中不能定义具有相同名字的局部变量，但在同一个程序中全局变量名和函数中的局部变量名可以同名。当全局变量名与函数内的局部变量同名时，则局部变量会"屏蔽"全局变量。

【例 8-19】 读程序，注意全局变量与局部变量同名时函数的处理方式。

```
/*   例 8-19 源程序，全局变量与局部变量同名   */
#include<stdio.h>
int x=100,y=20;                          // 全局变量
void main ( )
{
    int max ( int x,int y);
    int x=2;
    printf ("%d\n",max (x,y));            // 引用局部变量 x 和全局变量 y
}
int max ( int x,int y)
{
    int c;                               // 局部变量
    c=x>y?x:y;
    return c;
}
----- 程序执行 -----
20
```

程序说明：输出结果为 20 而不是 100，说明调用 max（）函数的时候，x 的值为 2，即局部变量"屏蔽"了同名的全局变量。

8.6.2　变量的存储类型

在 C 语言中，变量和函数有数据类型和存储类型两个属性，因此变量声明的一般形式为：

存储类型　数据类型　变量名表

变量的存储类型是指编译器为变量分配内存的方式，它决定变量的生命期，即决定变量何时"生"，何时"灭"。变量的生命期是指：变量从被分配内存单元开始，到内存单元被收回，整个过程称为变量的生命期。

变量的生命期由变量的存储类型决定。C 语言主要提供了 auto 自动型、static 静态型、extern 外部参照型和 register 寄存器型等几种不同的存储类型。

1. 自动变量

自动变量的一般定义形式：

auto 类型名 变量名；

例如：auto int temp;

由于这种变量极为常见，所以 C 语言把它设计为缺省的存储类型，即 auto 可以省略不写。如果没有指定变量的存储类型，那么变量的存储类型就缺省为 auto。

前面所有章节的例程中使用的局部变量（包括形参）都是自动存储类型。自动变量的"自动"体现在进入语句块时变量自动分配内存单元，退出语句块时自动释放内存，内存单元被收回，存储在内的数据不复存在。

例如，在函数内部定义的变量就是局部变量，系统在每次进入函数（包括 main（）在内）时，变量分配内存单元，函数执行结束时，释放为其分配的内存空间用于其他用途，存储在其中的数值也将伴随着内存空间的释放而丢失。

2. 静态变量

静态变量的一般定义形式：

static 类型名 变量名；

例如：static int temp;

静态变量一般在函数内部或复合语句内部使用，其特征是在程序执行前变量的存储空间被分配在静态区，并赋初值一次，若无显式赋初值，则系统自动赋值为 0。当包含静态变量的函数调用结束后，静态变量的存储空间不释放，所以其值依然存在，当再次调用进入该函数时，则静态变量上次调用结束的值就作为本次的初值使用。

【**例 8-20**】 读程序，观察静态局部变量与自动变量的区别。

```
/*  例 8-20源程序，静态局部变量与自动变量的比较  */
#include<stdio.h>
int  func1（）
{
   static int s=1;                      // 静态局部变量
   s+=2;
   return（s）;
}
int  func2（）
{
   int s=1;                             // 局部变量
   s+=2;
   return（s）;
}
void main（）
{
   int i;
   for（i=0;i<3;i++）
   {
```

```
        printf ("第%d次:",i+1);
        printf ("func1=%d\n",func1 ());
    }
    for (i=0;i<3;i++)
    {
        printf ("第%d次:",i+1);
        printf ("func2=%d\n",func2 ());
    }
}
```

----- 程序执行 -----

第1次:func1=3
第2次:func1=5
第3次:func1=7
第1次:func2=3
第2次:func2=3
第3次:func2=3

程序说明:

(1) 调用 func1 函数时,函数内的变量 s 是静态局部变量,初始化赋值为 1。首次调用 func1 函数时,s 的值是 1,函数执行后,s 值为 3,函数返回时变量 s 依然存在。以后的第二次、第三次调用函数 func1 时,都是在上一次调用结束时的 s 值上再加 2。

(2) func2 函数中的局部变量 s,在每次进入函数调用时重新分配 s 并初始化为 1,函数执行后,s 值为 3,函数返回时,撤消 s 变量。再次调用 func2 时,重新对 s 分配存储单元和赋初值,所以函数每次调用后返回值 3。

3. 外部变量

外部变量的一般定义形式:

extern 类型名 变量名;

如果在所有函数之外定义的变量没有指定其存储类别,那么它就是一个外部变量。外部变量是全局变量,它的作用域是从它的定义点到本文件的末尾。但是如果要在定义点之前或者在其他文件中使用它,那么就需要用关键字 extern 对其进行说明,使得编译器不必再为其分配内存。例如,

文件1:

```
#inclde<stdio.h>
int a;                              // 全局变量
void f ();                          // 函数声明
void main ()
{
    f1 ();
```

```
    printf("in main a=%d",a);
}
```
文件 2：
```
extern int a;
void fun()
{
   a++;
   printf("in f1 a=%d",a);
}
```

外部变量保存在静态存储区内，在程序运行期间分配固定的存储单元，其生命期是整个程序的运行期。没有显式初始化的外部变量由编译程序自动初始化为 0。

4. 寄存器变量

寄存器变量就是用寄存器存储的变量。其一般定义形式：

register 类型名 变量名；

寄存器是 CPU 内部的一种容量有限但速度极快的存储器。由于 CPU 访问内存的操作是很耗时的，使得有时对内存的访问无法与指令的执行保持同步。因此，将需要频繁访问的数据存放在 CPU 内部的寄存器里，即将使用频率较高的变量声明为 register，可以避免 CPU 对存储器的频繁数据访问，使程序执行速度更快。

现代编译器能自动优化程序，自动把普通变量优化为寄存器变量，忽略用户的 register 指定，所以一般无需特别声明变量为 register。

8.7 本章知识点小结

1．在 C 语言程序中，基本的结构是函数。C 语言函数分为标准库函数和自定义函数，标准库函数由系统提供，无须定义即可使用，自定义函数需要在程序中定义后才能使用。

2．函数定义就是对函数所要完成的操作进行描述，即编写一段程序，使该段程序完成函数所指定的操作。函数定义的一般形式：

类型标识符 函数名（类型 形参变量，类型 形参变量，……）

{

　　定义部分

　　语句序列

}

3．函数调用是使用已定义的函数，实参和形参按照各自在参数表中的位置对应传值，通常要在调用函数前进行函数声明。函数的形参和实参既有本质的区别，又有密切的联系。

4．函数间的参数传递有两种不同的数据，即传数值和传地址。

传数值的两个特点：

（1）实参可以是常量、变量或表达式，实参值的特点是基本数据类型、结构数据类型。

（2）被调函数无法引用主调函数中的任何变量值。

传地址的两个特点：

（1）实参可以是常量、变量或表达式，实参值的特点是指针数据类型。

（2）在被调函数中，可以通过地址间接访问主调函数中的变量，而达到改变主调函数中的变量值。

数组名作为函数的参数时传送的是数组的首地址，被调函数中对形参数组的操作实际上就是对实参数组的操作，它直接影响实参数组的元素值。

5. 函数嵌套是指在定义一个函数时调用了其他自定义函数。递归函数是指在定义一个函数时调用了被定义的函数本身。递归是一种特殊的解决问题的方法，若求解的问题具有可递归性，即可将问题逐步转化成相似子问题，且转化得到的最终子问题有明确的解，可采用递归调用方式，实现问题的求解。需要注意的是，无论是函数嵌套还是递归函数描述的都是一种函数调用关系，C 语言不允许在一个函数的函数体内定义另外的函数。

6. C 语言变量主要分为 auto 自动型、static 静态型、extern 外部参照型和 register 寄存器型等几种不同的存储类型。只有函数的局部变量才能定义为 auto 自动型，auto 自动型变量在函数被调用时为其分配存储空间，函数执行结束时存储空间自动释放。static 静态型变量存放在内存的静态存储区，在编译时即为其分配存储空间，一个程序中的 static 静态型变量只在编译时被初始化一次。

拓展阅读

1. 二维数组作为函数参数

例 8-12 介绍的是以一维数组名作为函数参数。同样，二维数组也能作为函数参数。

二维形参数组定义的一般形式

类型标识符　数组名 [ ][长度]，int m，int n

在定义二维形参数组时，第一维的长度即行数是不起作用的，所以可以缺省，但第二维长度必须明确指明，并在函数调用时，与实参数组的第二维长度完全一致。

【例 8-21】　编写函数，将 5×5 矩阵中的左下三角元素都设置成 0，其余元素值不变。

```
/*  例 8-21 源程序，将 5×5 矩阵中的左下三角元素设置成 0  */
#include<stdio.h>
void main ( )
{
   int a[5][5];
   int i,j ;
   void change ( int x[ ][5],int m, int n );        // 函数声明
```

```
        printf("Matrix\n");
        for(i=0; i<5; i++)
        {
            for(j=0; j<5; j++)
            {
                a[i][j]=1+i+j;                    // 给二维数组各元素赋值
                printf("%3d",a[i][j]);
            }
            printf("\n");
        }
        change(a,5,5);                            // 调用函数
        printf("\nNew Matrix:\n");
        for(i=0; i<5; i++)
        {
            for(j=0; j<5; j++)
                printf("%3d",a[i][j]);
            printf("\n");
        }
    }
    void change(int x[ ][5],int m , int n)
    {
        int i,j;
        for(i=0; i<m; i++)
            for(j=0; j<n; j++)
                if(i>j) x[i][j]=0;
    }
----- 程序执行 -----
Matrix
    1   2   3   4   5
    2   3   4   5   6
    3   4   5   6   7
    4   5   6   7   8
    5   6   7   8   9
New Matrix:
    1   2   3   4   5
    0   3   4   5   6
    0   0   5   6   7
```

```
0  0  0  7  8
0  0  0  0  9
```

程序说明：

（1）自定义函数的形参为 int x[ ][5]；二维数组作为函数的形参时，第二维大小不能省略。

（2）主调函数的实参为 a 也就是数组名。功能是把数组 a 的地址传给形参数组 x，形参数组 x 共享实参数组 a 的存储区域，即函数中对形参数组 x 的操作，实际就是对实参数组 a 的操作。

（3）而形参 n，m 是控制对数组处理时的行数与列数，使函数具有灵活性。

【例 8-22】　用函数的方法编写例 6-13。如表 8-1 所示的一个学习小组有 4 位学生，每位学生有 3 门课成绩，求每个学生的平均成绩及小组里每门课的平均成绩。

程序设计分析：

（1）在例 6-13 中，输入 4 位学生每位学生 3 门课成绩程序代码如下：

```
for（i=0；i<M；i++）
for（j=0；j<N；j++）
scanf（"%1f "，&a[i][j]）；
```

将这段代码作为 input（ ）函数的函数体，即可得到 input（ ）函数，实现数组输入。input（ ）函数的函数原型如下：

```
void input（double a[][N+1],int m,int n）；
```

表 8-1　学习成绩表

课程 1	课程 2	课程 3	学生平均成绩
70	78	90	
79	86	90	
96	75	65	
80	76	88	
课程 1 平均	课程 2 平均	课程 3 平均	

（2）在例 6-13 中，求每个学生的平均成绩和每门课的平均成绩程序代码如下：

```
for（i=0；i<M；i++）
{
    sum=0；
    for（j=0；j<N；j++）
        sum+=a[i][j]；
    a[i][N]=sum/N；                    //a[i][N]存放每个学生的平均成绩
}
for（i=0；i<N；i++）
```

```
{
    sum=0;
    for(j=0;j<M;j++)
        sum+=a[j][i];
    a[M][i]=sum/M;                          //a[M][i]存放每门功课的平均成绩
}
```

将这段代码作为aver()函数的函数体,即可得到aver()函数。aver()函数的函数原型如下:void aver(double a[][N+1],int m,int n);

(3)在例6-13中,输出每个学生的平均成绩和每门课程的平均成绩程序代码如下:

```
for(i=0;i<M;i++)
printf("NO %d:%8.2f\n",i+1,a[i][N]);     //输出每个学生的平均成绩
for(i=0;i<N;i++)
printf("Score %d:%8.2f\n",i+1,a[M][i]);//输出每门课程的平均成绩
```

将这段代码作为output()函数的函数体,即可得到output()函数。output()函数的函数原型如下:void output(double a[][N+1],int m,int n);

(4)设计主函数main(),在其中定义数组score。

①调用input()函数建立数组score。

②调用aver()函数求平均成绩。

③调用output()函数输出每个学生的平均成绩和每门课的平均成绩程序。

```
/* 例 8-22 源程序,用函数的方法编写例6-13 */
#define M 4                                // 学生数
#define N 3                                // 课程数
#include <stdio.h>
void main()
{
    double score[M+1][N+1];
    void input(double a[][N+1],int m,int n);     // 函数声明
    void aver(double a[][N+1],int m,int n);
    void output(double a[][N+1],int m,int n);
    input(score,M,N);                      // 调用input()函数建立数组score
    aver(score,M,N);                       // 调用aver()函数求平均值
    output(score,M,N);                     // 调用output()函数输出平均值
}
void input(double a[][N+1],int m,int n)//定义函数input输入m个学生n门课的成绩
{
    int i,j;
    printf("请输入成绩:\n");               // 提示输入成绩
```

```
    for(i=0;i<m;i++)
        for(j=0;j<n;j++)
            scanf("%lf",&a[i][j]);          // 输入成绩
}
void aver(double a[][N+1],int m,int n)
                // 定义函数求每个学生的平均成绩和每门课的平均成绩
{
    int i,j;
    double sum;
    for(i=0;i<m;i++)                        // 计算每个学生的平均成绩
    {
        sum=0;                              //sum 存放每一学生的总分,赋初值 0
        for(j=0;j<n;j++)
            sum+=a[i][j];
        a[i][N]=sum/n;                      //a[i][N] 存放每个学生的平均成绩
    }
    for(i=0;i<n;i++)                        // 计算每门课的平均成绩
    {
        sum=0;                              //sum 存放每一课程的总分,赋初值 0
        for(j=0;j<m;j++)
            sum+=a[j][i];
        a[M][i]=sum/m;                      //a[M][i] 存放每门功课的平均成绩
    }
}
void output(double a[][N+1],int m,int n)
{
    int i,j;
    printf("每个学生的平均成绩:\n");
    for(i=0;i<m;i++)
        printf("NO %d:%8.2f\n",i+1,a[i][N]);        // 输出每个学生的平均成绩
    printf("每门课程的平均成绩:\n");
    for(i=0;i<n;i++)
        printf("Score %d:%8.2f\n",i+1,a[M][i]);     // 输出每门课程的平均成绩
}
```

----- 程序执行 -----

请输入成绩:

70　78　90↙

```
79   86   90↙
96   75   65↙
80   76   88↙
```
每个学生的平均成绩：

NO 1：79.33

NO 2：85.00

NO 3：78.67

NO 4：81.33

每门课程的平均成绩：

Score1：81.25

Score2：78.75

Score3：83.25

程序说明：

（1）由于数组名代表数组第一个元素的地址，因此用数组名作函数实参实际上是将数组的首地址传给被调函数。

（2）程序执行后，main（）函数中的 aver（score,M,N）调用将实参数组 score 的首地址传给 aver（）函数的形参数组 a，在 aver（）函数中对形参数组 a 的操作实际上就是对实参数组 score 的操作，从而实现计算每个学生的平均成绩和每门功课的平均成绩。

2. 内部函数和外部函数

函数本质上是全局的，但可以限定函数能否被别的文件所引用。当一个源程序由多个源文件组成时，C 语言根据函数能否被其它源文件中的函数调用，将函数分为内部函数和外部函数。

（1）内部函数

如果在一个源文件中定义的函数，只能被本文件中的函数调用，而不能被同一程序其他文件中的函数调用，这种函数称为内部函数。

内部函数定义的一般形式：

static 函数类型 函数名（函数参数表）

{… …}

内部函数又称静态函数，此处"static"的含义不是指存储方式，而是指对函数的作用域仅局限于本文件。

使用内部函数，可以使得函数的作用域只局限在本文件中，在不同的文件中可以不必担心具有同名的内部函数，大家互不干扰。

（2）外部函数

如果在一个源文件中定义的函数，既可以被本文件中的函数调用，也可以被同一程序其它文件中的函数调用，这种函数称为外部函数。

外部函数定义的一般形式：

[extern] 函数类型　函数名（函数参数表）

　{……}

外部函数的作用域是整个源程序。调用外部函数时，需要对其进行声明，外部函数声明的一般形式：

　[extern] 函数类型　函数名（参数类型表）[, 函数名 2（参数类型表 2）……]；

【例 8-23】　外部函数应用。

（1）文件 mainf.c

```
void main ( )
{
    extern void input (…),process (…),output (…);      // 函数声明
    input (…);                              // 函数调用
    process (…);                            // 函数调用
    output (…);                             // 函数调用
}
```

（2）文件 f1.c

```
extern void input (……)          // 定义外部函数
  {……}
```

（3）文件 f2.c

```
extern void process (……)            // 定义外部函数
  {……}
```

（4）文件 f3.c……

```
extern void output (……)             // 定义外部函数
  {……}
```

程序说明：

（1）在定义函数时，若在函数首部的最左端加关键字 extern，则表示此函数是外部函数，可被其他文件调用。C 语言规定，定义函数时省略了 extern 则隐含为外部函数，可被其他文件调用。

（2）在需要调用函数的文件中，用 extern 对函数声明，表示该函数是在其他文件中定义的外部函数。

习 题

一、单项选择题

1. 若调用一个函数，且此函数中没有 return 语句，则说明该函数_____。
    A. 没有返回值
                B. 返回若干个系统默认值
    C. 能返回一个用户所希望的函数值
    D. 返回一个不确定的值

2. C 语言规定，简单变量做实参时，它和对应形参之间的数据传递方式是_____。
    A. 地址传递
    B. 单向值传递
    C. 由实参传给形参，再由形参传回给实参
    D. 由用户指定传递方式

3. 关于函数嵌套以下正确的描述是_____。
    A. 函数的定义可以嵌套，但函数的调用不可以嵌套
    B. 函数的定义不可以嵌套，但函数的调用可以嵌套
    C. 函数的定义和函数的调用均不可以嵌套
    D. 函数的定义和函数的调用均可以嵌套

4. 若使用数组名作为函数调用的实参，传递给形参的是_____。
    A. 数组的首地址
                B. 数组第一个元素的值
    C. 数组中全部元素的值
          D. 数组元素的个数

5. 凡是函数中未指定存储类型的局部变量，其隐含的存储类型为_____。
    A. 自动（auto）
                B. 静态（static）
    C. 外部（extern）
          D. 寄存器（register）

二、程序编写

1. 按下面要求编写程序：
（1）定义函数 power（x，n）计算 x 的 n 次幂（即 x^n），函数返回值类型是 double。
（2）定义函数 main（），输入正整数 n，计算并输出下列算式的值。要求调用函数 power(x，n）计算 x 的 n 次幂。

$$S=2+2^2+2^3+\cdots\cdots+2^n$$

2. 按下面要求编写程序：
（1）定义函数 f（x）计算 $(x+1)^2$，函数返回值类型是 double。
（2）输出一张函数表（如下表所示），x 的取值范围是 [-1,+1]，每次增加 0.1，y= $(x+1)^2$。
要求调用函数 f（x）计算 $(x+1)^2$。

x	y
-1	0.00
-0.9	0.01
...	
0.9	3.61
1	4.00

3．按下面要求编写程序：

（1）定义函数 f（n）计算 n 的阶乘。

（2）定义函数 main（），调用函数 f（n）计算 1！+2！+3！…+10！的值，在主函数中输出计算结果。

4．输入一个正整数，输出该数的各个数字之和。要求编写函数，计算整数的各个数字之和。

5．输入一个十进制正整数，将该数转换为八进制数，要求编写函数实现八进制数转换。

6．已知某班 n 位学生的成绩，编写函数求高于平均分的人数，并作为函数值返回。

7．编写一个函数，在 n 个元素的一维数组中，统计比相邻元素大的数组元素个数并将统计数返回（不考虑 a[0] 和 a[n–1]）。

8．写两个函数，分别求两个整数的最大公约数和最小公倍数，用主函数调用这两个函数，并输出结果，且两个整数的输入也在主函数。

9．编写函数实现字符数组中的小写字母转换成大写字母，或者将字符数组中的大写字母转换成小写字母。

10．编写一个 fun 函数 void fun（char s1[],char s2[]），将两个字符串 s1 和 s2 连接起来存放在 s1 中。

第9章 指 针

内容导读

指针是 C 语言中的一个重要数据类型,是 C 语言的灵魂,它极大地丰富了 C 语言的功能,正确而灵活地运用指针,可以有效地表示出复杂的数据结构,并可以使程序简洁、紧凑、高效。前面所学习过的数据类型引用都可以转化为利用指针的方式引用:指针能指向普通变量、数组、字符串、函数、指针以及后续要学习的结构体、共用体、文件等,只要在内存中存在的数据,都可以用指针的方式去获取它,与内存地址相关的问题都可以使用指针的方式更灵活地解决。所以要更精准的理解指针,先要正确理解内存地址概念,应正确理解不用指针解决问题和用指针解决问题之间的区别。本章主要内容如下:

* 指针的基本概念
* 指针与变量
* 指针与数组
* 指针与字符串
* 指针与函数
* 指针与指针
* 指针与内存管理

9.1 指针的基本概念

9.1.1 地址和指针

在了解指针概念之前,先回顾并掌握地址的概念。

在计算机运行过程中,数据是存放在内存中的。把内存中的一个字节称为一个内存单元,不同的数据类型所占用的内存单元数不同,如整型数据占 4 个单元,字符型数据占 1 个单元等。数据类型章节中已知:变量的定义过程,实际上是指变量分配存储空间的过程。为了正确地访问这些内存单元,必须为每个内存单元编上号,根据一个内存单元的编号即可准确地找到该内存单元,存储空间在系统中都是用这样的编号来标示它的位置,内存单元的编号就是内存单元的地址。例如：数组名表示的是数组的首地址，函数名表示函数的入口地址，这些地址实际上都有相应的编号，都是一个具体的数值常量。

根据内存单元的地址可以找到所需的内存单元，并访问里面的内容。但是编程时一般不会去直接使用不直观的地址，程序设计人员也不可能去记忆那么多的地址，C语言规定可以定义变量去专门存放这些地址信息，这个变量就可以看成是指向某一个或者某一块存储空间指针，所以通常把这种能指向地址的变量称为指针变量。从定义可知，对于一个内存单元来说，单元的地址即为指针，其中存放的数据才是该单元的内容。因此，一个指针变量的值就是某个内存单元的地址或称为某个内存单元的指针。

可以用一个通俗的例子来说明它们之间的关系。去宾馆住宿，服务员登记并给房号，房客可以拿上门牌去开门入住，这里，房号就是房间的地址，房间里面住的客人就是房间的内容，内容是可以变的，房间编号一般就不变了，除非宾馆重新进行装修分配编号。我们可以理解为：门牌就是一个指针变量，它可以指向某一个房间编号，房客就是存储内容。

严格地说，一个指针是一个地址，是一个常量。而一个指针变量却可以被赋予不同的指针值，是变量。在平常使用中常把指针变量简称为指针。为了避免混淆，在下面内容中约定：指针是指地址，是常量，指针变量是指取值为地址的变量。定义指针变量的目的是为了通过指针去访问内存单元。

如图9-1所示，设有字符变量c，其内容为'A'(ASCII码为十进制数65)，c占用了20100号单元(地址用十六进数表示)。设有指针变量p，内容为20100，这种情况我们称为p指向变量c，或说p是指向变量c的指针变量。对变量c的操作就可以转变成对指针变量p指向内容的操作。

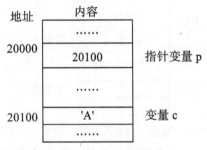

图9-1 变量、内容及地址示意图（一）

9.1.2 地址和指针示例

【例9-1】 查看程序运行时变量的内存地址。

```
/* 例 9-1 源程序，变量的内存地址 */
#include<stdio.h>
void main()
{
    int d=20,*pd;
```

```
    char c='#',*pc;
    printf("d_add.=%x    d=%d\n",&d,d);       // 输出变量 d 的地址和 d 的值
    printf("c_add.=%x    c=%c\n",&c,c);       // 输出变量 c 的地址和 c 的值
    pd =&d;                                    // 变量 d 的地址赋值给变量 pd
    pc =&c;                                    // 变量 c 的地址赋值给变量 pc
    printf("\n");
    printf("d_add.=%x    d=%d\n", pd, *pd);   // 输出变量 pd 的值和 pd 指向的内容
    printf("c_add.=%x    c=%c\n", pd, *pc);   // 输出变量 pc 的值和 pc 指向的内容
}
----- 程序执行 -----
d_add.=4004   d=20
c_add.=6000   c=#

d_add.=4004   d=20
c_add.=6000   c=#
```

程序说明：设 d 的地址为 4004，c 的地址为 6000，变量地址是一个无符号整数，所以输出时一般用 %x 或 %o 即用 16 进制或 8 进制方式输出地址。

例 9-1 的变量 d、c 在内存的分配位置如图 9-2 所示。为了表示方便，地址值采用十六进制数。

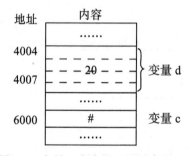

图 9-2　变量、内容及地址示意图（二）

变量 d 占 4 个字节，变量 c 占 1 个字节，这是由变量的类型决定（int 型占 4 个字节，char 型占 1 个字节）。编译时系统分配 4004、4005、4006 和 4007 四个字节给变量 d，6000 一个字节给变量 c。

为了表示方便，一般在不特别指明时，地址和指针无区别，都表示对象所占存储区域第一个字节的地址。例如，变量 d 的指针和地址都是 4004。

存取变量中的数据有两种方式：直接引用和间接引用（亦称直接访问和间接访问）。

（1）直接引用是通过变量名引用变量中的值或给变量赋值。

（2）间接引用是通过指针找到要访问的变量，再对该变量引用。间接引用通常将被访问变量的地址存放在一个指针变量中，按指针变量中的地址值找到要访问的变量。图 9-3 表示间接引用变量。

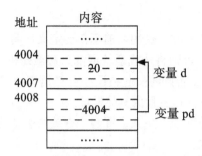

图 9-3　变量、内容及地址示意图（三）

9.2　指针与变量

9.2.1　指针变量的定义和赋值

如前所述，对于一个内存单元来说，单元的地址即为指针，变量的指针就是变量的地址。因此，一个指针变量的值就是某个变量的地址或称为某变量的指针。

1. 定义一个指针变量

C 语言规定所有变量在使用前必须先定义，指定其类型，并按此类型分配内存空间。指针变量同普通变量一样，使用之前也要定义，指定其指向类型，并按此类型分配存储空间。不同于整型变量和其他类型变量的是：指针变量是专门用来存放地址的，分配的空间大小为存放一个整型地址大小。因而定义时必须与其他类型区别将它定义为"指针类型"，不同类型的对象，其指针类型也不同，我们用基类型来表示。

指针变量定义的一般形式为：

基类型 ＊指针变量名；

其中，＊表示这是一个指针变量，基类型表示本指针变量所指向的变量的数据类型。

例如：

```
int  *p1;           // 定义了指针变量 p1，p1 中只能存放整型变量的地址
staic int *p2;      //p2 是指向静态整型变量的指针变量
float *p3;          //p3 是指向浮点变量的指针变量
char *p4;           //p4 是指向字符变量的指针变量
```

注意：一个指针变量只能指向同类型的变量，如 p3 只能指向浮点变量，不能时而指向一个浮点变量，时而又指向一个字符变量。

在定义指针变量的时候要注意两点：

（1）指针变量前面的"＊"表示该变量的类型为指针型变量。

（2）在定义指针变量时必须指定基类型。

2. 指针变量的赋值

指针变量同普通变量一样，使用之前不仅要定义声明，而且必须赋予具体的值。未经赋值的指针变量不能使用，否则将造成系统混乱，甚至死机。指针变量的赋值只能赋予地址，决不能赋予任何其它数据，否则将引起错误。在 C 语言中，变量的地址是由编译系统分配的，对用户完全透明，用户不知道变量的具体地址。

在讲解指针变量赋值之前，先来掌握两个有关的运算符：

（1）取地址运算符 &。

C 语言中提供了地址运算符 & 来表示变量的地址。其一般形式为：

& 变量名；

取地址运算符 & 是单目运算符，其结合性为自右至左，其功能是取变量的地址，运算符的操作对象必须是存储单元（如变量、数组元素等）。

如 scanf("%c",&a);&a 表示变量 a 的地址，接收标准输入设备（键盘）的一个字符输入，并且将字符的 ASCII 码值送入变量 a 所在的地址（这里 a 变量必须预先定义）。

（2）取内容运算符 *（也称"间接访问"运算符或者"指针运算符"）

取内容运算符 * 是单目运算符，其结合性为自右至左，用来表示指针变量所指的变量。在 * 运算符之后跟的变量必须是指针变量。需要注意的是，指针运算符 * 和指针变量声明中的指针说明符 * 不是一回事。在指针变量声明中，* 是类型说明符，表示其后的变量是指针类型。而表达式中出现的 * 则是一个运算符，用以表示指针变量所指的内容。

【例 9-2】 指针相关运算符运算取值。

```
/* 例 9-2 源程序，运算符运算取值 */
#include<stdio.h>
void main()
{
    int a=5,*p=&a;
    printf ("%d",*p);
}
----- 程序执行 -----
5
```

程序说明：指针变量 p 取得了整型变量 a 的地址，printf("%d",*p) 语句表示输出变量 a 的值，等价于 printf("%d",a)。

设有指向整型变量的指针变量 p，如要把整型变量 a 的地址赋予 p 可以有以下几种方式：

（1）指针变量初始化时赋值

```
    int a,*p=&a;
```

（2）通过取地址赋值语句的方法赋值

```
    int a;
    int *p;
    p=&a;
```

（3）通过已知指针变量赋值的方法赋值

```
int a;
int *q=&a,*p;
p=q;
```

注意：

（1）赋值时候一定要注意类型的一致性。下面赋值是错误的：

```
float a;
int *p;
p=&a;
```

（2）不能使用尚未定义的变量给指针变量初始化。下面赋值是错误的：

```
float *p=&f;
float f;
```

（3）把地址赋值给指针变量所指向的内容是无意义的：

```
int i=200, x;
int *p;
*p=&i;                    // 这里的 *p 是使用指针 p 所指向的内容
```

（4）除 0 之外，一般不允许把一个数赋予指针变量，可能会造成难以预计的后果，除非你明确知道想要让指针指向一个明确的地址，当用 0 对指针变量赋值时，系统会将该指针初始化为一个空指针，不指向任何对象，例如：

```
int *p;
p=0;
```

或者写成：p=NULL   //NULL 为系统预定义宏常量，值为 0

9.2.2 指针变量的使用

通过指针访问它所指向的一个变量是以间接访问的形式进行的，所以比直接访问一个变量要费时间，而且不直观，因为通过指针要访问哪一个变量，取决于指针的值（即指向），对于单个变量来看，单独引用指针的方式处理，的确还不如直接使用变量本身方便，但是通过改变指针的指向，来间接访问不同的变量，这给程序员带来灵活性，也使程序代码编写更为简洁和有效，能直接提升时间和空间上的优势。

【例 9-3】 输入 a 和 b 两个整数，按先大后小的顺序输出 a 和 b。

对比传统做法和使用指针做法：

（1）传统做法

```
/* 例 9-3 源程序，按先大后小输出 a 和 b*/
#include<stdio.h>
void main()
{
```

```
    int a,b,t;
    scanf("%d,%d",&a,&b);
    if(a<b)
    {
        t=a;a=b;b=t;
    }
    printf("max=%d,min=%d\n",a,b);
}
```

（2）使用指针

```
#include<stdio.h>
void main()
{
    int *p1,*p2,*p,a,b;
    scanf("%d,%d",&a,&b);
    p1=&a;p2=&b;
    if(a<b)
    {
        p=p1;p1=p2;p2=p;
    }
    printf("max=%d,min=%d\n",*p1, *p2);
}
```

----- 程序执行 -----

10,20↙

max=20,min=10

程序说明：如图9-4（a）所示，程序初始时p1、p2分别指向a、b变量，所以a与*p1值相同；b与*p2值相同。通过"p=p1;p1=p2;p2=p;"三条语句使p1、p2指针值交换，分别指向b、a，如图9-4（b），此时*p1与b有相同值；*p2与a有相同的值。

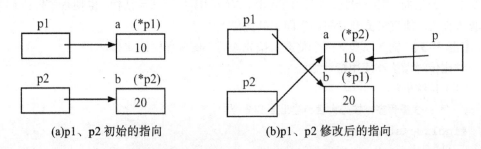

(a)p1、p2初始的指向   (b)p1、p2修改后的指向

图9-4 指针变量p1、p2的指向变化

程序的意图是通过改变指针的指向使得：p1 指针指向两数中大值，p2 指针指向两数中小值，如果采用传统的做法是两数互换。从算法分析空间看：定义中间指针变量 *p 相对于中间整型变量 t 更节约存储，从时间上看：互换两个整型变量所用时间会比互换两个指针更复杂费时。例如：不同标签的两个盒子互换盒子物品肯定会比互换盒子标签要费时费空间。

所以在批量数据处理或者需要更加灵活处理数据时，更多有经验的程序员会去使用指针的方式来解决问题。

从例 9-3 知：指针变量可出现在函数参数或表达式中，设

```
int x,y, *px=&x;
```

指针变量 px 指向整数 x，则 *px 可出现在 x 能出现的任何地方。例如：

```
y=*px+5;              // 表示把 x 的内容加 5 并赋给 y
y=++*px;              //px 的内容加上 1 之后赋给 y，++*px 相当于 ++(*px)
y=*px++;              // 相当于 y=*px; px++
```

思考：如果已执行了语句

```
pi=&i;               // 把变量 i 的地址赋给 pi
```

（1）&*pi 的含义是什么？ "&" 和 "*" 两个运算符的优先级别相同，但按自右而左方向结合，因此先进行 *pi 的运算，它就是变量 i，再执行 & 运算。因此，&*p 与 &i 相同，即变量 i 的地址。

（2）*&i 的含义是什么？ 先进行 &i 的运算，得到变量 i 的地址，再执行 * 运算，即 &i 所指向的变量，也就是变量 i。因此，*&i 与 *pi 相同，即它们都等价于变量 i。

（3）(*pi)++ 的含义是什么？ (*pi)++ 相当于 i++。注意，如果没有括号，就成了 *pi++，从附录可知："++" 和 "*" 两个运算符的优先级别相同，但按自右而左方向结合，因此它相当于 *（pi++）。由于 ++ 在 pi 的右侧，是 "先引用，后自加"，因此先对 pi 的原值进行 * 运算，得到 i 的值，然后使 pi 的值改变，这样 pi 不再指向 i 了。

【例 9-4】 通过指针变量访问整型变量。

```
/* 例 9-4 源程序，通过指针变量访问 */
#include<stdio.h>
void main()
{
    int i=10,*pi;                       // 定义 pi 为指针变量
    pi=&i;                              // 把变量 i 的地址赋给 pi
    printf("i=%d, *pi=%d\n",i,*pi);
    i=20;
    printf("i=%d, *pi=%d\n",i,*pi);
    *pi=30;                            // 给 pi 所指的对象赋值
    printf("i=%d, *pi=%d\n",i,*pi);
}
----- 程序执行 -----
```

```
i=10, *pi=10
i=20, *pi=20
i=30, *pi=30
```

程序说明：

（1）在开头处虽然定义了指针变量 pi，但并未指向任何一个整型变量。

（2）程序中第一个 *pi 与其他的 *pi 区分，其他 *pi 为表示变量 i，它们的含义不同。

（3）"pi=&i;" 是将 i 的地址赋给 pi。

编程提醒：如果没有对指针变量 pi 初始化（把变量 i 的地址赋给 pi 变量），则 pi 的指向是不确定的，语句 *pi=30 执行时会导致错误。

9.3　指针和数组

一个数组是由连续的一块内存单元组成的，数组名表示这块连续内存单元的首地址。一个数组也是由各个数组元素（下标变量）组成的，每个数组元素按其类型不同占有几个连续的内存单元。一个数组元素的地址是指它所占有的几个内存单元的首地址。只要是地址，就可以考虑用指针来指向它们，以往对数组元素的获取都是通过数组的下标来获得，指针指向数组之后就可以通过移动指向数组的指针来获得数组元素在数组中的位置。指向数组的指针变量称为数组指针变量。

9.3.1　指向一维数组指针变量

1. 定义一个指向一维数组的指针变量

数组指针变量定义的一般形式为：

类型说明符 *指针变量名 ；

其中类型说明符表示所指数组的类型。从一般形式可以看出指向数组的指针变量和指向普通变量的指针变量的定义是相同的。

例如：

```
int a[10];     //定义 a 为包含 10 个整型数据的数组
int *p;        //定义 p 为指向整型变量的指针
```

应当注意，因为数组为 int 型，所以指针变量也应为指向 int 型的指针变量。

2. 指向一维数组指针的赋值

一个指针变量既可以指向一个数组，也可以指向一个数组元素，可把数组名或第一个元素的地址赋值给指针变量。如要使指针变量指向第 i 号元素可以把第 i 号元素的地址赋值给指针变量。

例如：

```
p=&a[0];
```

把 a[0] 元素的地址赋给指针变量 p，此时 p 指向 a 数组的第 0 号元素。数组名代表数组的首地址，也就是第 0 号元素的地址。因此，下面两个语句等价：

　　p=&a[0];

　　p=a;

　　在定义指针变量时可以赋给初值：

　　int *pa=&a[0]; // 把 a[0] 元素的地址赋给指针变量 pa，也可写成 pa=a;

　　它等效于：

　　int *pa;

　　pa=&a[0];　　　　　　　// 把 a[0] 元素的地址赋给指针变量 pa，也可写成 pa=a;

　　当然定义时也可以写成：

　　int *pa=a;

　　从图 9-5 中我们可以看出有以下关系：

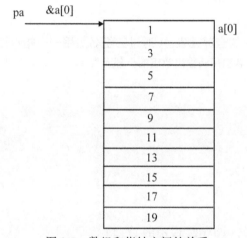

图 9-5　数组和指针之间的关系

　　pa,a,&a[0] 的值均为同一地址，即是数组 a 的首地址，也是数组 0 号元素 a[0] 的地址。

　　pa+1,a+1,&a[1] 的值均为 1 号元素 a[1] 的地址。类推可知 pa+i,a+i,&a[i] 的值均为 i 号元素 a[i] 的地址。pa 是变量，而 a,&a[i] 都是常量，不能出现在赋值号左边。编程时应予以注意。

9.3.2　数组指针变量的使用

　　如果已定义一维数组为：int a[6];将 a 数组首元素（即 a[0]）的地址赋给指针变量 p 则：int *p=a; 这样，就可以用两种方法来访问数组元素了。

　　第一种方法为下标法，即用 a[i] 形式访问数组元素。

　　第二种方法为指针法，即采用 *(a+i) 或 *(p+i) 形式。

　　用两种方法都表示引用数组 a 的第 i+1 个元素（i 元素编号，从 0 开始）。

　　a[i]、*(a+i) 和 *(p+i) 只是表示形式不同，其实质都是利用地址，间接引用数组元素。

无论是采用何种形式引用数组元素，编译系统处理时，先按数组首地址 a 的值计算 a+i 值（即 a[i] 元素的地址），然后根据地址所标识的存储单元，引用该元素。

【例 9-5 】 输出数组中的全部元素。（下标法）

```
/* 例 9-5 源程序，下标法输出数组的全部元素 */
#include<stdio.h>
void main()
{
   int  a[10],i;
   for(i=0;i<10;i++)
      {a[i]=i;}
   for(i=0;i<10;i++)
      {printf("a[%d]=%d\n",i,a[i]);}
}
```

【例 9-6 】 输出数组中的全部元素。（通过数组名引用——指针法）

```
/* 例 9-6 源程序，数组名引用法输出数组的全部元素 */
#include<stdio.h>
void main()
{
   int  a[10],i;
   for(i=0;i<10;i++)
      {*(a+i)=i;}
   for(i=0;i<10;i++)
      {printf("a[%d]=%d\n",i,*(a+i));}
}
```

【例 9-7】 输出数组中的全部元素。（通过指针变量引用——指针法）

```
/* 例 9-7 源程序，指针变量引用法输出数组的全部元素 */
#include<stdio.h>
void main()
{
   int  a[10],i,*p;
   p=a;
   for(i=0;i<10;i++)
      {*(p+i)=i;}                         // 此处 p 能用 a 替代
   for(i=0;i<10;i++)
      {printf("a[%d]=%d\n",i,*(p+i));}     // 此处 p 能用 a 替代
}
```
----- 程序执行 -----

```
a[0]=0
a[1]=1
a[2]=2
a[3]=3
a[4]=4
a[5]=5
a[6]=6
a[7]=7
a[8]=8
a[9]=9
```

几个注意的问题：

（1）例9-6与例9-7比较：指针变量可以实现本身的值的改变。如p++是合法的；而a++是错误的。因为a是数组名，它是数组的首地址，是常量。

【例9-8】输出数组中的全部元素。

```c
/* 例 9-8 源程序, 输出数组的全部元素 */
#include<stdio.h>
void main()
{
    int a[10],i,*p
    p=a;
    for(i=0;i<10;i++)
    {
        *p=i;
        printf("a[%d]=%d\n",i,*p++);        // 此处 p 不能用 a 替代
    }
}
```

（2）要注意指针变量的当前值。请看下面的程序，找出程序中的错误。

【例9-9】 输出数组中的全部元素。

```c
/* 例 9-9 源程序, 输出数组的全部元素 */
#include<stdio.h>
void main()
{
    int *p,i,a[10];
    p=a;
    for(i=0;i<10;i++)
        {*p++=i;}
    for(i=0;i<10;i++)
```

```
{printf("a[%d]=%d\n",i,*p++);}
    }
```

【例9-10】改正上例：输出数组中的全部元素。

```
/* 例9-10 源程序，输出数组的全部元素 */
#include<stdio.h>
void main()
{
    int *p,i,a[10];
    p=a;
    for(i=0;i<10;i++)
        {*p++=i;}
    p=a;
    for(i=0;i<10;i++)
        {printf("a[%d]=%d\n",i,*p++);}
}
```

从例9-10可以看出，虽然定义数组时指定它包含10个元素，但指针变量可以指到数组以后的内存单元，系统并不认为非法。

（3）*p++，由于++和*同优先级，结合方向自右而左，等价于*(p++)。

（4）*(p++)与*(++p)作用不同。若p的初值为a，则*(p++)等价a[0]，*(++p)等价a[1]。

（5）(*p)++表示p所指向的元素值加1。

（6）如果p当前指向a数组中的第i个元素，则

*(p--)相当于a[i--]；

*(++p)相当于a[++i]；

*(--p)相当于a[--i]。

【例9-11】 给一维数组元素输入值，输出各元素的值及元素之和。

```
/* 例9-11 源程序，输出各元素的值及元素之和 */
#include <stdio.h>
void main()
{
    int   a[6],i,s,*p;
    printf("Please input data:\n");
    for(i=0; i<6; i++ )
        {scanf("%d", &a[i]);}            // 给各元素输入值
    printf("Output array:\n");
    for( i=0; i<6; i++)
        {printf("%3d", *(a+i) );}        // 通过数组名计算数组元素地址，输出各元素值
```

```
    for(s=0,p=a;  p<(a+6);  p++)
       {s+=*p;}                          // 使用指针变量指向数组元素，累加各元素值
    printf("\ns=%d",s);                  // 输出各元素和
}
```
----- 程序执行 -----
Please input data:
3 2 1 8 5 45↙
Output array:
 3   2   1   8   5   45

s=64

程序说明：程序通过数组名计算数组元素地址，输出各元素值引用 a[i] 元素时，按数组首地址 a 的值计算 a+i 的地址值（因每个 int 型元素占 4 个字节，内部处理时是按 a+i*4 计算），然后根据地址所标识的存储单元，引用 a[i] 元素。然后用指针 p 指向数组，利用指针 p 引用数组元素。程序中的 *p 是指针所指的数组元素。如图 9-6 所示。

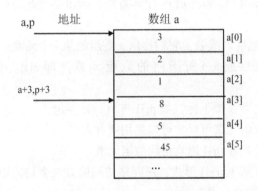

图 9-6　指针与数组之间的关系

思考：请读者仔细体会例 9-11。

1. 如果将题中的 for(s=0,p=a; p<(a+6); p++) {s+=*p;} 改为：
   for(s=0,p=a; a<(p+6); a++) s+=*a;
   程序能否正常执行？为什么？
2. 如果将题中的 for(i=0; i<6; i++) {scanf("%d", &a[i]);} 改为
   for(i=0,p=a; i<6; i++)scanf("%d", p++);
   程序能否正常执行？为什么？

9.3.3　指针变量的运算小结

指针是一种数据类型，对于指针类型的数据，运算是有限制的：只能做指针之间的赋值运算、指针与整数的加减运算、指针相减运算及指针之间作关系运算，除此之外的其他运算

都是非法运算。

只有指针指向数组时，指针与整数的加、减运算，指针相减运算及指针之间作关系运算才有意义。所以在使用指针变量指向数组元素时，应注意指针变量值的变化。

1. 指针的赋值运算

一般是将普通变量的地址、数组的组名或者数组元素地址赋给指针变量，或者同一类型指针变量之间也可以进行赋值运算。

如：下列语句是合法的。

```
float f,*p1=&f,*p2;                // 初始化 p1 为变量 f 的地址
char ch[10],*q1=ch,*q2=&ch[5],q3;  // q1 指向数组首地址,q2 指向第 6 个元素地址
p2=p1;                             // 使 p2 与 p1 指向同一个对象
q3=q2;                             // 使 q3 与 q2 指向同一个对象
```

2. 指针与整数的加、减运算

在 c 语言中，如果指针变量 p 已指向数组中的一个元素，则 p+1 指向同一数组中的下一个元素，而不是将 p 的值（地址）简单地加 1。若指针变量 p 指向的对象类型为 T，则 p+n 所代表的地址实际上是 p+n*sizeof(T)，sizeof(T) 计算类型 T 所占字节数。

如果 p 的初值为 &a[0]，则：

（1）p+i 和 a+i 就是 a[i] 的地址，或者说它们指向 a 数组的第 i 个元素。

（2）*(p+i) 或 *(a+i) 就是 p+i 或 a+i 所指向的数组元素，即 a[i]。例如，*(p+5) 或 *(a+5) 就是 a[5]。

（3）指向数组的指针变量也可以带下标，如 p[i] 与 *(p+i) 等价。

由于上述原因，引用一个数组元素可以才可以采用两种方法：

（1）下标法，即用 a[i] 形式或者 p[i] 形式访问数组元素。

（2）指针法，即采用 *(a+i) 或 *(p+i) 形式，用间接访问的方法来访问数组元素，其中 a 是数组名，p 是指向数组的指针变量，其初值 p=a。

3. 指针相减运算

两个指向同一数组的同类型指针之间可作相减运算。作减法运算时，计算出两个指针间相距几个对象。就像居住的楼房，两家人居住的楼层相减表示两家人的间隔楼层，两家人居住的楼层相加却是没有意义的。

4. 指针之间作关系运算

指针变量与 0 比较或者与 NULL 比较，主要是用来判断指针是否有实际的指向。除此之外，指针间作关系运算，还可以判断指针是否指在同一地址上，或者判断相比较的两个指针在地址中的前后位置关系。

例如：

```
    int a[10],*p=&a[1], *q=&a[5];
    ...
    if(p>q)              // 实际 p 值是小于 q 值,内存的地址是向下编址
    ...
```

9.3.4　指向多维数组指针变量

用指针变量可以指向一维数组中的元素，也可以指向多维数组中的元素。但在概念上和使用上，多维数组的指针比一维数组的指针要复杂一些。本小节以二维数组为例介绍多维数组的指针变量。

1. 多维数组元素的地址

设有整型二维数组 a[3][4] 如下：

```
0   1   2   3
4   5   6   7
8   9   10  11
```

它的定义为：int a[3][4]={{0,1,2,3},{4,5,6,7},{8,9,10,11}};

设数组 a 的首地址为 1000，如图 9-7（a）表示数组 a 的逻辑示意图。图 9-7（b）表示数组 a 各元素在存储区域的位置排列示意图。

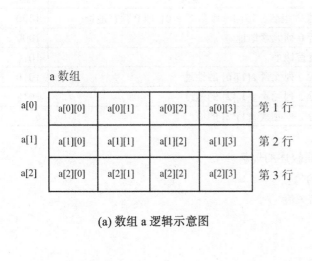

(a) 数组 a 逻辑示意图

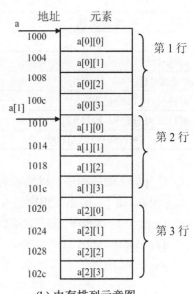

(b) 内存排列示意图

图 9-7　二维数组和内存地址关系图

数组章节介绍过，C 语言允许把一个二维数组分解为多个一维数组来处理。因此，数组 a 可分解为三个一维数组，即 a[0]，a[1]，a[2]。每一个一维数组又含有四个元素，例如，a[0] 数组，含有 a[0][0]，a[0][1]，a[0][2]，a[0][3] 四个元素。

数组及数组元素的地址表示如下：

从二维数组的角度来看，a 是二维数组名，a 代表整个二维数组的首地址，也是二维数组第 0 行的首地址，等于 1000。a+1 代表第一行的首地址，等于 1010。a[0] 是第一个一维数组的数组名和首地址，因此也为 1000。*(a+0) 或 *a 是与 a[0] 等效的，它表示一维数组

a[0] 的 0 号元素首地址，也为 1000。&a[0][0] 是二维数组 a 的 0 行 0 列元素的地址，同样是 1000。因此，a，a[0]，*(a+0)，*a，&a[0][0] 的值是相等的。

同理，a+1 是二维数组第 1 行的首地址，等于 1010。a[1] 是第二个一维数组的数组名和首地址，因此也为 1010。&a[1][0] 是二维数组 a 的 1 行 0 列元素地址，同样也是 1010。因此，a+1,a[1],*(a+1),&a[1][0] 的值是相等的。

由此可得出：a+i，a[i]，*(a+i)，&a[i][0] 的值是相等的。此外，&a[i] 和 a[i] 的值也是相等的。在二维数组 a 中，a[i] 是代表一维数组名，不存在元素 a[i]，不能把 &a[i] 理解为元素 a[i] 的地址，C 语言规定，&a[i] 它是一种地址计算方法，表示数组 a 第 i 行首地址。

另外，a[0] 也可以看成是 a[0]+0，是一维数组 a[0] 的 0 号元素的首地址，而 a[0]+1 则是 a[0] 的 1 号元素首地址，由此可得出 a[i]+j 则是一维数组 a[i] 的 j 号元素首地址，它等于 &a[i][j]。由 a[i] 和 *(a+i) 是等价的可得出 a[i]+j 和 *(a+i)+j 也是等价的，由于 *(a+i)+j 是二维数组 a 的 i 行 j 列元素的首地址，所以，该元素的值等于 *(*(a+i)+j)。与二维数组 a 有关的值如表 9-1 所示。

表 9-1　二维数组 a 有关的值

表示形式	含义	地址
a	二维数组名，指向一维数组 a[0]，即 0 行首地址	1000
a[0],*(a+0),*a	0 行 0 列元素地址	1000
a+1,&a[1]	1 行首地址	1010
a[1],*(a+1),&a[1][0]	1 行 0 列元素 a[1][0] 的地址	1010
a[1]+2,*(a+1)+2,&a[1][2]	1 行 2 列元素 a[1][2] 的地址	1018
(a[1]+2),(*(a+1)+2),a[1][2]	1 行 2 列元素 a[1][2] 的值	6

请分析下面的程序，以加深对上面叙述的理解。

【例 9-12】　输出二维数组有关的值。

```c
/* 例 9-12 源程序，输出二维数组有关值 */
#include<stdio.h>
void main()
{
    int a[3][4]={0,1,2,3,4,5,6,7,8,9,10,11};
    printf("%x,%x\n",a,*a);                    //0 行首地址和 0 行 0 列元素地址
    printf("%x,%x\n",a[0],*(a+0));             //0 行 0 列元素地址
    printf("%x,%x\n",&a[0] ,&a[0][0]);         //0 行首地址和 0 行 0 列元素地址
    printf("%x,%x\n",a[1],a+1);                //1 行 0 列元素地址和 1 行首地址
    printf("%x,%x\n",&a[1][0],*(a+1)+0);       //1 行 0 列元素地址
    printf("%x,%x\n",a[2],*(a+2));             //2 行 0 列元素地址
    printf("%x,%x\n",&a[2],a+2);               //2 行首地址
    printf("%x,%x\n",*(a[1]+1),*(*(a+1)+1));   //1 行 1 列元素的值
```

```
}
```

----- 程序执行 ----

```
12ff50,12ff50
12ff50,12ff50
12ff50,12ff50
12ff60,12ff60
12ff60,12ff60
12ff70,12ff70
12ff70,12ff70
5,5
```

程序说明：不同的计算机系统输出的地址值不同。程序中定义的二维数组 int a[3][4]；它包含 3 行，而每行含有 4 个元素，将每行看成是一个一维数组，则 a[0]，a[1]，a[2] 分别为这三个数组的数组名。

2. 指向多维数组的指针变量

在了解上面的概念后，可以用指针变量指向多维数组的元素。

（1）指向二维数组元素的指针变量

二维数组中每个元素的地址即为元素指针（或列指针）。a[i][j] 元素指针可用 &a[i][j] 或 a[i]+j 表示。

【例 9-13】 利用指针变量输入和输出二维数组元素的值。

```
/* 例 9-13 源程序，利用指针变量输入和输出二维数组元素的值 */
#include <stdio.h>
void main()
{
    int a[3][4],*p;
    printf("Please input data:\n");
    for(p=a[0];p<a[0]+12;p++)
       {scanf("%d",p);}                     // 给 a[i][j] 元素输入数据
    printf("\n");
    for(p=a[0];p<a[0]+12;p++)              // 输出所有元素
       {
          if((p-a[0])%4==0) printf("\n");  // 按每行四列输出
          printf("%4d",*p);
       }
}
```

----- 程序执行 -----

```
Please input data:
1   3   5   7 ↙
```

```
9   11   13   15↙
17   19   21   23↙


1    3    5    7
9    11   13   15
17   19   21   23
```

程序说明：程序中元素的地址和元素均采用指针表示，p 是一个指向整型变量的指针变量，利用 p 指向整型的数组元素。p 值每次加 1，使 p 指向下一元素。

（2）指向由 m 个元素组成的一维数组的指针变量

把二维数组 a 分解为一维数组 a[0],a[1],a[2] 之后，设 p 为指向二维数组的指针变量。可定义为：

　int (*p)[4];

它表示 p 是一个指针变量，指向包含 4 个元素的一维数组（整个一行），p 也称行指针变量。若指向第一个一维数组 a[0]，其值等于 a,a[0]，或 &a[0][0] 等。而 p+i 则指向一维数组 a[i]。从前面的分析可得出 *(p+i)+j 是二维数组 i 行 j 列的元素的地址，而 *(*(p+i)+j) 则是 i 行 j 列元素的值。

二维数组指针变量声明的一般形式为：

类型说明符 (* 指针变量名)[长度]

其中 "类型说明符" 为所指数组的数据类型，"*" 表示其后的变量是指针类型，"长度" 表示二维数组分解为多个一维数组时，一维数组的长度，也就是二维数组的列数。应注意 "(* 指针变量名)" 两边的括号不可少，如缺少括号则表示是指针数组 (本章后面介绍)，意义就完全不同了。

【例 9-14】 利用指针变量输出二维数组元素的值。

```
/* 例 9-14 源程序，利用指针变量输出二维数组元素的值 */
#include <stdio.h>
void main()
{
   int a[3][4]={0,1,2,3,4,5,6,7,8,9,10,11};
   int (*p)[4];              // 定义 p 是一个指向具有 4 个元素的的一维数组的指针
   int i,j;
   p=a;
   for(i=0;i<3;i++)
   {
      for(j=0;j<4;j++)
      printf("%2d  ",*(*(p+i)+j));
      printf("\n");
   }
```

```
}
```
----- 程序执行 -----

```
0   1   2   3
4   5   6   7
8   9  10  11
```

程序说明：程序中 p 是一个指针变量，它指向包含 4 个元素的一维数组，即 p 是指向一维数组的指针，请务必注意指针变量的类型，在这里，p 只能指向一个包含 4 个元素的一维数组，当 p 指向二维数组的第 0 行时，p 可以与数组名使用法相同。如可以用 p[i][j] 引用数组元素 a[i][j]。

9.3.5　指针数组

若一个数组的元素均为指针类型数据，则该数组称为指针数组。也就是说，指针数组是一组有序的指针的集合。指针数组的所有元素都必须是具有相同存储类型和指向相同数据类型的指针变量。

一维指针数组说明的一般形式为：

类型名　＊数组名 [数组长度]

其中类型名指定数组元素所指向变量的类型。

例如：

```
int a[5];
int *pa[5];
```

分别定义了整型数组 a 和整型指针数组 pa。整型数组 a 有 5 个元素，可以存放 5 个整型数据；整型指针数组 pa 也有 5 个元素，每个元素值都是一个指针，指向整型变量。

【例 9-15】　阅读下列程序，并写出程序的运行结果。

```c
/* 例 9-15 源程序，指针数组使用 */
#include<stdio.h>
void main()
{
    int i;
    int  a[5]={2,4,6,8,10},*pa[5];        // 定义数组 a 和指针数组 pa
    for(i=0;i<5;i++)
       {pa[i]=a+i;}                        // 使 pa[i] 指向 a[i]
    printf("Output a-array:\n");
    for(i=0;i<5;i++)                        // 输出数组 a 各元素值
       {printf("%3d",a[i]);}
    printf("\nOutput object of pa-array:\n");
    for(i=0;i<5;i++)                        // 输出数组 pa 各元素所指向对象值
```

```
        {printf("%3d",*pa[i]);}
    printf("\nOutput  pa-array:\n  ");
    for(i=0;i<5;i++)                              // 输出数组 pa 各元素值
        {printf("%x  ",pa[i]);}
}
```

----- 程序执行 -----

```
Output  a-array:
  2  4  6  8  10
Output object of pa-array:
  2  4  6  8  10
Output  pa-array:
  12ff68 12ff6c 12ff70 12ff74 12ff78
```

程序说明：a 为整型数组，存储 5 个整数；pa 为指针数组，存储 5 个地址。程序执行时，将数组 a 各元素的地址（不同的计算机系统地址值不同）分别存放在 pa[0]~pa[4]。即 pa 各元素分别指向数组 a 的各元素。

通常可用一个指针数组来指向一个二维数组。指针数组中的每个元素被赋予二维数组每一行的首地址，因此也可理解为指向一个一维数组。例如：

【例 9-16】阅读下列程序，分析并写出程序的运行结果。

```
/* 例 9-16 源程序，指针数组使用 */
#include<stdio.h>
void main()
{
    int a[3][3]={1,2,3,4,5,6,7,8,9};
    int *pa[3]={a[0],a[1],a[2]};
    int *p=a[0];
    int i;
    for(i=0;i<3;i++)
        {printf("%d,%d,%d\n",a[i][2-i],*a[i],*(*(a+i)+i));}
    for(i=0;i<3;i++)
        {printf("%d,%d,%d\n",*pa[i],p[i],*(p+i));}
}
```

----- 程序执行 -----

```
3,1,1
5,4,5
7,7,9
1,1,1
4,2,2
7,3,3
```

程序说明：pa 是一个指针数组，三个元素分别指向二维数组 a 的各行。然后用循环语句输出指定的数组元素。其中 *a[i] 表示 i 行 0 列元素值；*(*(a+i)+i) 表示 i 行 i 列的元素值；*pa[i] 表示 i 行 0 列元素值；由于 p 与 a[0] 相同，故 p[i] 表示 0 行 i 列的值；*(p+i) 表示 0 行 i 列的值。

特别注意：一定要仔细理解数组元素值的各种不同的表示方法。应该注意指针数组和二维数组指针变量的区别。这两者虽然都可用来表示二维数组，但是其表示方法和意义是不同的。

二维数组指针变量是单个的变量，其一般形式中"(* 指针变量名)"两边的括号不可少。而指针数组类型表示的是多个指针一起 (一组有序指针) 形成的数组，在一般形式中"* 指针数组名"两边不能有括号。

例如：

```
int (*p)[5];                    // 二维数组中行指针变量的定义方式
```

p 是一个指向二维数组的指针变量。二维数组的列数为 5 或分解为一维数组的长度为 5。

```
int *p[5];
```

p 是一个指针数组，有 5 个元素，每个元素值都是一个指针，指向整型变量。

9.4　指针和字符串

9.4.1　指向字符串的指针变量

字符串是由若干字符组成的字符序列，每一个字符串常量都分别占用内存中一串连续的存储空间，每个字符占一个字节，并在末尾添加 '\0' 作为结束标记，只要知道字符串在内存的起始地址 (即第一个字符的地址)，就可以对字符串进行处理。在 C 语言中，可以用两种方法访问一个字符串，下面分别介绍。

1. 用字符数组存放一个字符串

【例 9-17】定义一个字符数组，对它初始化，然后输出该字符串。

```
/* 例 9-17 源程序, 字符串输出 */
#include<stdio.h>
void main()
{
    char str[]=" C Language ";    // 对数组进行初始化
    int  i;
    for(i=0;str[i]!='\0';i++)
       {printf("%c",str[i]);}          // 将字符串分别逐个输出
    printf("\n");
```

```
    printf("%s\n",str);                    // 将字符串整体输出
}
```
----- 程序执行 -----

C Language

C Language

和前面介绍的数组属性一样，str 是数组名，它代表字符数组的首地址。

2. 用字符指针指向一个字符串

可以不定义字符数组，而定义一个字符指针变量。用字符指针指向字符串中的字符。

【例 9-18】 定义字符指针。

```
/* 例 9-18 源程序，字符指针使用 */
#include<stdio.h>
void main()
{
    char *ps="C Language";                  // 把字符串的首地址赋给指针变量 ps
    printf("%s\n", ps);
}
```
----- 程序执行 -----

C Language

程序说明：在程序中，首先定义 ps 是一个字符指针变量，然后把字符串的首地址赋予 ps(应写出整个字符串。程序中的：

```
char *ps="C Language";
```
等效于：

```
char *ps;
ps="C Language";
```

字符串指针变量的定义声明与指向字符变量的指针变量声明是相同的，只能按对指针变量赋值的不同来区别，对指向字符变量的指针变量应赋予该字符变量的地址。如：

```
char c,*p=&c;           // 表示 p 是一个指向字符变量 c 的指针变量
char *s="C Language";   // 表示 s 是一个指向字符串的指针变量，字符串首地址赋予 s
```

编程提醒：当定义 char *s 后就直接用语句 "scanf("%s",s);" 或 "gets(s);" 是错误的，因为指针 s 还没有指向一个确定的地址，正确的用法应写成以下的程序段：

```
char *s, str[80];
s=str;
gets(s);                    // 此时 s 已指向了一个确定的地址
```

用字符数组和字符指针变量都可实现字符串的存储和运算，但是两者是有区别的。

字符串指针变量本身是一个变量，用于存放字符串的首地址。字符数组名是一个常量，只能在初始化时赋值。

对字符串指针方式

```
char *ps="C Language";
```

可以写为：

```
char *ps;
ps="C Language";
```

而对数组方式：

```
static char st[]="C Language";
```

不能写为：

```
char st[20];
st="C Language";
```

而只能对字符数组的各元素逐个赋值。

下面通过几个例子介绍如何利用指针变量来对字符串进行操作。

【例9-19】 输出字符串中 n 个字符后的所有字符。

```
/* 例9-19源程序，输出字符串中 n 个字符后的所有字符 */
#include<stdio.h>
void main()
{
    char *ps="this is a book";
    int n=10;
    ps=ps+n;
    printf("%s\n",ps);
}
```

`----- 程序执行 -----`

```
book
```

程序说明：在程序中对 ps 初始化时，即把字符串首地址赋予 ps，当 ps= ps+10 之后，ps 指向字符 'b'，因此输出为 "book"。

【例9-20】 在输入的字符串中统计字符 's' 的个数。

程序设计分析：对输入字符串中的字符逐个判断，按题目的条件对字符统计，直到遇字符串结束符才停止处理。

```
/* 例9-20源程序，统计字符串中 's' 字符的个数 */
#include<stdio.h>
void main()
{
    char s[81],*p;
    int i,count=0;
    p=s;                        // 使 p 指向数组 s
    gets(p);                    // 输入字符串存放在数组 s 中
```

```
    for(i=0;*(p+i)!='\0';i++)
      {
        if(*(p+i)=='s')
        count++;
      }                                    // 统计字符 s 的个数
    printf("'s' :%d \n",count);            // 输出字符 s 的个数
}
```
----- 程序执行 -----

```
This is a book↙
's' :2
```

程序说明：语句"p=s;"使 p 指针指向 s 数组，执行"gets（p）;"语句时，输入的字符串存放在数组 s 中。

【例 9-21】 累加输入的 a 字符串中各个字符的 ASCII 码值，然后将累加结果输出。

```
/* 例 9-21 源程序，累加字符串中各个字符的 ASCII 码值 */
#include <stdio.h>
void main()
{  char a[81],*p;
   int i,s=0;
   p=a;                          // 使 p 指向数组 a
   gets(p);                      // 输入字符串存放在数组 a 中
   for(i=0;*(p+i)!='\0';i++)
      {s=s+*(p+i);}              // 累加 a 字符串中各个字符的 ASCII 码值
   printf("sum=%d",s);
}
```
----- 程序执行 -----

```
123456↙
sum=309
```

9.4.2 存储字符串的指针数组

指针数组也常用来表示一组字符串，这时指针数组的每个元素被赋予一个字符串的首地址。指向字符串的指针数组的初始化更为简单，因为指针数组是一个数组，它的初始化或赋值与数组的性质基本一致。例如表示一个星期的字符串我们采用指针数组来表示可以初始化赋值为：

```
char  *weekday[]={"","Monday","Tuesday","Wednesday","Thursday","Friday",
"Saturday", "Sunday"};
```

这里数组首元素指向一个空字符串，其余元素依次指向一个英文星期的名称对应于数组

下标 1-7 完成这个初始化赋值之后，weekday[1] 即指向字符串 "Monday"，weekday[2] 指向 "Tuesday"......weekday[7] 指向字符串 "Sunday"，当要输出这些字符串时，可用下列语句：

```
for(i=1;i<8;i++)
printf("%s",weekday[i]);
```

【例 9-22】 输入 1-7 数字，输出对应的英文名称。例如，输入 7，输出 Sunday。

程序设计分析：定义一个有 8 个元素的字符型指针数组 weekday，数组首元素指向一个空字符串，其余元素依次指向一个英文星期的名称。即 weekday[1] 指向 "Monday"，weekday[2] 指向 "Tuesday"，……，weekday[7] 指向 "Sunday"。

```
/* 例 9-22 源程序，输入星期，输出对应英文名称 */
#include<stdio.h>
void main()
{
    char  * weekday []= {" ","Monday","Tuesday","Wednesday",
                     "Thursday", "Friday","Saturday","Sunday"};
    int d;
    printf("Input week day  :\n");
    scanf("%d",&d);                  // 输入一个整数表示星期几
    if(d>=1&&d<=7)
       printf("%s\n", weekday[d]);        // 输出星期几对应的英文名称单词
    else
       printf("Illegal day");
}
----- 程序执行 1-----
Input week day :
3↙
Wednesday
----- 程序执行 2-----
Input week day :
29↙
Illegal day
```

9.5 指针和函数

9.5.1 指向函数的指针变量

在 C 语言中，一个函数总是占用一段连续的内存区，而函数名表示该函数所占内存区

的首地址。可以把函数的这个首地址(或称入口地址)赋给一个指针变量,使指针变量指向该函数。这样就可以通过指针变量找到并调用这个函数。指向函数的指针变量称为函数指针变量。

1. 函数指针变量定义与赋值

(1)函数指针变量的定义

函数指针变量定义的一般形式为:

数据类型 (* 指针变量名)(函数参数表列);

其中"数据类型"是指函数返回值的类型。"(* 指针变量名)"表示"*"后面的变量是定义的指针变量。函数参数表列表示函数指针所指向的函数所具有的参数及类型。

例如:

```
int (*pf)();
```

表示 pf 是一个指向函数入口的指针变量,该函数的返回值(函数值)是整型。

```
char (*f1)(char*, char);
int (*f2)(int,float);
```

上述语句定义两个函数指针变量 f1 和 f2。其中 f1 指向形参类型依次为 char*、char,返回值类型为 char 的函数;f2 指向形参类型依次为 int、float,返回值类型为 int 的函数。

注意:f1 和 f2 虽然都是函数指针变量,但它们是不同类型的指针,因为它们各自所指向的函数的返回值类型、形参个数及各形参的类型不尽相同。

(2)函数指针变量的赋值

对函数指针变量赋值,只能将函数的首地址赋值给指向同类型函数的指针。

```
例如:设有 double  log(double);
        double (*p)(double);
        p=log;                        // 使 p 指向函数 log()
```

程序中可以用指针变量 p 调用函数 log()。p(5) 或 (*p)(5) 与 log(5) 作用一样。

2. 用函数指针变量调用函数

用已定义的函数指针变量调用函数的一般形式为:

(* 指针变量名)(实参表)

【例 9-23】 指向函数的指针简单应用举例。

```
/* 例 9-23源程序,指向函数的指针 */
#include <stdio.h>
int sub(int x,int y)
{
   return x-y;
}
int add(int x,int y)
{
   return x+y;
```

```
    }
    void main()
    {
        int (*p)(int,int);            // 定义 p 为函数指针变量
        int a,b,c;
        p=sub;
        printf("Please input a and b: ");
        scanf("%d,%d",&a,&b);
        c=p(a,b);                     // 调用函数 sub(a,b)，也可写成 (*p)(a,b)
        printf("a=%d,b=%d,sub=%d\n",a,b,c);
        p=add;
        c=p(a,b);                     // 调用函数 add(a,b)，也可写成 (*p)(a,b)
        printf("a=%d,b=%d,add=%d\n",a,b,c);
    }
```

----- 程序执行 -----

Please input a and b:2,8↙

a=2,b=8,sub=-6

a=2,b=8,add=10

程序说明：利用函数指针变量 p 的不同指向，可以调用不同的函数。如图 9-8（a）所示，赋值语句"p=sub;"使 p 指向函数 sub（）的入口地址，因此第一次执行 p(a,b)，即为调用函数 sub（）。如图 9-8（b）所示，当执行"p=add;"赋值语句时，使 p 修改为指向 add 函数的入口地址，第二次执行 p(a,b)，即为调用函数 add（）。

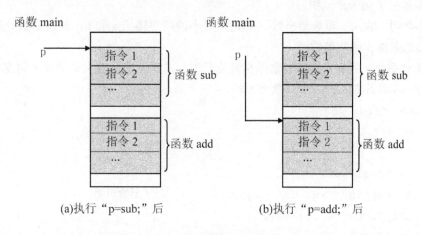

(a)执行"p=sub;"后　　　　(b)执行"p=add;"后

图 9-8　指向函数指针 p 的变化

注意：

（1）int (*p)(int,int); 定义 p 为函数指针变量，p 所指向的函数返回值为 int 型，形参依次为 int、int 类型的函数。

（2）int(*p)(int,int) 和 int *p(int,int) 是两个完全不同的量。int (*p)(int,int) 是一个变量声明，说明 p 是一个指向函数的指针变量，该函数的返回值是整型。int *p(int,int) 则不是变量声明而是函数说明，说明 p 是一个指针型函数，其返回值是一个指向整型变量的指针（后续章节陈述）。

（3）函数指针变量不能进行算术运算，如：指向函数的指针变量 p，p±n，p++，p-- 都是非法操作。这是与数组指针变量不同的，数组指针变量加减一个整数可使指针移动指向后面或前面的数组元素，而函数指针的移动是毫无意义的。

（4）给函数指针变量赋值时只赋函数名，不能带参数，如：p=max; 该语句的作用是将函数 max 的入口地址赋给指针变量 p。

（5）函数调用中"(* 指针变量名)"的两边的括号不可少，其中的 * 不能理解为求值运算，在此处它只是一种表示符号。

除了指向函数的指针变量外，指针与函数有关的操作还包括：函数参数为指针类型和函数的返回值为指针类型，下面我们来讨论这两部分内容。

9.5.2　函数参数为指针类型

函数的参数不仅可以是整型、实型、字符型等数据，还可以是指针类型。指针类型数据作为函数参数的作用是将一个指针所指向的地址值传送到一个函数中，前面所学的指向普通变量、指向数组、指向字符串、指向函数等指针都可以作为函数的参数。

1. 指针变量作为函数参数

普通变量作为函数的参数传递的是变量的值，如果指向变量的指针作为参数那么传递的就不是指向变量的值，而是变量的地址了。

下面通过一个例子来说明。

【例 9-24】 输入 a 和 b 两个数，按先大后小的顺序输出 a 和 b。现用函数处理，而且用指针类型的数据作函数参数。

程序设计分析：只有当形参变量是指针变量时，才有可能修改主调函数中的变量值。

```
/* 例 9-24 源程序，按先大后小输出 a 和 b*/
#include <stdio.h>
void main()
{
   int a,b,*p1,*p2;
   void swap(int  *x, int  *y);          // 函数声明
   printf("Input a ,b:\n");
   scanf("%d%d",&a,&b);
   p1=&a;p2=&b;
   if(a<b)
      swap(p1, p2);                      // 函数调用时把 a、b 的地址传给形参
```

```
    printf("After call swap:\n");
    printf("a=%d  b=%d\n",a,b);
}
void swap(int *x, int *y)          // 定义 swap 函数
{
    int t;
    t=*x;                          // 交换形参变量 x、y 的对象，即 *x 和 *y 交换
    *x=*y;
    *y=t;
}
----- 程序执行 -----
Input a ,b:
2  6 ↙
After call swap:
a=6  b=2
```

程序说明：swap 函数完成交换 x、y 两指针的对象值 *x 和 *y。即通过实参，把变量 a、b 的地址传给形参变量 x、y，在函数中，利用形参 x，y 间接引用主函数中的变量 a、b，使 a、b 的值交换。具体步骤如图 9-9 所示。

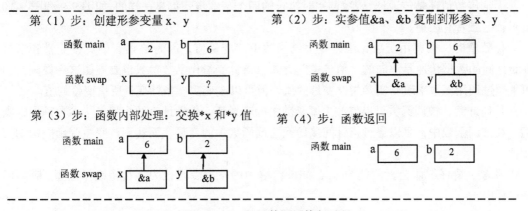

图 9-9 swap 函数调用执行过程

若把上例中的函数 swap 改为如下形式，就有问题了。

```
void swap (int *x,int  *y)
{
    int  *t;
    t=x;
    x=y;
    y=t;
}
```

----- 程序执行 -----

Input a ,b:

2 6 ↙

After call swap:

a=2   b=6

程序说明：函数 swap 完成的是交换形参变量 x、y 的指向，没有改变主函数中的变量 a、b 值。具体步骤如图 9-10 所示。

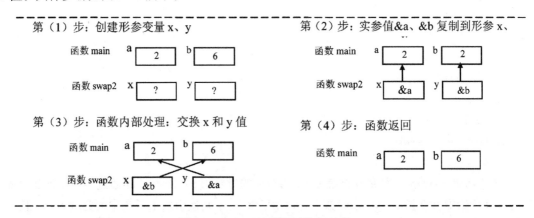

第（1）步：创建形参变量 x、y

第（2）步：实参值&a、&b 复制到形参 x、

第（3）步：函数内部处理：交换 x 和 y 值

第（4）步：函数返回

图 9-10   swap 函数调用执行过程

无论传数值还是传地址，函数调用时执行的四个基本步骤都是一样的，如图 9-9 和图 9-10 所示，但二者有区别。

传数值时，被调用函数无法改变主调函数中的变量值，因为 C 语言中实参变量和形参变量之间的数据传递是单向的"值传递"方式，指针变量作函数参数也要遵循这一规则，不可能通过调用函数来改变实参指针变量的值，但可以改变实参指针变量所指变量的值。

传地址时，被调函数可以修改主调函数中的变量值，传地址有两个特点：参数是指针类型；在被调函数中，可以通过指针间接访问主调函数中的变量，而达到改变主调函数中的变量值。

思考：请仔细体会上例的 swap，如果将题中的整型变量改为字符型或浮点型，应如何修改程序？

函数的调用可以（而且只可以）得到一个返回值（即函数值），而运用指针变量作参数，可以得到多个变化了的值。

【例 9-25】 输入三个整数，按由小到大的顺序输出这三个数。

```c
/* 例 9-25 源程序，由小到大输出三个数 */
#include <stdio.h>
void swap(int *pa,int *pb)                // 交换两个数的位置
{
    int temp;
    temp = *pa;
```

```
   *pa = *pb;
   *pb = temp;
}
void main()
{
   int a,b,c,temp;
   printf("Input a,b,c:\n");
   scanf("%d%d%d",&a,&b,&c);
   if(a>b)
      swap(&a,&b);
   if(b>c)
      swap(&b,&c);
   if(a>b)
      swap(&a,&b);
   printf("After sort:\n");
   printf("%d,%d,%d",a,b,c);
}
```
----- 程序执行 -----
```
Input a,b,c:
8 3 11↙
After sort:
3,8,11
```

2. 一维数组指针变量作为函数参数

数组名表示数组的首地址，实参向形参传送数组名实际上就是传送数组的地址，形参得到该地址后也指向同一数组。同样，指针变量的值也是地址，数组指针变量的值即为数组的首地址，当然也可作为函数的参数使用。

在函数定义中，被声明为数组的形参实际上是一个指针。当传递数组时，按值调用传递它的基地址，数组元素本身不被复制。作为一种表示习惯，编译器允许在作为参数声明的指针中使用数组方括号。

【例9-26】 用选择法对10个整数按从大到小排序。

程序设计分析：根据函数所完成的功能，主调函数必须将数组的地址及数据个数作为参数传给函数，函数的形参设置成指针变量，存储函数调用时传地址。

```
/* 例9-26源程序，选择法对10个整数排序 */
#include <stdio.h>
void main()
{
   void sort(int x[],int n);
```

```
    int *p,i,a[10];
    p=a;
    printf("Enter 10 integers:\n");
    for(i=0;i<10;i++)
       {scanf("%d",p++);}                    // 输入10个数
    p=a;                    //p已经改变，所以必须对p进行再赋值，使p重新指向a[0]
    sort(p,10);                              // 函数调用
    for(p=a,i=0; i<10; i++)
    {
       printf("%d ",*p);
       p++;
    }                                        // 输出已排好序10个数
    printf("\n");
}
void sort(int x[],int n)                     // 排序函数
{
    int i,j,k,t;
    for(i=0;i<n-1;i++)
    {
       k=i;
       for(j=i+1;j<n;j++)
          {if(x[j]>x[k])   k=j;}
       If(k!=i)
          { t=x[i]; x[i]=x[k];x[k]=t;}   // 将a[i＋1]至a[n-1]中最大者与a[i]对换
    }
}
```

----- 程序执行 -----

```
Enter 10 integers:
3 7 9 11 0 6 7 5 4 2↙
11 9 7 7 6 5 4 3 2 0
```

程序说明: 为了便于理解，函数 sort 中用数组名作为形参，用下标法引用形参数组元素，这样的程序很容易看懂。当然也可以改用指针变量，这时 sort 函数的首部可以改为

```
sort(int *x,int n)
```

其他不改，程序运行结果不变。函数中 x[j]、x[k] 相应地就是 x+j 和 x+k 所指的数组元素。上面的函数 sort 等价于：

```
void sort(int *x,int n)
{
```

```
    int i,j,k,t;
    for(i=0; i<n-1; i++)
      {
         k=i;
         for(j=i+1; j<n; j++)
            {if(*(x+j)<*(x+k))  k=j;}
         if(k!=i)
            { t=*(x+i); *(x+i)=*(x+k);*(x+k)=t; }
      }
}
```

这时，main 函数调用 sort(p,10)，将数组第一个元素的地址传给形参变量 x，使指针变量 x 指向数组 a 的第一个元素，"x+j" 即为数组 a[j] 元素的地址，"*(x+j)" 间接引用主函数中的 a[j] 元素。因此，函数 sort 实际上完成了对 main 函数中数组 a 的 10 个元素的排序工作。

从上例中看到，如果不用数组名而是用数组元素指针作为函数参数，可灵活地对数组 a 中部分元素进行排序。例如，要对数组 a[2]~a[6] 的 5 个元素进行排序，只需将上面程序中的函数调用语句改为 "sort(a+2,5);"。

【例 9-27】用指针方式编写例 8-12，将数组 a 中的 n 个整数逆序存放。

```
/* 例 9-27 源程序，用指针的方法编写例 8-12*/
#include <stdio.h>
void inv(int *p,int n)                      // 形参 p 为指针变量
{
   int temp,*p1,*p2;
   p1=p;
   p2=p+n-1;
   for(;p1<p2;p1++,p2--)
   {
      temp=*p1;
      *p1=*p2;
      *p2=temp;
   }
}
void main()
{
   int i,a[10]={3,7,9,11,0,6,7,5,4,2},*p=a;
   printf("The original array:\n");
   for(i=0;i<10;i++,p++)
      {printf("%d,",*p);}
```

```
    printf("\n");
    p=a;
    inv(p,10);
    printf("The array has been inverted:\n");
    for(i=0;i<10;i++,p++)
        {printf("%d,",*p);}
    printf("\n");
 }
```

----- 程序执行 -----

```
The array original array:
3,7,9,11,0,6,7,5,4,2,
The array has been inverted:
2,4,5,7,6,0,11,9,7,3,
```

3. 指向二维数组的指针作函数参数

指向二维数组指针作为函数形参，意在用指针变量作形参以接受实参数组名传递来的地址时。有两种方法实现：（1）用指向元素的指针变量作为参数；（2）用指向特殊一维数组的指针变量作为参数。

【例 9-28】 用指针的方法编写例 8-21，将 5×5 矩阵中的左下三角元素都设置成 0，其余元素值不变。

方法一：用指向元素的指针作为函数的参数程序设计如下：

```
/*例9-28源程序，设置5×5矩阵左下三角元素为0*/
#include<stdio.h>
void change(int *pointer,int n,int m)
{
    int i,j;
    for(i=0;i<n;i++)
        for(j=0;j<m;j++)
            {
                if(i>j)
                *(pointer+m*i+j)=0;
            }                                     // 将左下三角元素都设置成 0
}
void main()
{
    int a[5][5], i,j,*p ;
    printf("Matrix:\n");
    for(i=0;i<5;i++)
```

```
{
    for(j=0;j<5;j++)
    {
        a[i][j]=1+i+j;                    // 建立矩阵元素值
        printf("%3d",a[i][j]);
    }                                      // 输出矩阵元素
    printf("\n");
}
p=&a[0][0];
change(p,5,5);
printf("\nNew Matrix:\n");
for(i=0; i<5; i++)
{
    for(j=0; j<5; j++)
    printf("%3d",a[i][j]);
    printf("\n");
}
}
```

------ 程序执行 ------

```
Matrix:
   1   2   3   4   5
   2   3   4   5   6
   3   4   5   6   7
   4   5   6   7   8
   5   6   7   8   9
New Matrix:
   1   2   3   4   5
   0   3   4   5   6
   0   0   5   6   7
   0   0   0   7   8
   0   0   0   0   9
```

程序说明：形参 pointer 是指向 int 型元素的指针变量，在调用函数 change（p,5,5）时，实参 p 是指向数组元素 a[0][0] 的指针，将元素指针传给形参变量 pointer，使指针 pointer 指向 a[0][0]，所以函数中对"*(pointer+m*i+j)"的处理，就是对主函数中的 a[i][j] 元素的处理，而形参 n，m 是指定函数对数组处理时的行数与列数。

方法二：用行指针作为函数的参数（如图 9-11 所示）程序设计如下：

```c
/* 将 5×5 矩阵中的左下三角元素都设置成 0 */
#include<stdio.h>
void change(int (*x)[5],int n,int m)
{
    int i,j;
    for(i=0;i<n;i++)
        for(j=0;j<m; j++)
        {
            if (i>j)
            *(*(x+i)+j)=0;                  // 将左下三角元素都设置成 0
        }
}
void main()
{
    int a[5][5], i,j ;
    printf("Matrix:\n");
    for(i=0;i<5;i++)
    {
        for(j=0;j<5;j++)
        {
            a[i][j]=1+i+j;                   // 建立矩阵元素值
            printf("%3d",a[i][j]);          // 输出矩阵元素
        }
        printf("\n");
    }
    change(a,5,5);
    printf("\nNew Matrix:\n");
    for(i=0;i<5;i++)
    {
        for(j=0;j<5;j++)
        printf("%3d",a[i][j]);
        printf("\n");
    }
}
```

----- 程序执行 -----

Matrix:

```
1   2   3   4   5
2   3   4   5   6
3   4   5   6   7
4   5   6   7   8
5   6   7   8   9
```

New Matrix:

```
1   2   3   4   5
0   3   4   5   6
0   0   5   6   7
0   0   0   7   8
0   0   0   0   9
```

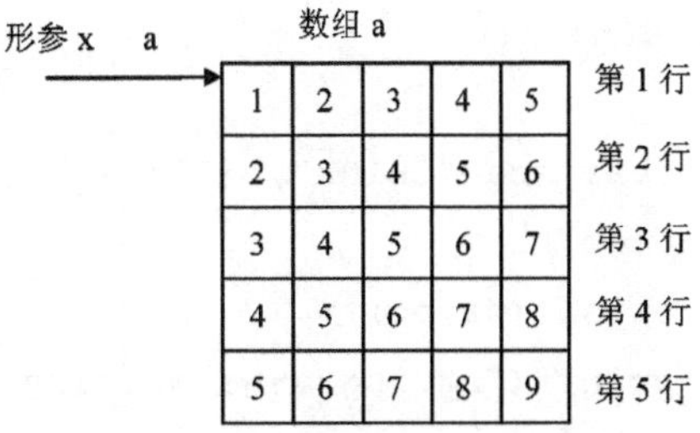

图 9-11　数组名 a 作为实参

程序说明：

（1）形参 x 是指向 5 个 int 型元素的行指针变量，在调用函数 change（a,5,5）时，实参 a 是指向数组第一行的指针，将行指针传给形参变量 x，使指针 x 指向 a 数组的第一行，如图 9-11 所示，所以函数中对"*(*(x+i)+j)"的处理，就是对主函数中的 a[i][j] 元素的处理。

（2）形参 n，m 是指定函数对数组处理时的行数与列数。

（3）void change(int (*x)[5], int n, int m) 中 int (*x)[5] 也可写成 int x[ ][5]，即 void change(int x[ ][5], int n, int m)，两种不同的写法，但两个 x 的类型是完全一样，都是行指针变量。因此函数调用时，即可用数组名也可用某个行指针作为实参。

用数组行指针作参数比数组名作参数具有更大的灵活性，可以指定函数中对二维数组从任一行开始的若干连续的行进行操作，指针使用熟练的话可以使程序质量提高，且编写程序方便灵活。

4. 字符指针作函数参数

字符指针作为函数参数，在于传递字符串的首地址，不管是形参，还是实参，都是为了将一个字符串传递给函数进行处理。

【例 9-29】本例是把字符串指针作为函数参数使用。要求把一个字符串的内容复制到另一个字符串中，并且不能使用 strcpy 函数。

```c
/* 例 9-29 源程序，字符串内容复制 */
#include<stdio.h>
void cpystr(char *from,char *to)
{
    while((*to=*from)!='\0')
    {
        to++;
        from++;
    }
```

```
}
void main()
{
    char *pa="CHINA",b[10],*pb;
    pb=b;
    cpystr(pa,pb);
    printf("string a=%s\nstring b=%s\n",pa,pb);
}
```
----- 程序执行 -----
```
string a=CHINA
string b=CHINA
```
程序说明：

（1）函数 cpystr 的形参为两个字符指针变量，from 指向源字符串，to 指向目标字符串。

（2）注意表达式：(*to=*from)!='\0' 的写法。

（3）程序完成了两项工作：一是把 from 指向的源字符串复制到 to 所指向的目标字符串中，二是判断所复制的字符是否为 '\0'，若是，则表明源字符串结束，不再循环，否则，to 和 from 都加 1，指向下一字符。

（4）在主函数中，以指针变量 pa,pb 为实参，分别取得确定值后调用 cpystr 函数。由于采用的指针变量 pa 和 from,pb 和 to 均指向同一字符串，因此在主函数和 cpystr 函数中均可使用这些字符串。也可以把 cpystr 函数简化为以下形式：

```
 cpystr(char *from,char *to)
{while((*to++=*from++)!='\0');}
```
即把指针的移动和赋值合并在一个语句中。

（5）进一步分析还可发现 '\0' 的 ASCII 码为 0，对于 while 语句只看表达式的值为非 0 就循环，为 0 则结束循环，因此也可省去 "!='\0'" 这一判断部分，而写为以下形式：

```
 cpystr(char *from,char *to)
{while (*to++=*from++);}
```
表达式的意义可解释为，源字符向目标字符赋值，移动指针，若所赋值为非 0 则循环，否则结束循环。这样使程序更加简洁。

5. 指针数组也可以用作函数参数

定义指针数组让数组中各指针指向多个字符串，处理字符串特别方便，用下面实例说明。

【例 9-30】 指针数组作指针型函数的参数。

```
/* 例 9-30 源程序，指针数组作指针型函数参数 */
#include <stdio.h>
void main()
{
    static char *name[]={ "Illegal day", "Monday", "Tuesday", "Wednesday",
                          "Thursday", "Friday", "Saturday", "Sunday"};
```

```
    char *ps;
    int i;
    char *day_name(char *name[],int n);
    printf("input Day No:\n");
    scanf("%d",&i);
    if(i<0) exit(1);
    ps=day_name(name,i);
    printf("Day No:%2d-->%s\n",i,ps);
}
char *day_name(char *name[],int n)
{
    char *pp1,*pp2;
    pp1=*name;
    pp2=*(name+n);
    return((n<1||n>7)? pp1:pp2);
}
```

----- 程序执行 -----

```
input Day No:
3
Day No: 3-->Wednesday
```

程序说明：

（1）主函数中，定义了一个指针数组 name，并对 name 作了初始化赋值，其每个元素都指向一个字符串。

（2）以 name 作为实参调用指针型函数 day_name，在调用时把数组名 name 赋予形参变量 name，输入的整数 i 作为第二个实参赋予形参 n。

（3）在 day_name 函数中定义了两个指针变量 pp1 和 pp2，pp1 被赋予 name[0] 的值（即 *name），pp2 被赋予 name[n] 的值即 *(name+ n)。

（4）由条件表达式决定返回 pp1 或 pp2 指针给主函数中的指针变量 ps。最后输出 i 和 ps 的值。

【例 9-31】 输入 6 个国家名称并按字母顺序排列后输出。

程序设计分析：定义一个字符型指针数组，家国名称作为字符串常量，由字符型指针数组 name 指向这六个字符串，如图 9-12 所示。按照排序算法，比较字符串大小，使指针数组的指向按字符串的大小排序。

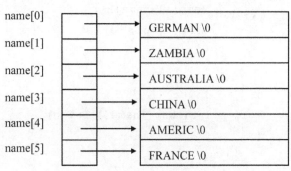

图 9-12　指针数组 name 各元素的指向

```
/* 例 9-31 源程序，国家名称按字母顺序排列后输出 */
#include<stdio.h>
#include<string.h>
void main()
{
   void sort(char *name[],int n);
   void print(char *name[],int n);
   static char *name[]=
      {"GERMAN","ZAMBIA","AUSTRALIA","CHINA", "AMERIC","FRANCE" };
   int n=6;
   sort(name,n);
   print(name,n);
}
void sort(char *name[],int n)
{
   char *pt;
   int i,j,k;
   for(i=0;i<n-1;i++)
   {
      k=i;
      for(j=i+1;j<n;j++)
      {
         if(strcmp(name[k],name[j])>0)
         k=j;                         // 比较 name[j] 与 name[k] 指针向的字符串大小
      }
      if(k!=i)
      {
         pt=name[i];                  // 三条语句实现交换指针 name[i] 与 name[k] 的指向
         name[i]=name[k];
         name[k]=pt;
      }
   }
}
void print(char *name[],int n)
{
   int i;
   for (i=0;i<n;i++)
```

```
        printf("%s\n",name[i]);
    }
```
----- 程序执行 -----

AMERIC

AUSTRALIA

CHINA

FRANCE

GERMAN

ZAMBIA

程序说明：

（1）用指针数组指向若干个字符串，如图 9-12 所示，采用选择法排序，通过修改指针数组元素的指向，如图 9-13 所示，使 name[0] 指向最小字符串……使 name[5] 指向最大字符串。最后依次输出 name[0]~ name [5] 指向的各自字符串。

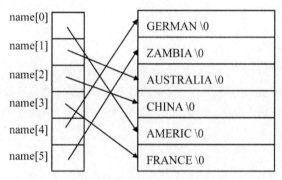

图 9-13   排序后指针数组 name 各元素的指向

（2）前面章节例子采用普通的排序方法，是逐个比较之后交换字符串的位置。交换字符串的物理位置是通过字符串复制函数完成的。反复的交换将使程序执行的速度很慢，同时由于各字符串（国名）的长度不同，又增加了存储管理的负担。用指针数组能很好地解决这些问题。把所有的字符串存放在一个数组中，把这些字符数组的首地址放在一个指针数组中，当需要交换两个字符串时，只须交换指针数组相应两元素的内容（地址）即可，而不必交换字符串本身。

（3）该程序定义了两个函数，一个名为 sort 完成排序，其形参为指针数组 name，即为待排序的各字符串数组的指针。形参 n 为字符串的个数。另一个函数名为 print，用于排序后字符串的输出，其形参与 sort 的形参相同。

（4）主函数 main 中，定义了指针数组 name 并作了初始化赋值。然后分别调用 sort 函数和 print 函数完成排序和输出。

（5）值得说明的是在 sort 函数中，对两个字符串比较，采用了 strcmp 函数，strcmp 函数允许参与比较的字符串以指针方式出现。name[k] 和 name[j] 均为指针，因此是合法的。字符串比较后需要交换时，只交换指针数组元素的值，而不交换具体的字符串，这样将大大减少时间的开销，提高了运行效率。

6. 用指向函数的指针作函数参数

C语言的函数调用中，函数名或已赋值的函数指针也能作为实参，此时，形参就是函数指针，它指向实参所代表函数的入口地址。

【例9-32】 设一个函数fp，在调用它的时候，每次实现不同的功能。输入a和b两个数，第一次调用fp时找出a和b中大者，第二次找出a和b中小者。

```
/* 例9-32源程序，输入a和b两个数，找出大的值和小的值 */
#include<stdio.h>
void main()
{
    int max(int,int);                       // 函数原型声明
    int min(int,int);                       // 函数原型声明
    void fp(int,int,int(*p)(int,int));      // 函数原型声明
    int a,b;
    printf("Please input a and b: ");
    scanf("%d,%d",&a,&b);
    printf("max=");
    fp(a,b,max);                 // 函数名max作实参，将入口地址传给fp函数形参p
    printf("min=");
    fp(a,b,min);
}
int max(int x,int y)
{
    return x>y?x:y;
}
int min(int x,int y)
{
    return x<y?x:y;
}
void fp(int x,int y,int(*p)(int,int))
{
    int result;
    result=(*p)(x,y);
    printf("%d\n", result);
}
----- 程序执行 -----
Please input a and b:56,78
```

```
max=78
min=56
```

程序说明：程序中使用的函数指针 p，将随着调用函数 fp 时实参函数名的不同而指向不同的函数，这就增加了函数使用的灵活性，可以编写一个通用的函数来实现各种专用的功能。

9.5.3　函数的返回值为指针类型（指针函数）

函数被调用后，可以由函数中的 return 语句返回一个值到主调函数中。函数返回值的类型除了整型、字符型和浮点型外，也可以是指针，即函数可以返回一个地址。这类返回指针值的函数通常称为指针函数。定义和调用指针函数的方法与其他函数一样。

指针函数定义的一般形式为：

类型说明符 * 函数名 (形参表列)

{

　……　　　// 函数体

}

其中函数名之前加了"*****"号表明这是一个指针函数，即返回值是一个指针。类型说明符表示了返回的指针所指向的数据类型。

例如：

```
int *ap(int x,int y)
{
......            // 函数体
}
```

表示 ap 是一个返回指针值的指针型函数，它返回的指针指向一个整型变量。

【例 9-33】 本程序是通过指针函数，输入一个 1 ~ 7 之间的整数，输出对应的星期名。

```
/* 例 9-33 源程序，输入整数，输出对应星期名 */
#include <stdio.h>
void main()
{
  int i;
  char *day_name(int n);
  printf("input Day No:\n");
  scanf("%d",&i);
  if(i<0) exit(1);
  printf("Day No:%2d-->%s\n",i,day_name(i));
}
char *day_name(int n)
{
```

```
        static char *name[]={ "Illegal day", "Monday","Tuesday", "Wednesday",
                              "Thursday","Friday", "Saturday", "Sunday"};
    return((n<1||n>7) ? name[0] : name[n]);
}
```

----- 程序执行 -----

input Day No:

3

Day No: 3-->Wednesday

程序说明：

（1）程序中定义了一个指针型函数 day_name，它的返回值指向一个字符串。

（2）函数中定义了一个静态指针数组 name，name 数组初始化赋值为八个字符串，分别表示各个星期名及出错提示，形参 n 表示与星期名所对应的整数。

（3）在主函数中，把输入的整数 i 作为实参，在 printf 语句中调用 day_name 函数并把 i 值传送给形参 n。

（4）day_name 函数中的 return 语句包含一个条件表达式，n 值若大于 7 或小于 1 则把 name[0] 指针返回主函数输出出错提示字符串"Illegal day"。否则返回主函数输出对应的星期名。

（5）主函数中 if(i<0) exit(1); 是个条件语句，其语义是，如输入为负数 (i<0) 则中止程序运行退出程序。exit 是一个库函数，exit(1) 表示发生错误后退出程序，exit(0) 表示正常退出。

应该特别注意的是函数指针变量和指针函数这两者在写法和意义上的区别。如 int(*p)() 和 int *p() 是两个完全不同的量。

int (*p)() 是一个变量声明，说明 p 是一个指向函数入口的指针变量，该函数的返回值是整型量，(*p) 的两边的括号不能少。

int *p() 则不是变量声明而是函数说明，说明 p 是一个指针函数，其返回值是一个指向整型量的指针，*p 两边没有括号。作为函数说明，在括号内最好写入形式参数，这样便于与变量声明区别。

对于指针函数定义，int *p() 只是函数头部分，一般还应该有函数体部分。

【例 9-34】 要求编写一个函数，对于给定的字符串和字符，如果该字符在字符串中，就从该字符第一次出现的位置开始输出字符串中的字符。例如，输入字符 o 和字符串 book 后，输出 ook。

程序设计分析：函数返回值是字符在字符串中第一次出现的地址，所以定义函数返回值类型是字符型指针。

```
/* 例 9-34 源程序，指针作为函数的返回值用法 */
#include<stdio.h>
char *find_ch(char *str, char ch)              // 字符型指针作为函数返回值
{
    while(*str!='\0')
```

```
    {
        if(*str == ch)  return str;         // 找到给定字符，返回相应的地址
        else    str++;
    }
    return (NULL);                          // 没有找到给定字符，返回空指针
}
void main()
{
    char s[81],c,*p;
    printf("Please input a string:\n");
    gets(s);                                // 输入一行字符串
    printf("Please input a char:\n");
    scanf("%c",&c);                         // 输入一个准备查找的字符
    p = find_ch(s, c);           // 调用函数 find_ch，返回的地址值赋给指针变量 p
    if(p==NULL)
        printf("NO FIND\n");
    else
        printf("Substring is:%s\n", p);
}
```

----- 程序执行 -----

Please input a string:

Microsoft↙

Please input a char:

s↙

Substring is:soft

程序说明：NULL 是常量标识符，其值为 0。NULL 表示指针值为空，即指针不指向任何位置。

【例 9-35】 有若干学生的成绩（每个学生四门课程），要求在用户输入学生序号（假设从 0 号开始）后，能输出该学生的全部成绩。

```
/* 例 9-35 源程序，输入学生序号，输出学生全部成绩 */
#include<stdio.h>
void main()
{
    float *search(float (*pointer)[4],int n);
    static float score[][4]={{76,78,86,90},{74,67,80,87},{77,83,81,85}};
    float *p;
    int i,num;
```

```
    printf("Please input the number of student: ");
    scanf("%d",&num);
    printf("the scores of  No.%d are:\n",num);
    p=search(score, num);              // 在 score 数组中查询 num 号学生的成绩
                                       //p 指向 num 号学生第 0 门课程
    for(i=0;i<4;i++)
       {printf("%5.2f\t",*(p+i));}
}
/* 定义一个指针型函数，形参 pointer 是指向具有 4 个元素的一维数组的指针 */
float *search(float (*pointer)[4],int n)
{
    float *pt;                         //pt 是指向 float 型数据的指针
    pt=*( pointer+n);                  // 把准备输出的第 n 行第 0 列元素的地址赋给 pt
    return pt;
}
```

----- 程序执行 -----

```
Please input the number of student:1✓
the scores of  No.1 are:
74.00    67.00   80.00   87.00
```

程序说明：

（1）float (*pointer)[4]，其中 pointer 是指向包含 4 个元素的一维数组的指针变量。

（2）main 函数调用 search 函数时，将 score 数组的首地址传给 pointer，使 pointer 也指向 score[0]。

（3）pointer+n 是 score[n] 的起始地址，*（pointer+n）就是 score[n][0] 的地址，输入学生序号后，通过语句"pt=*(pointer+n);"使 pt 指向该学生第 0 门课程。

（4）函数返回值 pt 赋给 p。*(p+i) 表示该学生第 i 门课程的成绩。

9.6 指针与指针

9.6.1 双重指针定义

如果一个指针变量存放的又是另一个指针变量的地址，则称这个指针变量为指向指针的指针变量。

怎样定义一个指向指针数据的指针变量呢？例如：

```
char **p;
```

p 前面有两个 * 号，相当于 *(*p)。显然 *p 是指针变量的定义形式，如果没有最前面的 *，

那就是定义了一个指向字符数据的指针变量。现在它前面又有一个 * 号,表示指针变量 p 是指向一个字符指针变量的。*p 就是 p 所指向的另一个指针变量。

在前面已经介绍过,通过指针访问变量称为间接访问。由于指针变量直接指向变量,所以称为"单级间址"。而如果通过指向指针的指针变量来访问变量则构成二级间址。

一般在定义指针变量时,指针变量名前缀"*"的个数是指针变量的级。指针除了有类型外还有级的概念。

二级指针变量定义的一般形式:

类型标识符 ** 变量名;

二级指针变量用于存储一级指针变量的地址(指针)。依次类推,还可以定义三级、四级指针。

9.6.2 双重指针的使用

从图 9-13 可以看到,name 是一个指针数组,它的每一个元素是一个指针型数据,其值为地址。name 是一个数组,它的每一个元素都有相应的地址。数组名 name 代表该指针数组的首地址。name+i 是 name[i] 的地址。name+i 就是指向指针型数据的指针(地址)。还可以设置一个指针变量 p,使它指向指针数组元素。p 就是指向指针型数据的指针变量。

如果有:

```
p=name+2;
printf("%o\n",*p);
printf("%s\n",*p);
```

则第一个 printf 函数语句输出 name[2] 的值(它是一个地址),第二个 printf 函数语句以字符串形式(%s)输出字符串"AUSTRALIA"。

【例 9-36】 使用指向指针的指针。

```
/* 例 9-36 源程序,使用指向指针的指针 */
#include<stdio.h>
#include<string.h>
void main()
{
    char *name[]={"BASIC","VISUAL BASIC",
                "C","VISUAL C++ ","FOXPRO","VISUAL FOXPRO"};
    char **p;                         // 定义指向指针的指针
    int i;
    p=name;
    for(i=0;i<6;i++,p++)
       {printf("%s\n",*p);}
}
```

```
----- 程序执行 -----
BASIC
VISUAL BASIC
C
VISUAL C++
FOXPRO
VISUAL FOXPRO
```

程序说明：程序定义了指向六个字符串的指针数组 name, 其元素指向的字符串分别为 "BASIC "、"VISUAL BASIC"、"C"、" VISUAL C++ "、"FOXPRO"、"VISUAL FOXPRO"。另外还定义了一个指向指针的指针变量 p，其初值为指针数组的首地址。利用 for 循环依次输出六个字符串。

【例 9-37】 指针数组的元素指向整型数据的简单例子。

```c
/* 例 9-37 源程序，指针数组的元素指向整型数据 */
#include<stdio.h>
#include<string.h>
void main()
{
    static int a[5]={2,4,6,8,10};          // 定义一个指针数组并对其初始化
    int *num[5]={&a[0],&a[1],&a[2],&a[3],&a[4]};
    int **p,i;
    p=num;
    for(i=0;i<5;i++)
        {printf("%d ",**p);p++;}
}
```

```
----- 程序执行 -----
2   4   6   8   10
```

程序说明：指针数组的元素只能存放地址，若把
int *num[5]={&a[0],&a[1],&a[2],&a[3],&a[4]};
写为 "int *num[5]={2,4,6,8,10};" 就出错了。

9.7 指针与内存管理

9.7.1 指针与动态内存分配

在数组章节中，曾介绍过数组的长度是预先定义好的，在整个程序中固定不变。C语言中不允许定义动态长度数组。例如：

```
int n;
scanf("%d",&n);
int a[n];
```

用变量 n 表示长度，想对数组的大小作动态声明，这是错误的。但是在实际的编程中，往往会出现这样的情况，即所需内存空间取决于实际输入的数据，而无法预先确定。对于这种情况，用数组的办法很难解决。

在字符串章节中，字符串的实现依赖于字符数组，而实际上字符串的长度往往是不固定，在串定义的时候，通常预分配一个较长的字符数组来存储字符串。这样处理，如果字符串长度很短时，极大浪费空间，而字符串长度很长时，又非常难以进行扩充。有了指针之后，可以采用字符指针来指向一个字符串的方式来定义字符串。例如：

```
char *s;
s="C Language";
```

通过将字符串常量首地址赋值给指针 s，可以实现根据字符串实际长度来分配空间。

对于字符串可以有效解决上述问题。如果其他类型数据也想要实现动态内存分配，则只能使用 C 语言提供的内存管理函数。利用这些内存管理函数可以按需要动态地分配内存空间，也可把不再使用的空间回收待用，方便程序人员利用内存资源。

9.7.2　动态存储分配

使用动态存储分配函数，则需要包含头文件 <stdlib.h>。

常用的存储分配函数有以下三个：

1. 分配内存函数 malloc()

函数原型为：void *malloc(unsigned int size)

参数说明：其中"size"是一个无符号数，确定要求分配的内存空间字节数；

功能及返回值：在内存的动态存储区中分配一块长度为 "size" 字节的连续区域。如果函数成功地执行，则函数的返回值为指向分配区域首地址的指针（类型为 void），否则返回空指针（NULL）。

例如：

```
char *pc;                       // 此时 pc 的指向不确定
pc=(char *)malloc(100);
            //pc 指向了包含 100 个字符单元的存储空间，返回值强制转换为字符类型指针。
```

2. 按块分配内存函数 calloc()

函数原型为：void *calloc(unsigned int n,unsigned int size)

参数说明：其中 n 和 size 均为无符号整型表达式，n 为要求分配空间的个数，size 为每个空间要求分配的字节数。

功能及返回值：在内存的动态存储区中分配 n 个长度为 "size" 字节的连续空间。如果函数成功地执行，则函数的返回值为指向分配区域首地址的指针（类型为 void），否则返回空

指针 (NULL)。

函数 calloc() 与函数 malloc() 的区别仅在于一次可以分配 n 块区域。

例如：

```
float *ps;              // 此时 ps 的指向不确定
ps=(float *)calloc(2,sizeof(float));
```

其中的 sizeof(float) 是求 float 的长度。因此该语句的意思是：按 float 的长度分配 2 块连续区域，强制转换函数 calloc() 返回的指针为指向 float 类型数据的指针，然后把该指针赋予指针变量 ps.

3. 释放内存空间函数 free()

函数原型为：void free(void *p)

参数说明：参数 p 是一个任意类型的指针变量，它指向被释放区域的首地址。

功能及返回值：释放 p 所指向的内存空间，使得系统可将该内存区分配给其他变量使用。被释放区应是由函数 malloc() 或函数 calloc() 所分配的区域。

例如：

```
free(ps);
```

【例 9-38】 动态分配一块区域，输入一个实型数据。

```
/* 例 9-38 源程序，动态分配区域 */
#include<stdio.h>
#include<stdlib.h>
void main()
{
float  *ps;
    ps=(float *)malloc(sizeof(float));
    scanf("%f",ps);
    printf("float data :%.2f\n",*ps);
    free(ps);
}
----- 程序执行 -----
5↙
float data :5.00
```

程序说明：定义了 float 类型指针变量 ps。然后分配一块 float 大内存区，并把首地址赋予 ps，使 ps 指向该区域。再对 ps 指向对象赋值，并用 printf 输出其值。最后用 free 函数释放 ps 指向的内存空间。整个程序包含了申请内存空间、使用内存空间、释放内存空间三个步骤，实现存储空间的动态分配。

9.8　本章知识点小结

1　各种类型定义

定义	含　义
int i;	定义整型变量 i
int *p;	p 为指向整型数据的指针变量
int a[n];	定义整型数组 a，它有 n 个元素
int *p[n];	定义指针数组 p，它由 n 个指向整型数据的指针元素组成
int (*p)[n];	p 为指向含 n 个元素的一维数组的指针变量
int f();	f 为带回整型函数值的函数
int *p();	p 为带回一个指针的函数，该指针指向整型数据
int (*p)();	p 为指向函数的指针，该函数返回一个整型值
int **p;	P 是一个指针变量，它指向一个指向整型数据的指针变量

2　指针的运算

现把全部指针运算列出如下：

（1）指针变量加（减）一个整数：

（2）指针变量赋值：将一个变量的地址赋给一个指针变量。

（3）指针变量可以有空值，即该指针变量不指向任何变量：p=NULL;

（4）两个指针变量可以相减：如果两个指针变量指向同一个数组的元素，则两个指针变量值之差是两个指针之间的元素个数。

（5）两个指针变量比较：如果两个指针变量指向同一个数组的元素，则两个指针变量可以进行比较。指向前面的元素的指针变量"小于"指向后面的元素的指针变量。

拓展阅读

main 函数的参数

前面介绍的 main 函数都是不带参数的。因此 main 后的括号都是空括号。实际上，main 函数可以带参数，这个参数可以认为是 main 函数的形式参数。C 语言规定 main 函数的参数只能有两个，习惯上这两个参数写为 argc 和 argv。

C 语言还规定 argc（第一个形参）必须是整型变量，argv（第二个形参）必须是指向字符串的指针数组。加上形参说明后，main 函数的函数头应写为：

void main(int argc,char *argv[])

由于 main 函数不能被其它函数调用，因此不可能在程序内部取得实际值。那么，在何处把实参值赋予 main 函数的形参呢？实际上，main 函数的参数值是从操作系统命令行上获得的。当我们要运行一个可执行文件时，在 DOS 提示符下键入文件名，再输入实际参数即可把这些实参传送到 main 的形参中去。DOS 提示符下命令行的一般形式为：

命令名 参数 1 参数 2…… 参数 n

但是应该特别注意的是，main 的两个形参和命令行中的参数在位置上不是一一对应的。因为，main 的形参只有二个，而命令行中的参数个数原则上未加限制。第一个形参 argc 存放程序执行时的参数个数，至少是 1 个（这个参数就是该程序的可执行文件名）；第二个形参argv 为指针数组，存放实参的指针。其中argv[0]指向第一个实参即该程序的可执行文件名，argv[1] 指向第二个实参，argv[2] 指向第三个实参……。

例如有命令行为：

Exp24.exe BASIC FORTRAN

由于文件名 Exp24.exe 本身也算一个参数，所以共有 3 个参数，因此，argc 取得的值为 3。argv 参数是字符串指针数组，其各元素值为命令行中各字符串 (参数均按字符串处理) 的首地址。指针数组的长度即为参数个数。数组元素初值由系统自动赋予。如图 9-14 所示。

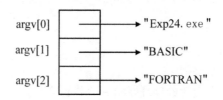

图 9-14 argv 指针数组

【例 9-39】 带参数的 main 的用法。下面的简单程序文件名为 Exp24.c。

```c
/* 例 9-39 源程序, 带参数的 main 的用法 */
#include<stdio.h>
void main(int argc,char *argv[])
{
    int i;
    printf(" 参数个数为 :%d\n",argc);    // 输出 argc 值
    i=0;
    while (i<argc)
    {
        printf(" 第 %d 个参数 :%s\n", i+1,argv[i]);
        i++;
    }
}
```

----- 程序执行 1 -----

将上面的程序经编译、连接后得到可执行文件 Exp24.exe(如果是用 VC++ 编译连接的话，此可执行文件一般在当前工作目录下的 debug 文件夹中，这时，可以将它复制到 C: 盘根目录下)，在 DOS 环境下，输入命令行：

```
C:\>Exp24.exe  BASIC  FORTRAN↙
参数个数为：3
第1个参数：Exp24.exe
第2个参数：BASIC
第3个参数：FORTRAN
----- 程序执行 2 -----
Exp24.exe  How are you? ↙
参数个数为：4
第1个参数：Exp24.exe
第2个参数：How
第3个参数：are
第4个参数：you?
```

程序说明：（1）在 DOS 环境下执行 Exp24.exe 时，必须设置好目录，使当前目录就是 Exp24.exe 文件所在的目录。（2）参数之间必须用空格分隔。（3）当输入 Exp24.exe BASIC FORTRAN↙命令行后，程序开始执行，系统根据参数个数自动使 argc=3，argv 指针数组 argv[0]~argv[2] 分别指向 3 个参数 "Exp24.exe"、" BASIC"、" FORTRAN"。

习　题

一、单项选择题

1. 若 p1 和 p2 都是整型指针，p1 已指向变量 x，要使 p2 也指向 x，正确的是_____。
   A．p2=p1　　　　B．p2=**p1　　　　C．p2=&p1　　　　D．p2=*p1

2. 若有语句：int a=4, *p=&a;,下面均代表地址的一组选项是_____。
   A．a,p,&*a　　　　B．*&a,&a,*p　　　　C．&a,p,&*p　　　　D．*&p,*p,&a

3. 若有以下定义，则 p+5 表示_____。int a[10],* p=a;
   A．元素 a[5] 的地址　　　　　　　　B．元素 a[5] 的值
   C．元素 a[6] 的地址　　　　　　　　D．元素 a[6] 的值

4. 若有以下定义，则对 a 数组元素的正确引用是_____。int a[5],*p=a;
   A．*&a[5]　　　　B．a+2　　　　C．*(p+5)　　　　D．*(a+2)

5. 对于以下变量定义，int *p[3], a[3]; 正确的赋值是_____。
   A．p=a　　　　B．*p =a[0]　　　　C．p=&a[0]　　　　D．p[0]=&a[0]

二、程序编写（用指针方式实现）

1. 输入 10 个整数，将其中最小的数与第一个数对换，把最大的数与最后一个数对换。写 3 个函数：(1) 输入 10 个数；(2) 进行处理；(3) 输出 10 个数。

2. 写一函数，求一个字符串的长度。在 main 函数中输入字符串，并输出其长度。

3. 输入一行文字，写一函数，找出其中大写字母、小写字母、空格、数字以及其他字符各有多少？

4. 写一函数，将一个 3 行 3 列的矩阵转置。

5. 写一函数，将字符串 s 中所有的空格字符删去。

6. 写一函数，实现从字符串中删除指定的字符。同一字符的大、小写按不同字符处理。

7. 写一函数，将 s 所指向字符串的正序和反序进行连接，形成一新串放在 t 数组中。

8. 写一函数，统计子串 substr 在主字符串 str 中出现的次数。

9. 规定输入的字符串中只包含字母和 * 号，写一函数，将字符串尾部连续的 * 号全部删除，前面和中间的 * 号不要删除。

10. 写一函数，在字符串 str 中找出 ASCII 码最大的字符，将其放在第一个位置上，并将该字符前的原字符向后顺序移动。

11. 写一函数，输入一个月份号，输出该月的英文名。

第 10 章　结构体和枚举

🔍 **内容导读**

前面章节已经使用了整型、实型、字符型和指针等基本数据类型，以及数组这种构造数据类型。但是数组中的各元素必须属于同一数据类型，而在实际应用中经常需要将类型不同而又相关的数据组合成一个有机的整体。结构体就是这样的一种特殊的构造数据类型，它能把各种不同类型的数据项整合成一个有机整体来更完整的描述一个对象，并能体现出各项数据间的内在联系。本章主要内容如下：

* 结构体及结构体变量
* 结构体数组
* 结构体和指针
* 结构体和函数
* 枚举及枚举变量

10.1　结构体及结构体变量

结构体允许程序员把一些分量聚合成一个有名字的新的变量类型，一个程序可以有多个不同的结构体类型，每个结构体类型具有各自的成员，结构体的成员各自具有不同的数据类型。

例如定义一个学生结构体类型，可以定义学号（num）、姓名（name）、成绩（score）等信息项，而不同的信息项可以定义成不同的数据类型。如表 10-1 所示。

表 10-1　学生登记表

学号（intlchar）	姓名（char）	成绩（intlfloat）
1001	张三	87

在学生登记表中，学号可为整型或字符型，姓名应为字符型，成绩可为整型或实型。要描述这样一批学生信息，显然用单一数据类型的数组是没办法存放的。"结构体"能实现内存中的"数据表"功能，可以把定义结构体看成是定义表结构，结构体是由若干"成员"组成的。"成员"看成是属性字段，每一个成员可以是一个基本数据类型或者又是一个构造类型。结构就是

一种"构造"而成的数据类型，那么在说明和使用之前必须先定义它，也就是构造它。既然是数据类型，就可以用结构体数据类型去定义结构体变量，数据表有了结构还需要有记录，根据表 10-1 所以，我们用结构体去定义一个变量的过程，可以想象成在内存中定义了一条"记录"。

10.1.1　结构体类型定义

定义一个结构的一般形式为：

struct 结构名

　{ 成员列表 }；

struct 是关键字，成员列表由若干个成员组成，每个成员都是该结构的一个组成部分。对每个成员也必须作类型说明，其形式为：

　类型说明符　成员名；

成员名的命名应符合标识符的命名规则。定义表 10-1 所示的结构体类型如下：

```
struct student
{
    int num;
    char name[20];
    float score;
};
```

在这个结构定义中，结构名为 student，该结构由三个成员组成。第一个成员为 num，整型变量，表示为学号；第二个成员为 name，字符数组，表示为姓名；第三个成员为 score，实型变量，表示为成绩，多门成绩则可声明为实型数组。

注意：

（1）结构体类型的定义，只是说明了结构体类型的构成情况，系统并没有为之分配存储空间；只有用结构体类型去声明结构体变量，才会给变量分配空间。

（2）结构体中的每个数据成员像声明普通变量一样进行声明，但是也需定义结构体变量时才分配空间，定义结构体变量后引用才有意义。

（3）结构体名的命名规则遵循普通标识符的命名。

（4）结构体类型定义时右大括号后面分号不能省略。

10.1.2　结构体变量的定义

结构定义之后，只说明有了这样的类型，要使用该类型则必须使用这样的数据类型去定义变量，即进行结构体变量的声明。故在程序中使用结构体是先有结构体类型，后有结构体变量。上节中凡声明为结构 student 的变量都由上述 3 个成员组成。由此可见，结构是一种复杂的数据类型，是数目固定、类型不同的若干有序变量的集合。

声明结构体变量有以下三种方法，以上面定义的 student 为例来加以说明。

1. 先定义结构，再声明结构体变量

例如：

```
struct student
{
    int num;
    char name[20];
    float score;
};
struct stu boy1,boy2;
```

声明了两个变量 boy1 和 boy2 为 stu 结构类型。这种形式声明的一般形式为：

struct 结构体名

    {

      成员列表；

    };

struct 结构体名 变量列表；

2. 在定义结构类型的同时声明结构体变量

例如：

```
struct student
{
    int num;
    char name[20];
    float score;
}boy1,boy2;
```

这种形式的声明的一般形式为：

struct 结构名

    {

      成员列表

    } 变量名列表；

3. 直接声明结构体变量

例如：

```
struct
{
    int num;
    char name[20];
    float score;
}boy1,boy2;
```

这种形式的声明的一般形式为：

```
struct
    {
        成员列表
    } 变量名列表;
```

第三种方法与第二种方法的区别在于第三种方法中省去了结构名，而直接给出结构体变量。

注意：由于没有给出结构体类型名，以后如需再定义这种类型的其他变量，必须将结构体类型定义形式再写一遍。建议大家采用前两种方法定义结构体变量。

三种方法中声明的 boy1 和 boy2 变量都具有表 10-1 所示的结构，存储分配情况如图 10-1 所示。

num	name	score
4Byte	10Byte	8Byte

低地址　　　　　　　　　　　　　　　　　　　　　　　　　高地址

图 10-1　结构体变量 boy1 在内存中的存储形式

声明了 boy1 和 boy2 变量为 student 类型后，即可向这两个变量中的各个成员赋值，并使用这些变量了。

10.1.3　结构体变量的使用

结构体变量是结构体成员的有机集合体，在程序中使用结构体变量时，往往不把它作为一个整体来使用。更多的时候是在关注这些结构体变量的成员，例如：关注一个学生的姓名，关注学生的成绩等等。在 ANSI C 中除了允许具有相同类型的结构体变量相互赋值以外，一般对结构体变量的使用，包括赋值、输入、输出、运算等都是通过结构体变量的成员来实现的。结构体成员也称为结构体分量。通过"."成员（分量）运算符可以引用结构体变量中的成员。

1. 结构体成员运算

引用结构体成员（取分量运算）的一般形式为：

结构体变量名 . 成员名

在所有运算符中，分量运算符"."的优先级是最高的。

引用分量例如：

boy1.num　　　　即第一个人的学号

boy2.sex　　　　即第二个人的性别

2. 结构体变量的初始化

和其他类型变量一样，对结构体变量可以在定义时进行初始化赋值。

【例 10-1】 对结构体变量初始化。

```
/* 例 10-1源程序，对结构体变量初始化 */
#include <stdio.h>
struct student                          // 定义结构体类型 student
{
```

```
    int num;                                  // 结构体类型 student 的各成员
    char name[20];                            //name 成员，声明为字符数组的形式
    float score[2];                           // 声明两门课成绩
};
struct student stu={802,"Wang cong",84,89};       // 初始化 stu 为全局结构体变量
void main()
{
    printf("Number=%d\nName=%s\n", stu.num, stu.name);
    printf("Score[0]=%.0f\nScore[1]=%.0f\n ", stu.score[0], stu.score[1]);
}
----- 程序执行 -----
Number=802
Name=Wang cong
Score[0]=84
Score[1]=89
```

程序说明：本例中，stu 被定义为外部结构体变量，并对它作了初始化赋值，然后用两个 printf 语句输出 stu 各成员的值。

3. 结构体变量的赋值

除了初始化赋值，其他赋值方式都可以在程序其他位置进行，结构体变量的赋值就是给各成员赋值。可用输入语句或赋值语句来完成。

给分量赋值例如：

```
boy1.num=801;                              // 学生 boy1 的学号为 801
scanf("%s", boy1.name);                    // 输入学生 boy1 的姓名
scanf("%f ",&boy1.score[0]);               // 输入学生 boy1 的第 1 门课成绩
printf("%d%s%.1f \n", boy1.num, boy1.name, boy1.score[0]);
                                           // 输出学生 boy1 的信息
```

【例 10-2】 输入某个学生的信息（学号，姓名，成绩）并输出。

```
/* 例 10-2 源程序，输入某个学生的信息（学号，姓名，成绩）并输出 */
#include <stdio.h>
struct student                              // 定义结构体类型 student
{
    int num;                               // 结构体类型 student 的各成员
    char *name;                            // 将姓名定义成字符指针
    float score[2];
};
void main()
{
```

```
    struct student stu;              // 声明 student 类型的结构体变量 stu
    int i;
    stu.num=802;
    stu.name="Wang Cong";
    printf("input score:\n");
    for(i=0;i<2;i++)
       {scanf("%f",&stu.score[i]);}
    printf("\nNumber=%d Name=%s ", stu.num, stu.name);
    for(i=0;i<2;i++)
       {printf("Score[%d]=%.0f ",i, stu.score[i]);}
}
----- 程序执行 -----
input score:
84 80↙
Number=802  Name=Wang Cong  Score[0]=84  Score[1]=80
```

程序说明：程序中用赋值语句给 num 和 name 两个成员赋值，name 是一个字符串指针变量。用 scanf 函数动态地输入 score 成员值，由于 scanf 函数要求参数是地址值，所以采用 &stu.score[i] 的形式，最后输出了 stu 的各个成员值。本例表示了结构体变量的赋值、输入和输出的方法。

结构体变量可以作为一个整体赋值给同类型的结构体变量，即把一个变量的各成员值分别赋值给另一同类型变量的相应成员。例如：

```
stu2= stu1;
```

通过赋值语句将结构体变量 stu1 的各数据成员值顺序赋值给 stu2 的各对应数据成员。

注意：结构体变量作为一个整体直接赋值只能在同类型的结构体变量之间进行。

10.1.4 结构体的嵌套

结构体的成员可以是基本数据类型或数组类型，例如：int、float 等，也可以是一个结构，即构成了嵌套的结构。例如，学生的信息构成如图 10-2 所示。

学号	姓名	出生年月			成绩
		月	日	年	

图 10-2 学生基本信息结构图

按图 10-2 可给出以下结构定义：

```
struct date
{
    int month;
    int day;
```

```
    int year;
};
struct
{
    int num;
    char name[20];
    struct date birthday;
    float score;
}stu1,stu2;
```

首先定义一个结构 date，由 month(月)、day(日)、year(年)三个成员组成。在定义并声明变量 stu1 和 stu2 时，其中的成员 birthday 被声明为 data 结构类型。成员名可与程序中其他变量同名，互不干扰。

嵌套结构体成员的引用方法和一般成员的引用方法类似，也是采用成员运算符"."进行的，例如：

```
stu1. birthday. month=12;                    // 学生 stu1 的出生月份为 12 月
printf("month: %d\n", stu1. birthday. month);  // 输出 stu1 的月份
```

10.2　结构体数组

结构体 student 类型变量 stu 只能存放一个学生的信息，如果要对若干学生的信息进行处理，如表 10-2 所示应该定义结构体数组来实现。实际应用中的数据表往往会有一系列数据，可以用结构体数组来实现解决多条记录问题。结构体数组的每一个元素都是结构体类型数据，它们均包含有相应的成员。可以用结构体数组来表示具有相同数据结构的一个群体，如：一个公司的职工档案，一个车间职工的工资表等。

表 10-2　学生登记表

学号（intlchar）	姓名（char）	成绩（intlfloat）
801	Zhu Jun	78
802	Yao Ying	59
803	Zhang Min	90
804	Cheng ling	87
805	Wang ming	58

10.2.1　结构体数组定义

方法和定义结构体变量相似，只需说明它为数组即可。
例如：

```
struct student
{
    int num;
    char name[20];
    float score;
};
struct stu boy[5];
```

定义了一个结构数组 boy，共有 5 个元素，boy[0] ~ boy[4]。每个数组元素都具有 struct student 的结构形式。

同样我们也可以直接定义一个结构体数组，例如：

```
struct student
{
    int num;
    char name[20];
    float score;
}boy[5];
```

或者

```
struct
{
    int num;
    char name[20];
    float score;
} boy[5];
```

结构体数组定义好后内存空间就分配了，各元素在内存中是连续存放的，程序实现数据输入后 boy[5] 数组的存储形式如图 10-3 所示。

10.2.2　结构体数组初始化

定义结构体数组的同时可以进行初始化工作。例如：

```
struct student
{
    int num;
    char name[20];
    float score;
}boy[5]={ {101,"Li ping",45}, {102,"Zhang ping",62.5}, {103,"He fang", 92.5},
          {104, "Cheng ling",87},  {105, "Wang ming",58}; }
```

当对全部元素作初始化赋值时，也可不给出数组长度。例如：

```
struct student
{
    int num;
    char name[20];
    float score;
}boy[]={ {101,"Li ping",45}, {102,"Zhang ping",62.5}, {103,"He fang", 92.5},
        {104, "Cheng ling",87},   {105, "Wang ming",58}; }
```

初始化后的存储结构如图 10-3 所示。

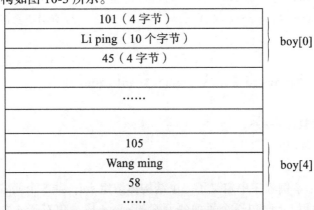

图 10-3　结构体数组的存储结构图

10.2.3　结构体数组使用

下面用一个简单例子来说明结构体数组的定义、初始化及使用。

【例 10-3】　计算学生的平均成绩和不及格的人数。

```
/* 例 10-3 源程序，计算学生的平均成绩和不及格的人数 */
#include <stdio.h>
struct  student
{
    int num;
    char name[20];
    float score;
};
void main()
{
    struct student stu[5]={{801,"Zhu Jun",78},
                          {802,"Yao Ying",59},
                          {803,"Zhang Min",90},
```

```
                              {804,"Cheng ling",87},
                              {805,"Wang ming",58}};
                                        // 定义记录学生信息的结构体数组并初始化
    int i,c=0;
    float ave,s=0;
    for(i=0;i<5;i++)
    {
      s+=stu[i].score;                    // 计算学生的总分
      if(stu[i].score<60)  c+=1;          // 统计不及格的人数
    }
    ave=s/5;                              // 计算学生的平均成绩
    printf("average=%.2f\ncount=%d\n",ave,c);
}
----- 程序执行 -----
average=74.40
count=2
```

程序说明：本例程序中定义了一个结构体数组 stu，共 5 个元素，并作了初始化赋值。在 main 函数中用 for 语句逐个累加各元素的 score 成员值存于 s 之中，如 score 的值小于60(不及格) 则计数器 c 加 1，循环完毕后计算平均成绩，并输出平均分及不及格人数。

思考：（1）如果使用循环语句输入 5 个学生的学号、姓名和成绩，程序应作如何改动？

（2）如果要求按照从高到低的顺序输出学生的成绩，程序应增加哪些语句？

10.3 结构体和指针

可以定义指针变量指向任意类型数据，包括简单类型和构造类型，所以一个指针变量当用来指向一个结构体变量时，我们称之为结构体指针变量。另外结构体变量的分量也可以看成是一个具体的独立数据，那么也可以定义一个指针变量来指向结构体分量，定义的方式与定义指向普通变量的指针是一样的，当然结构体分量脱离结构体变量的现实意义并不大，所以下面只讨论指向结构体变量的指针。结构体指针变量可以指向单一的结构体变量，也可以指向结构体数组。结构指针变量中的值是所指向的结构体变量的首地址。通过结构指针可访问该结构体变量，这与数组指针和函数指针的情况是相同的。

10.3.1 指向结构体变量的指针

1. 结构体指针变量的定义

与普通指针变量的定义区别仅仅在于定义结构体指针所使用的数据类型为结构体数据类型，结构指针变量说明的一般形式为：

struct　结构名 * 结构指针变量名

例如，在例 10-3 中定义了 struct student 这个结构，如要说明一个指向 student 的指针变量 p，可写为：

```
struct student *p;
```

定义了一个指针变量 p 是指向 struct student 类型的结构体指针变量。

当然也可在定义 student 结构时同时声明 p。与前面讨论的各类指针变量相同，结构指针变量也必须要先赋值后才能使用。

2.　结构体指针的使用

使用结构体指针先要对指针进行赋值，而赋值是把结构体变量的首地址赋予该指针变量，不能把结构名赋予该指针变量。如果 boy 是被说明为 student 类型的结构体变量：

```
struct student boy;
```

则：p=&boy;

是正确的，而：

p=&student

是错误的。

不能去取一个结构名的首地址，结构体只表示一个类型，而不是一个变量。有了结构指针变量，就能更方便地访问结构体变量的各个成员。前面章节中学习过结构体分量的获取方式，例如想访问 boy 的 num 分量可以写成：

```
boy.num
```

因为 (*p)=boy，故 boy.num 可以改写成 (*p).num

访问结构体分量转变成访问其指针变量的分量，其访问的一般形式为：

(* 结构指针变量). 分量名

上式可以直接写成：

结构指针变量 –> 分量名

例如：

```
(*p).num
```
　--（1）

可以直接写成

```
p->num
```
　--（2）

运算符 "–>"（减号和大于号构成）称为间接引用成员运算符或称为指向运算符。当定义的结构体指针指向具体的结构体变量之后，结构体变量分量都可以用指针的指向运算符 "–>" 来引用。上述两式是等效的，应该注意 (*p) 两侧的括号不可少，因为成员符 "." 的优先级高于 "*"。如去掉括号，*p.num 则等效于 *(p.num)，这样，意义就完全不对了。下面通过例子来说明结构指针变量的具体声明和使用方法。

【例 10-4】　用结构体指针完成输入某个学生的信息（学号，姓名，成绩）并输出。

```
/* 例 10-4 源程序，用结构体指针完成输入某个学生的信息并输出 */
#include <stdio.h>
struct student
```

```
{
    int num;
    char *name;
    float score[2];                    // 两门课程成绩
};
void main()
{
    struct student stu;                // 声明 student 类型的结构体变量 stu
    struct student *p;                 // 声明指向 student 类型结构体变量的指针变量 p
    int i;
    p=&stu;                            //p 指向 stu
    stu.num=802;
    stu.name="Wang Cong";
    printf("input score:\n");
    for(i=0;i<2;i++)
        {scanf("%f",&stu.score[i]);}
    printf("\nNumber=%d Name=%s ", stu.num, stu.name);   // 无指针方式输出
    for(i=0;i<2;i++)
        {printf("Score[%d]=%.0f ",i,stu.score[i]);}
    printf("\nNumber=%d Name=%s ", (*p).num, (*p).name);  // 利用 (1) 式输出
    for(i=0;i<2;i++)
        {printf("Score[%d]=%.0f ",i,(*p).score[i]); }
    printf("\nNumber=%d Name=%s ", p->num, p->name);     // 利用 (2) 式输出
    for(i=0;i<2;i++)
        {printf("Score[%d]=%.0f ",i,p->score[i]);}
}
----- 程序执行 -----
input score:
84 80↙
Number=802  Name=Wang Cong  Score[0]=84  Score[1]=80
Number=802  Name=Wang Cong  Score[0]=84  Score[1]=80
Number=802  Name=Wang Cong  Score[0]=84  Score[1]=80
```

程序说明：程序中定义了一个结构体类型 student，定义了 student 类型结构体变量 stu，还定义了一个指向 student 类型结构体的指针变量 p。p 被赋予 stu 的地址，因此 p 指向 stu，如图 10-4 所示。在 printf 语句内用三种形式输出 stu 的各个成员值。从运行结果可以看出：

结构体变量 . 成员名

(* 结构指针变量). 成员名

结构指针变量 -> 成员名

这三种用于表示结构成员的形式是完全等效的。

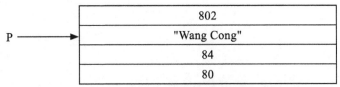

| 802 |
| "Wang Cong" |
| 84 |
| 80 |

图 10-4　结构体变量与指针变量

关于指向结构体变量的指针，有几点要说明：

（1）可以在定义结构体类型 student 同时声明该类型指针变量 p。

（2）与前面讨论的各类指针变量相同，结构体指针变量也必须要先赋值后才能使用。

（3）有了结构体指针变量，就能更方便地访问结构体变量的各个成员。

（4）不能直接将结构体变量的分量的地址赋值给结构体指针。例如：

```
struct student stu, *p;     //声明 student 类型的结构体变量 stu
p=&stu.num;                 // 是错误的。
```

10.3.2　指向结构体数组的指针

指针变量既可以指向单一的结构体变量，也可以指向一个结构数组。

```
struct student *p,stu[5];
p=stu;
```

这时结构指针变量的值是整个结构数组 stu 的首地址。结构指针变量也可指向结构数组的一个元素：

```
p=&stu[2];
```

这时结构指针变量的值是该结构数组第三个元素的首地址。

同样的，一个结构指针变量虽然可以用来访问结构体变量或结构数组元素的成员，但是，不能使它直接指向一个成员。也就是说不允许取一个成员的地址来赋予它。因此，下面的赋值是错误的。

```
p=&stu[1]. name;
```

而只能是：

```
p=stu;（赋予数组首地址）
```

或者是：

```
ps=&stu[2];（赋予 3 号元素首地址）
```

对指向了结构体数组的指针变量，当指针进行 p++ 运算时，其作用是将指针指向下一个结构体数组元素。

下面通过例子来说明结构指针变量指向结构体数组。

【例 10-5】用指向结构体数组的指针实现计算学生的平均成绩和不及格的人数。

```
/* 例 10-5 源程序，用指向结构体数组的指针实现计算学生的平均成绩和不及格的人数 */
#define N  3
#include <stdio.h>
struct  student
{
    int num;
    char name[20];
    float score;
};
void main()
{
    struct   student   stu[N];            // 定义记录学生信息的结构体数组
    struct   student   *p;                // 声明指向 student 类型结构体的指针变量 p
    int c=0,i;
    float s=0,ave;
    for(p=stu,i=0;i<N;p++,i++)
    {
        printf("No%d\n",i+1);             // 提示输入第 i 个同学的信息
        printf("Number: "); scanf("%d",&p->num);      // 输入第 i 个同学的学号
        printf("Name: "); scanf("%s",p->name);        // 输入第 i 个同学的姓名
        printf("Score: "); scanf("%f",&p->score);     // 输入第 i 个同学的成绩
        printf("\n");
        if(p->score <60) c+=1;            // 统计不及格的人数
        s+= p->score;                     // 计算学生的总分
    }
    ave=s/N;                              // 计算学生的平均成绩
    printf("average=%.2f\ncount=%d\n",ave,c);
}
----- 程序执行 -----
No1
Number:801↙
Name:wang↙
Score:79↙
No2
Number:802↙
Name:li↙
Score:88↙
```

```
No3
Number:803
Name:wu↙
Score:89↙
average=85.33
count=0
```

程序说明：在程序中，定义了 student 结构体类型的数组 stu 和指向 student 结构体类型的指针变量 p。在循环语句 for 的表达式 1 中，p 被赋予 stu 的首地址，然后循环 N 次，输入 stu 数组中各成员值。

此时，p+1 指向数组元素 stu[1]，p+i 则指向数组元素 stu[i]。这与普通数组的情况是一致的，如图 10-5 所示。

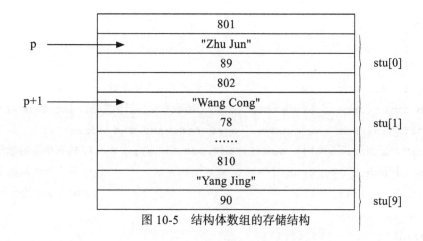

图 10-5   结构体数组的存储结构

10.4   结构体与函数

结构体与函数之间的关系主要体现在四个方面：结构体变量作为函数参数；结构体变量分量作为函数参数；结构体指针作为函数参数；结构体函数（函数返回值是结构体类型）。

用结构体变量的分量作函数参数，例如，用 stu.num 或 stu.name 作函数实参，将实参值传给形参，用法和用普通变量作函数参数一样，属于"值传递"方式，在此不做过多陈述。下面主要陈述三个问题：结构体变量作为函数参数、结构体指针作为函数参数和结构体函数。

10.4.1   用结构体变量作函数参数

用结构体变量作函数实参时，采取的也是"值传递"方式，只需将函数的形参定义成同类型的结构体，在函数调用时自动为形参开辟存储单元，并将实参变量的成员值全部复制给形参。由于函数调用时要复制所有的成员值给形参结构体变量，所以会影响程序的执行效率。

函数章节中已知，采用值传递方式，如果在执行被调函数期间改变了形参的值，该值不会影响主调函数的实参。

【例10-6】 有一个结构体变量stu，内含学生学号、姓名和2门课的成绩。要求在 main函数中输入学生信息，在另一函数print中将它们的值输出。

```c
/* 例10-6源程序，输入学生信息，在函数print中将它们的值输出 */
#include <stdio.h>
struct  student
{
   int num;
   char name[20];
   float score[2];
};
void main()
{
   int i;
   struct  student  stu;                  // 定义结构体变量
   void print(struct student);         // 函数声明，形参为 struct Student 类型
   printf("\ninput the student's number,name and score:");
   printf("\nNumber: "); scanf("%d",&stu.num);         // 输入学生的学号
   printf("Name: "); scanf("%s", stu.name);         // 输入学生的姓名
   for(i=0;i<2;i++)                              // 输入学生的2门课成绩
   {
      printf("Score[%d]:",i);
      scanf("%f",&stu.score[i]);
    }
   print(stu);                          // 调用print函数，输出stu各成员的值
}
void print(struct student stu)
{
   printf("\nNumber=%d Name=%s ", stu.num, stu.name);
   printf("Score[0]=%.1f  Score[1]=%.1f ",
   stu.score[0], stu.score[1]);
}
----- 程序执行 -----
input the student's number,name and score:
Number:1✓
Name:li✓
```

```
Score[0]:88↙
Score[1]:90↙
Number=1 Name=li Score[0]=88.0 Score[1]=90.0
```

程序说明：struct student 被定义为外部的类型，因此，同一源文件中的各个函数都可以用它来定义变量。在 main 函数中，定义了 struct student 类型结构体变量 stu，并输入 stu 各个成员的值，然后以 stu 作实参（"值传递"的方式）调用函数 print。在函数 print 中输出 stu 各个成员的值。

10.4.2　用指向结构体变量的指针作函数参数

在 ANSI C 标准中允许用结构体变量作函数参数进行整体传送。但是这种传送要将全部成员逐个传送，特别是成员为数组时将会使传送的时间和空间开销很大，严重地降低了程序的效率。因此最好的办法就是使用指针，即用结构体指针变量作函数参数进行传送。这时由实参传向形参的只是地址，从而减少了时间和空间的开销。

结构体指针作为函数的参数，与其他数据类型的指针作为函数的参数本质上没有区别，所不同的是指针的数据类型为结构体类型。

【**例 10-7**】　计算一组学生的平均成绩和不及格人数。用结构指针变量作函数参数编程。

```c
/* 例 10-7 源程序，计算一组学生的平均成绩和不及格人数 */
#include <stdio.h>
struct student
{
  int num;
  char *name;
  float score;
}boy[5]={{101,"Li ping",45}, {102,"Zhang ping",62.5},
      {103,"He fang",92.5}, {104,"Cheng ling",87}, {105,"Wang ming",58},};
void main()
{
  struct student *ps;
  void ave(struct student *ps);
  ps=boy;
  ave(ps);
}
void ave(struct student *ps)
{
  int c=0,i;
  float ave,s=0;
```

```
    for(i=0;i<5;i++,ps++)
      {
         s+=ps->score;
         if(ps->score<60)  c+=1;
      }
    printf("s=%.2f\n",s);
    ave=s/5;
    printf("average=%.2f\ncount=%d\n",ave,c);
}
----- 程序执行 -----
s=345.00:
average=69.00
count=2
```

程序说明：本程序中定义了函数 ave，其形参为结构指针变量 ps。boy 被定义为外部结构数组，因此在整个源程序中有效。在 main 函数中定义说明了结构指针变量 ps，并把 boy 的首地址赋予它，使 ps 指向 boy 数组。然后以 ps 作实参调用函数 ave。在函数 ave 中完成计算平均成绩和统计不及格人数的工作并输出结果。

由于本程序全部采用指针变量作运算和处理，故速度更快，程序效率更高。

10.4.3 函数的返回值是结构体类型（结构体函数）

函数的类型就是其返回值的类型，若函数返回一个结构体类型的值（其中包含若干个成员），这样的函数就是结构体函数。

结构体函数定义的一般形式为：

struct 结构体名　函数名 (参数列表)

{ 函数体 }

结构体函数的特点就是函数的返回值是结构体类型，所以在函数体内 return 返回的必定是一个结构体变量，在主调函数中也应该定义结构体变量来接受结构体函数的返回数据。

【例 10-8】 上例中的结构体初始化部分设计成结构体类型函数输入数据。

```
/* 例 10-8 源程序，输入一组学生的信息并输出 */
#include <stdio.h>
struct student
{
  int num;
  char name[20];
  float score;
};
```

```
struct student input()                // 定义结构体函数对结构体变量进行输入
{
    struct student  n;
    scanf("%d",&n.num);
    scanf("%s",n.name);
    scanf("%f",&n.score);
    return n;
}
void  main()
{
    struct student stu = input();
    printf("num:%d\nname:%s\nscore:%.2f\n ",stu.num,stu.name,stu.score);
}
----- 程序执行 -----
1↙
li↙
88↙
num:1
name=li
score=88.00
```

程序说明：本程序中定义了结构体函数 input()，其返回值为结构体变量 n。在 main 函数中声明了结构体变量 stu 用来接受 input() 带回的结构体变量数据，并在主函数中输出结构体。

结构体类型仍然定义在函数外，但并未定义变量，所有变量都在各函数体内，故属于局部变量。

10.5 枚 举

在编写程序解决实际问题时，会碰到一些取值被限定在一个能列举的范围内。例如，一个星期七天，一年十二个月，三原色红、黄、蓝等等。为了更好地处理这一类数据，C 语言提供了一种称为"枚举"的类型。在"枚举"类型的定义中列举出所有可能的取值，被说明为该"枚举"类型的变量取值不能超过定义的范围。应该说明的是，枚举类型是一种基本数据类型，而不是一种构造类型，因为它不能再分解为任何基本类型。但是枚举与结构体一样，也不是一种固定结构的数据类型，它可以根据具体的实际情况，使用关键字 enum 定义出一系列数据的有机集合体，枚举的定义和使用方式和结构体相似。

10.5.1 枚举类型的定义

枚举类型定义的一般形式为：
enum 枚举名 { 枚举值表 };
在枚举值表中应罗列出所有可用值。这些值也称为枚举元素。
例如：

```
enum weekday{ Sunday, Monday, Tuesday, Wednesday, Thursday, Friday, Saturday };
```

设枚举名为 weekday，枚举值共有 7 个，即一周中的七天。凡被说明为 weekday 类型变量的取值只能是七天中的某一天。

10.5.2 枚举变量的定义

如同结构一样，枚举变量也可用不同的方式声明，即先定义类型后声明变量，同时定义类型声明变量或直接声明变量。设有变量 a,b,c 被说明为上述的 weekday，可采用下述任一种方式：

```
enum weekday{ Sunday, Monday, Tuesday, Wednesday, Thursday, Friday, Saturday };
enum weekday a,b,c;
```

或者为：

```
enum weekday{Sunday,Monday,Tuesday,Wednesday,Thursday,Friday,Saturday }a,b,c;
```

或者为：

```
enum { Sunday, Monday, Tuesday, Wednesday, Thursday, Friday, Saturday }a,b,c;
```

10.5.3 枚举类型变量的赋值和使用

枚举类型在使用中有以下规定：

（1）枚举值是常量，不是变量。不能在程序中用赋值语句再对它赋值。例如对枚举 weekday 的元素再作以下赋值：

```
Sunday =5;
Monday =2;
Sunday = Monday;
```

都是错误的。

（2）枚举元素本身由系统定义了一个表示序号的数值，从 0 开始顺序定义为 0，1，2…。如在 weekday 中，Sunday 值为 0，Monday 值为 1，…，Saturday 值为 6。

（3）在定义枚举类型时，可以指定枚举常量的值，例如：

```
enum weekday{Sunday=7, Monday=1, Tuesday, Wednesday, Thursday,
Friday, Saturday };
```

此时，Tuesday，Wednesday，Thursday，Friday，Saturday 的值从 Monday 的值顺序加 1。

（4）一个整数不能直接赋给一个枚举变量。例如："workday=2;"是不对的。应先进行强制类型转换才能赋值。例如：workday=(enum weekday)2;

下面用两个例子来说明使用枚举类型变量

【例 10-9】 定义 weekday 枚举变量并输出变量值

```
/* 例 10-9 源程序, 定义 weekday 枚举变量并输出变量值 */
#include<stdio.h>
void main()
{
    enum weekday
    { Sunday, Monday, Tuesday, Wednesday, Thursday, Friday, Saturday } a,b,c;
    a= Sunday;
    b= Monday;
    c= Tuesday;
    printf("%d,%d,%d",a,b,c);
}
```

----- 程序执行 -----

0,1,2

说明：只能把枚举值赋予枚举变量，不能把元素的数值直接赋予枚举变量。如：

a= Sunday;

b= Monday;

是正确的。而：

a=0;

b=1;

是错误的。如一定要把数值赋予枚举变量，则必须用强制类型转换。如：

a=(enum weekday)2;

其意义是将顺序号为 2 的枚举元素赋予枚举变量 a，相当于：

a= Tuesday;

还应该说明的是枚举元素既不是字符常量也不是字符串常量，使用时不要加单、双引号。

【例 10-10】 定义 body 枚举数组并输出数组值。

```
/* 例 10-10 源程序, 定义 body 枚举数组并输出数组值 */
#include<stdio.h>
void main()
{
    enum body
    { a,b,c,d } month[31],j;
    int i;
    j=a;
```

```
    for(i=1;i<=30;i++)
    {
       month[i]=j;
       j++;
       if (j>d) j=a;
    }
    for(i=1;i<=30;i++)
    {
       switch(month[i])
         {
            case a:printf(" %2d  %c\t",i,'a'); break;
            case b:printf(" %2d  %c\t",i,'b'); break;
            case c:printf(" %2d  %c\t",i,'c'); break;
            case d:printf(" %2d  %c\t",i,'d'); break;
            default:break;
         }
    }
    printf("\n");
}
----- 程序执行 -----
1 a    2 b    3 c    4 d    5 a    6 b    7 c    8 d    9 a    10 b
11 c   12 d   13 a   14 b   15 c   16 d   17 a   18 b   19 c   20 d
21 a   22 b   23 c   24 d   25 a   26 b   27 c   28 d   29 a   30 b
```

编程过程中不用枚举类型，而直接用整型数据，例如0表示red，1表示yellow……可以吗？当然可以。但使用枚举类型的数据，首先使得程序更直观，可读性更强；其次，枚举变量的取值限制在定义时的几个枚举常量的范围内，如果赋予一个其他的取值，将会出现错误，这样便于检查。

10.6 本章知识点小结

1. 结构体类型声明

（1）类型与变量不同，编译时，对类型不分配内存空间，只对变量分配空间。

（2）结构体成员可以单独使用。

（3）成员也可以是结构体。

（4）成员可以与程序中的变量名相同。

2. 定义结构体类型变量

（1）先声明结构体类型，再定义变量名。

（2）在声明结构体的同时定义变量。

（3）直接定义结构体类型变量。

3. 结构体变量的引用规则

（1）不能将一个结构体变量作为一个整体进行输入输出。

（2）如果成员本身又属一个结构体类型，则需用若干个成员运算符。

（3）对结构体变量的成员可以像普通变量一样进行运算。

（4）可以引用结构体变量成员的地址，也可以引用结构体变量的地址。

4. 结构体指针变量

设置一个指针变量，用来指向一个结构体变量，该指针变量的值就是结构体变量的起始地址。

5. 用结构体变量和指向结构体变量的指针作函数的参数

（1）用结构体变量的成员作参数（值传递）。

（2）用结构体变量作实参（值传递）。

（3）用结构体指针变量作实参，将结构体变量的地址传给形参（地址传递）。

6. 枚举类型

（1）在 C 编译中，对枚举元素按常量处理，不能对其赋值。

（2）枚举元素有值从 0 开始。

（3）枚举值可以用来判断比较。

（4）一个整数不能直接赋给一个枚举变量应先进行强制类型转换。

拓展阅读

单向链表

1. 顺序存储和链式存储

要存储一批数据，如果数据个数已知而且不变，那么数组存储是一种非常简单的方法，只要定义一个长度固定的相应数据类型数据即可，例如要存放 100 个整数：

```
int a[100];
```

数组 a 在内存中连续存放，而且长度不变。这种存储我们称之为顺序存储结构。

顺序存储结构有两个很明显的缺点：

（1）存储长度固定，无法动态分配。

因为在实际的编程中，往往会发生这种情况，即所需的数据个数取决于实际输入的数据，而无法预先确定。对于这种问题，用数组的办法是很难解决。因为数组的长度要求预先定义好，在整个程序中固定不变。

例如：

```
int n;
scanf("%d",&n);
int array[n];
```

用变量表示数组长度，企图对数组的大小作动态说明，这是错误的。

（2）基本操作效率较低。

虽然在数组元素个数确定时，数组定义完毕，系统就为它开辟连续的内存空间，各元素数据按序存放在这片连续的内存空间中，但是当在数组中增、删元素时，会引起大量数据的移动，当需要增加元素时，存储空间不能临时扩充，当删除元素后，存储空间不能临时回收，因此使用不够灵活。

链表就是一种能解决上述缺点的有效存储结构。

下面介绍一种最简单的链表——单向链表。链表是一种常见的重要的数据结构，它是动态地进行存储分配的一种结构，链表根据需要开辟内存单元。图 10-6 表示单向链表的结构。

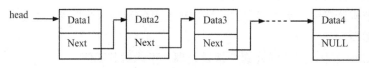

图 10-6 单向链表的结构

图 10-6 中 head 表示"头指针"变量，存放一个地址，该地址指向一个元素。链表中的每一个元素称为一个"结点"，每一个结点包括有若干个数据成员和一个指向同类型结点的指针变量，这样的指针变量用来指向链表的下一个结点，即通过指向下一个结点的指针变量将若干个这样的结点链接起来，组成了一个链表。我们称这种存储结构为动态链式存储。

链表中各结点在内存中可以不是连续存放的。链表的增、删结点的操作也很灵活，不需移动大量数据、不受存储空间的影响。这里我们把 Data 称为数据域，把 Next 称为指针域。

2. 链表结点定义

通过"头指针"变量 (head) 可以访问链表的第一个结点，每一个结点都有一个指针成员指向下一个结点，最后一个结点的指针成员存放的是"NULL"（表示空地址），该结点称为表尾结点，链表到此结束。链表的基本操作都是通过查找结点来实现的，如果不提供"头指针"(head)，则整个链表都无法访问，链表如同铁链一样，一个结点紧扣下一结点，中间不能断开。

根据链表结点的上述特征，我们知道，链表结点是一个结构体类型数据，因为它至少要包括两个部分内容，一个是结点本身所代表的的数据，另一个是结点能指向下一个结点的指针，该指针指向的类型应该与自身的结点类型相一致，因为链中的结点结构都是相同的。

结构体变量包含若干成员，它们可以是数值类型、字符类型、数组类型以及指针类型，用结构体变量作链表的结点非常合适，我们可以利用指针类型成员存放下一个结点的地址。

例如，设计一个链表，每一个结点可以存放学生的学号、姓名及成绩，则可以设计这样一个结构体类型：

```
struct student
{
    int num;
    char name[20];            // 数据域
    float score;
    struct student *next;     // 指针域
};
```

其中成员 num 、name 及 score 是用来存放结点中的数据信息，相当于图 10-6 结点中的 Data，它是数据域，next 是一个指向 struct student 结构体类型的指针，即 next 可以指向下一个与它所在结点类型一样的结点，这是结点的指针域，有了指针域才能构成链表，指针就是链。需要构成链则在第一个结点的指针域内存入第二个结点的首地址，在第二个结点的指针域内又存放第三个结点的首地址，如此串连下去直到最后一个结点。最后一个结点因无后续结点连接，其指针域可赋为 NULL。

注意：与结构体原理一样，这里只是定义了一个 struct student 结构体类型，并未实际分配存储空间，在实际使用时要定义这种类型的变量，开辟相应的存储单元才可以使用这个结点。

3. 单向链表的基本操作

上一章已经学习了内存动态管理函数，可以利用这些函数动态分配的办法为结点分配内存空间。每一次分配一块空间可用来存放一个学生的结点数据。有多少个学生就应该申请分配多少块结点空间，也就是说要建立多少个结点。结点建立起来才能构成链表，如果要找链表的某一结点，必须先找到上一个结点，根据它提供的下一结点地址才能找到下一个结点。

对链表的主要操作有以下几种：

建立链表；

结点的查找与输出；

插入一个结点；

删除一个结点；

下面来说明这些操作：

（1）建立链表

所谓建立链表指在程序执行过程中从无到有地将一个链表建立起来，即一个一个地开辟结点、输入各结点数据，并建立起相链的关系，让头指针指向第一个结点。建立链表有两种方法：一种是前插法，一种是尾插法。

【例 10-11】 编写函数，建立一个描述学生数据的单向链表。

程序设计分析：

假设链表中每个结点的数据类型为前面已经定义的 struct student。

具体步骤如下：

① 在空链表中建头指针。

使用下面语句可以定义指向 struct student 的指针：

struct student *head=NULL,*newnode,*tail;   // 如图 10-7（a）所示

其中 head 为头指针初始值为 NULL 指向空，tail 为尾指针，head 总是指向第一个结点，tail 总是指向链表中的最后一个结点，一旦链表中有新的结点加入，如把它添加到表尾，我们称这种方法为尾插法，如把它添加到表头，则称这种方法为前插法。由于每增加一个结点，要申请一个动态存储空间，以便存放相应的数据，故引入指针变量 newnode 指向新申请的结点。

② 在空链表中生成第一个结点。

申请空间的大小为 struct student 结构体的大小，新申请到的空间被强制类型转换成 struct student 的指针：

```
newnode=(struct student*)malloc(sizeof(struct student));
scanf("%d",&newnode->num);
scanf("%s",&newnode->name);
scanf("%f",&newnode->score);                    // 如图 10-7（b）所示
```

建立链表的第一个结点时，整个链表是空的，newnode 直接赋值给 head：

```
head=newnode;
tail=newnode;                                    // 如图 10-7（c）所示
```

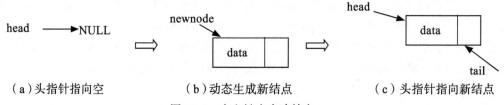

（a）头指针指向空   （b）动态生成新结点   （c）头指针指向新结点

图 10-7　在空链表中建结点

③ 在现有链表中添加新结点

建立新结点：

```
newnode=(struct student*)malloc(sizeof(struct student));
scanf("%d",&newnode->num);
scanf("%s",&newnode->name);
scanf("%f",&newnode->score);                    // 如图 10-8（a）所示的结点
```

我们这里用用尾插法实现：把原来链表的尾结点的 next 域指向新增的结点，这样就把新增加的结点加入到了链表中：

```
tail->next=newnode;
tail=newnode;                                    // 如图 10-8（b）所示的结点变化
```

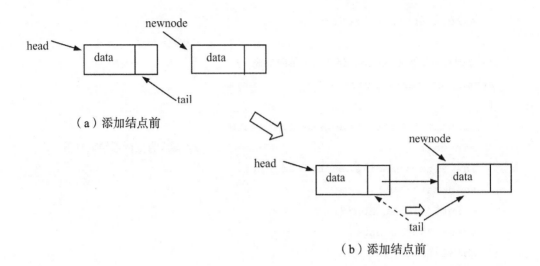

（a）添加结点前

（b）添加结点前

（c）重复添加结点后

图 10-8　建立下一结点将它添加到链表后

重复执行这一步，直到所有结点加入到链表中如图 10-8（c）所示。

④ 将末结点指向下一结点的成员赋值为 NULL。

```
tail->next=NULL;
```

至此，链表建立完毕，数据结构如图 10-9 所示。

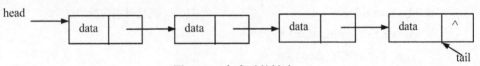

图 10-9　完成后的链表

head 指向头结点，末结点的指针成员为 NULL，可以从头指针 head 出发，访问链表中任何一个结点。

完整的源程序如下：

```
#include <stdio.h>
#include<stdlib.h>
#define NULL 0
struct student
{
    int num;
    char name[20];
    float score;
```

```
    struct student *next;
};                                              // 定义结点
/* 创建链表函数 create，建立一个单向链表 */
struct student *creat()
{
    struct student *head,*tail,*newnode;
    int flog;                                   // 输入为 0 的话结束链表
    int size=sizeof(struct student);
    head=tail=NULL;
    printf("input flog:");
    scanf("%d",& flog);
    while(flog!=0)
    {
        newnode=(struct student *) malloc(size);
        scanf("%d",&newnode->num);
        scanf("%s",&newnode->name);
        scanf("%f",&newnode->score);
        newnode ->next=NULL;                    // 新建立结点总是放在链表最后
        if(head==NULL)
            head=newnode;                       // 建立头结点
        else
            tail->next=newnode;                 // 尾插法插入结点
        tail=newnode;                           // 尾指针指向新结点
            printf("input flog:");
            scanf("%d",& flog);
    }
    return head;                                // 返回链表的头地址
}
```

程序说明：creat 函数用于建立一个单向链表，函数返回新建链表的头指针值。程序第 3 行 " #define NULL 0" 令 NULL 为 0，用它表示 "空地址"。" int size=sizeof(struct student);" 把 struct student 类型数据的长度赋给 size，sizeof 是 "求字节数运算符"。malloc(size) 的作用是开辟一个长度为 size 的内存区，malloc 带回的是不指向任何类型数据的指针（void *），而 newnode 是指向 struct node 类型数据的指针变量，因此，在 malloc(size) 之前加了 "(struct student *)"，它的作用是使 malloc 返回的指针转换为指向 struct student 类型数据的指针。结构体 node 定义为外部类型，程序中的各个函数均可使用该结构体类型。

前插法留给读者自己思考实现。

（2）查询及输出

在链表中查找指定值的结点是链表的常用操作，结点的插入和删除通常是建立在查找上的，找到结点并将结点处理好后，往往会将链表中各结点的数据依次输出。下面以例 10-12 进行说明查找及其输出操作。

【例 10-12】　编写函数，查找例 10-11 建立的链表中是否有学号为 007 的学生，并将整个该生信息显示在屏幕上。

程序设计分析：为了查链表中各结点的数据是否有学号等于 007 的学生，首先要知道链表第一个结点的地址，然后设一个指针变量 p，先指向第一个结点，比较 p 所指的结点的数据，正确则输出，否则使 p 指向下一个结点，直到链表的尾结点。

具体步骤如下：

① 已知链表的头指针 head，指针变量 p 也指向头结点，如图 10-10 所示。

```
p=head;
```

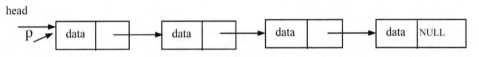

图 10-10　使指针变量 p 指向头结点

② 访问 p 所指向结点的数据成员并且比较数据后，正确则输出，否则移动指针 p，使其指向下一结点。如图 10-11 所示。

```
if(p->num==007)
    printf("%d,%s,%f\n", p->num, p->name, p->score);
else
    p=p->next;
```

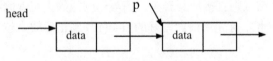

图 10-11　使指针变量 p 指向下一结点

重复②直到链表的尾结点（即指针 p 的值为 NULL）。

③ 定义查找并输出链表结点信息

```
/* 定义输出链表结点信息函数 print，形参 head 为链表头指针 */
struct student *find(struct student *head,int  fnum)
{
    struct student *p=head;
    while(p!=NULL)
    {
        if(p->num==fnum)
        {
            printf("%d,%s,%f\n", p->num, p->name, p->score);
```

```
        return p;
     }
     else
        p=p->next;
  }
  return  p;
}
```

程序说明：head 的值由实参传过来，函数中从 head 所指的第一个结点出发顺序查找各个结点，直到链表结束。如果要输出链表的所有结点信息则可以这样写：

```
/*定义输出链表结点信息函数 print，形参 head 为链表头指针 */
void print(struct student *head)
{
  struct student *p=head;
  while(p!=NULL)
  {
     printf("%d,%s,%f\n", p->num, p->name, p->score);
     p=p->next;
  }
}
```

（3）将结点插入到链表

在链表中查找到需要的结点后，可以将新结点插入该结点之前或者该结点之后。

【例 10-13】 由例 10-12 在链表中查找到学号为 007 之后，现要求插入新的学生结点，如果不存在 007 结点则直接加到表头，编写相应函数，实现此功能。

程序设计分析：首先用前面写好的 find() 找到正确插入位置，然后在结点后方插入新的结点。

具体步骤如下：

① 建立要插入的新结点，使指针变量 newnode 指向它。

```
newnode=(struct student *) malloc(size);  // 建立新结点
scanf("%d%s%f ", p->num, p->name, p->score);
```

② 调用前面定义的函数 find()，让指针 p 指向插入结点位置。

```
struct student *p=find(struct student *head, fnum);
```

③ 将 newnode 指向的新结点按序插入到链表中 p 所指向的位置后方（后插法）：

a. 若找不到，p 为 NULL，插入到表头，则执行下列语句：

```
newnode ->next=head ->next;          // 将 head 后一结点赋给 newnode 的 next
head=newnode;                        // 将 newnode 赋给 head
```

b. 若原来的链表非空，则如图 10-12 所示：

```
newnode->next =p->next;              // 将 p 后一结点赋给 newnode 的 next
```

```
p->next =newnode;                    // 将 newnode 赋给 p 的 next/
```

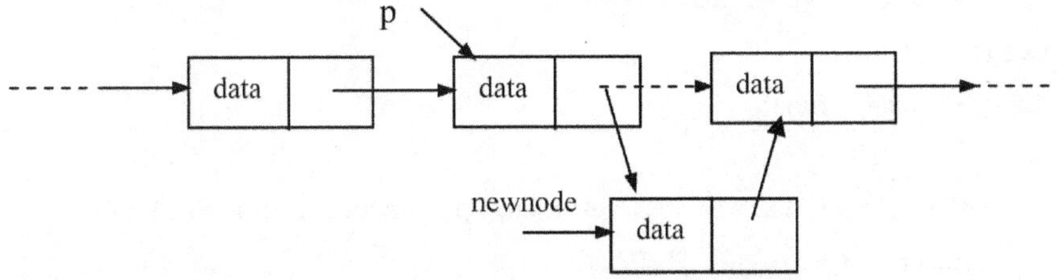

图 10-12   newnode 结点插入到 p 结点之后

④ 定义插入结点的函数 insert，在有序链表中插入给定的结点。

```
/* 在有序链表中插入结点，使链表按结点的 data 成员从小到大排列 */
struct student *insert(struct student *head,int fnum)
{
    struct student   *newnode,*p;
    int size;
    size=sizeof(struct student);
    newnode=(struct student *) malloc(size);              // 建立新结点
    scanf("%d%s%f ", p->num, p->name, p->score);
    p= find(head,fnum);
    if(p==NULL)
    {
        newnode ->next=head ->next;      // 使 head 后一结点赋给 newnode 的 next
        head=newnode;                     //newnode 赋给 head
    }
    else
    {
        newnode->next =p->next;          // 使 p 后一结点赋给 newnode 的 next
        p->next =newnode;                    //newnode 赋给 p 的 next
    }
    return head;
}
```

程序说明：函数参数 head 为指向结构体的指针，head 指向链表首结点。函数类型是结构指针类型，其返回值为链表首结点 head。

这里只陈述了在结点 p 后面插入一个结点 newnode 的操作，在 p 结点前面插入一个结点 newnode 的操作则需要在查找结点的时候用一个指针去跟踪 p 的前一个结点才能实现结点的插入。所以要将 find() 函数进行改写：

```
/* 在有序链表中查找某个结点的前一个结点 */
struct student * findprevious (struct student *head,int  fnum)
```

```
    {
        struct student *p=head,*q=NULL;
        while(p!=NULL)
        {   if(p->num==fnum)
            {
                printf("%d,%s,%f\n", p->num, p->name, p->score);
                return q;
            }
            else
            {
                q=p;
                p=p->next;
            }
        }
        return  q;
    }
```

有了 findprevious() 函数那么我们可以完成如图 10-13 所示的链表插入操作，具体的前插法源程序留给读者自行完成。

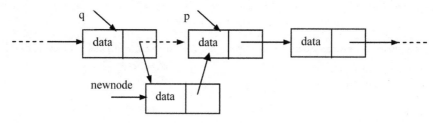

图 10-13   newnode 结点插入到 p 结点之前

（4）删除链表中的结点

在链表中查找到需要的结点后，从动态链表中删去该结点，并不是真正从内存中把它抹掉，而是把它从链表中分离开来，只要撤消原来的链接关系即可。最后使用 free（）函数可以把它从内存里面清除。

【例 10-14】 由例 10-12 在链表中查找到学号为 007 之后，现要求删除该学生结点，如果不存在 007 结点则提示无此结点，编写相应函数，实现此功能。

程序设计分析：首先用前面写好的 findprevious() 找到该结点的前一结点，然后删除它的下一结点即可。

具体步骤如下：

① 调用前面定义的函数 find ()，让指针 p 指向删除结点位置。

struct student *p= find (struct student *head, fnum);

② 如果 p 为 NULL 则提示无结点，否则调用前面定义的函数 findprevious()，让指针 q 指向删除结点的前一结点位置。

```
struct student *q= findprevious(struct student *head, fnum);
```

a. 如果 q 为 NULL 则 p 是头结点。

```
if(p==NULL)head=p->next;              // 头结点
```

删除头结点，即要改变头指针 head 的值，使原链表的头结点后的结点成为删除后的新的头结点，所以必须用头指针 head 指向它，指针值 p–>next 即是它的地址值，将它赋值给 head，则已将原头结点从链表中分离出去了。操作如图 10-14 所示。

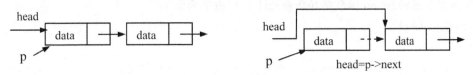

图 10-14　删除链表的头结点

b. 如果 q 不为 NULL，则 p 结点就是需要删除的结点，

```
q->next=p->next;
```

具体操作如图 10-15 所示。

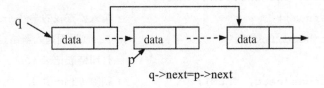

图 10-15　删除头结点以外的结点

③ 定义删除结点函数 delete，在链表中删除指定条件的结点。

```
/* 在有序链表中查找某个结点并删除 */
struct student *deletenode (struct student *head,int fnum)
{
    struct student *p,*q;
    p= find (head,fnum);                    // 查找链表中满足指定条件的结点
    if(p==NULL)
        printf("%d not been found!\n",fnum);
    else
    {
        q= findprevious(head,fnum);
        if(q==NULL)
            head=p->next;                    // 头结点
        else
            q->next=p->next;                          //p 的下一结点赋给 q 的 next
```

```
        printf("delete:%d\n",fnum);
        free(p);
    }
    return head;                        // 返回链表头指针
}
```

（5）对链表的综合操作

【例 10-15】 将以上建立、查找、插入、删除的函数组织在一个 C 程序中。

程序设计分析：上面几个函数顺序排列，用 main 函数作主调函数。下面给出 main 函数的具体程序编码 (main 函数的位置在以上各函数的后面)。

```
void main()
{
    struct student *head;               // 指针说明
    int fnum;
    printf("\ninput records:");
    head= creat();                      // 建立链表
    print(head);                        // 打印初始记录链表
    printf("\ninput the inserted number:");
    scanf("%d",&fnum);                  // 输入要查找的学号 fnum
    head= insert(head,fnum);            //funm 后面插入新结点
    print(head);                        // 打印链表记录
    head= deletenode(head, fnum);       // 删除 funm 学号
    print(head);                        // 打印链表记录
}
```

思考：如何修改 main 函数，使之能删除多个学生结点信息？

共用体

共用体也称为联合（union），是一种构造数据类型。共用体和结构体都是若干变量成员的集合，两者在类型定义、变量定义及引用方式等方面都很相似，但是它们也有着本质的区别：结构体的空间大小是各成员之和，而共用体的各成员占用同一个内存空间，这个空间的大小与成员中所占用内存空间最多的成员相同。

1. 共用体变量的定义

首先，必须构造一个共用体数据类型，再定义具有这种类型的变量。

共用体类型定义的一般形式：

union 共用体类型名

{

成员列表；

```
};
```

与定义结构体变量一样，定义共用体变量的方法有以下三种：

（1）先定义共用体类型，再定义该类型变量

例如：
```
union data {
            char ch[20];
            int i;
            double d;
          };
     union data a;
```

（2）在定义共用体类型的同时定义该类型变量

例如：
```
union data {
            char ch[20];
            int i;
            double d;
          }a;
```

（3）不定义共用体类型名，直接定义共用体变量

例如：
```
union {
          char ch[20];
          int i;
          double d;
        }a;
```

定义了共用体变量后，系统就给它分配内存空间。共用体变量中各成员从第一个单元开始分配存储空间，所以各成员的内存地址是相同的。例如上述共用体 data 类型变量 a 的内存分配如图 10-16 所示，它占用 10 个字节的内存单元。

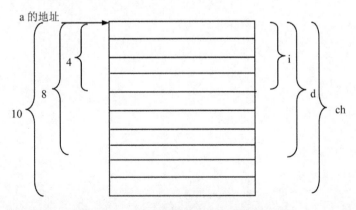

图 10-16   共用体变量 a 的内存空间分配

2. 共用体变量的引用

定义了共用体变量后，即可使用它，需要注意的是不能引用共用体变量，只能引用共用

体变量中的成员。例如，前面定义了 a 为共用体变量，下面的引用方式是正确的：

```
a.ch        //引用共用体变量中的字符数组 ch
a.i         //引用共用体变量中的整型变量 i
a.d         //引用共用体变量中的双精度型变量 d
```

不能只引用共用体变量，例如：

```
printf("%d",a);
```

是错误的，仅写共用体变量名 a，难以使系统确定究竟输出的是哪一个成员的值。

若需对共用体变量初始化，只能对它的第一个成员赋初始值。

例如："union data a={"Peter"};" 是正确的，而 "union data a={""Peter",23,78900 };" 是错误的。

虽然共用体数据可以在同一内存空间中存放多个不同类型的成员，但在某一时刻只能存放其中的一个成员，起作用的是最后存放的成员数据，其他成员不起作用，如引用其他成员，则数据无意义。

例如，对 data 类型共用体变量，有以下语句：

```
a.i=100;  strcpy(a.ch,"Alice");  a.d=90.5;
```

则只有 a.d 是有效的，a.i 与 a.ch 目前数据是无意义的，因后面的赋值语句将前面共用体数据覆盖了。

3. 共用体变量的应用示例

【例 10-16】 假如一个学生的信息表中包括学号、姓名、性别和一门课的成绩。而成绩通常又可采用两种表示方法：一种是五分制，采用的是整数形式；一种是百分制，采用的是浮点数形式。现要求编一程序，输入一个学生的信息并显示出来。

```
/*输入一个学生的信息并显示出来*/
#include<stdio.h>
union mixed
{
    int iscore;
    float fscore;
};
struct student
{
    int   num;
    char name[20];
    char sex;
    int type;
    union mixed score;
};
struct student  stu;
```

```
main()
{
    printf("\ninput num, name,sex and type:\n");
    scanf("%d %s %c %d",&stu.num,stu.name,&stu.sex,&stu.type);
    if(stu.type==0)                                    // 采用五分制
    {
        printf("\ninput score between 0 and 5:");
        scanf ("%d",&stu.score.iscore);
    }
    else if(stu.type==1)                               // 采用百分制
    {
        printf("\ninput score between 0 and 100:");
        scanf ("%f",&stu.score.fscore);
    }
    printf("\nnum      name              sex  score");
    printf("\n%-8d%-20s%-3c",stu.num,stu.name,stu.sex);
    if(stu.type==0)
        printf(" %-2d\n",stu.score.iscore);
    else if (stu.type==1)
        printf(" %-6f\n",stu.score.fscore);
}
```

----- 程序执行 ----

```
input num, name,sex and type:
001 Li Y 0↙

input score between 0 and 5:3↙
num      name              sex  score
1        Li                  Y    3
```

自定义类型

C语言不仅提供了丰富的数据类型，而且还允许由用户自己定义类型说明符，也就是说允许由用户为数据类型取"别名"。类型定义符 typedef 即可用来完成此功能。例如，有整型量 a,b, 其说明如下：

```
int a,b;
```

其中 int 是整型变量的类型说明符。int 的完整写法为 integer，为了增加程序的可读性，可把整型说明符用 typedef 定义为：

```
typedef int INTEGER
```

这以后就可用 INTEGER 来代替 int 作整型变量的类型说明了。例如：

```
INTEGER a,b;
```

它等效于：

```
int a,b;
```

用 typedef 定义数组、指针、结构等类型将带来很大的方便，不仅使程序书写简单而且使意义更为明确，因而增强了可读性。例如：

"typedef char NAME[20];"表示 NAME 是字符数组类型，数组长度为 20。然后可用 NAME 说明变量，如：

```
NAME a1,a2,s1,s2;
```

完全等效于：

```
char a1[20],a2[20],s1[20],s2[20]
```

又如：

```
typedef struct stu
{
    char name[20];
    int age;
    char sex;
} STU;
```

定义 STU 表示 stu 的结构类型，然后可用 STU 来说明结构体变量：

```
STU body1,body2;
```

typedef 定义的一般形式为：

typedef 原类型名　新类型名

其中原类型名中含有定义部分，新类型名一般用大写表示，以便于区别。

有时也可用宏定义来代替 typedef 的功能，但是宏定义是由预处理完成的，而 typedef 则是在编译时完成的，后者更为灵活方便。

习　题

一、选择题

1. 设变量定义如下，则对其中的结构分量 num 正确的引用是 _____。

```
struct   student
{ int    num;
  char   name[20];
  float  scire;
}stud[20];
```

A．stud[1].num=10;　　　　　　　B．student.stud.num = 10;

C．struct.stud.num=10;　　　　　　D．struct student.num = 10;

2．设有如下定义：

```
struct   sk
{ int   n;
   float  x;
}data;  int  *p;
```

若要使 p 指向 data 中的 n 域，则正确的赋值语句是 _____。

A.p=&n;　　　　　B.p=data.n;　　　　　C.p=&data.n;　　　　　D.*p=data.n;

3．下列 scanf 函数调用语句中对结构体变量成员的不正确引用是 _____。

```
struct   pupil
{ char   name[20];
   int   age;
   int   sex;
}pup[5],*p;  p=&pup[0];
```

A. scanf("%s",pup[0].name);

B. scanf("%d",&pup[0].age);

C. scanf("%c",&(p->sex));

D. scanf("%d",p->age);

4．以下对结构体变量 stu1 中成员 age 的非法引用是 _____。

```
struct   student
{ int   age;
   int   num;
}stu1,*p;  p=&stu1;
```

A.stu1.age　　　　　B.student.age　　　　　C.p->age　　　　　D.(*p).age

5．有如下说明语句：

```
struct stu
{ int x;
   float y;
}stutype;
```

则下列叙述不正确的是 _____。

A. struct 是结构体类型的关键字

B. stu 是定义的结构体类型名

C. stutype 是用户直接定义的结构体类型

D. x 和 y 都是结构体成员名

二、程序编写

1. 编程实现两个复数的加法和减法运算。

2. 定义一个结构类型表示日期，编程输入今天的日期，输出明天的日期。

3. 定义一个结构类型表示日期，输入年号和该年的第几天的天数，输出该天的日期。

4. 定义一个结构类型表示日期，输入一个日期，输出该天是当年的第几天。

5. 建立一个学生的简单信息表，其中包括学号、年龄、性别及一门课的成绩。要求从键盘为此学生信息输入数据，并显示出来。一个信息表可以由结构体来定义，表中的内容可以通过结构体中的成员来表示。

6. 建立 10 名学生的信息表，每个学生的数据包括学号、姓名及一门课的成绩。要求从键盘输入这 10 名学生的信息，并按照每一行显示一名学生信息的形式将 10 名学生的信息显示出来。

7. 有 10 个学生，每个学生的数据包括：学号、姓名、3 门课程的成绩，输入 10 个学生的数据，求每个学生的平均成绩，并计算平均成绩在 85 分以上的人数。

8. 有 10 个学生，每个学生的数据包括：学号、姓名、3 门课程的成绩，输入 10 个学生的数据，求每个学生的平均成绩，并按平均成绩由高到低输出学生的姓名、学号和平均成绩。

9. 编写一个函数 print，打印一个学生的成绩数组，该数组中有 5 个学生的数据记录，每个记录包括 num、name、score[3]，用主函数输入这些记录，用 print 函数输出这些记录。

10. 用链表存放学生数据。链表的每一结点存放一个学生的数据。程序由三个函数组成，newnode_record 函数用来新增加一个结点，listall 函数用来打印输出已有的全部结点中的数据。程序开始运行时若键入 "E" 或 "e" 则表示要进行增加新结点的操作，若键入 "L" 或 "l"，则表示要输出所有结点中的数据。

第11章 文件

内容导读

在前面章节的所有程序中，程序运行时所涉及的数据都由键盘输入到内存中，或者将运行结果输出到屏幕上。当程序运行结束后，所有的数据都不复存在。如果希望使用大量的数据作为输入，一个程序的运行结果能够在其它程序的运行中得到使用，或者在程序运行结束后还能查看程序运行中所涉及的数据，使用文件将所涉及数据保存是一种可行的解决方案。本章主要内容如下：

* 文件的基本概念
* 文件的基本操作过程
* 文件读写操作
* 文件定位及随机读写

11.1 文件的基本概念

所谓文件是指具有文件名的一组相关元素的有序集合。在现代操作系统中，数据基本上以文件的形式存放在外存中，需要时再将它们调入内存。另外，对文件的操作主要以文件名作为标识，如果要读某个文件的数据，则需要通过文件名找到该文件，如果要写数据到文件，则一般先要取一个文件名并建立文件。

11.1.1 文件的分类

为了方便文件的使用，可以按不同的方法对文件进行分类。按文件数据的存储格式分，可分为文本文件和二进制文件。按数据的存储介质分，可分为普通文件和设备文件。

1. 文本文件和二进制文件

文本文件也称为 ASCII 文件，这种文件中的数据以 ASCII 码的形式存在，每个 ASCII 码存储为一个字节，字节内的值范围为 0~127（如果存储汉字则需要使用扩展 ASCII 码或 Unicode，字节内的值范围为 0~255）。而二进制文件中的数据是以二进制编码的形式存在，按数据类型的不同占用不同的字节，字节内的值范围为 0~255。在 C 语言中，这两种文件的区别主要体现在对整型和实型数据的存储上面。例如整型数据1234，在文本文件中，存放的是每个数字的ASCII值，上述的整数就表示为0x31、0x32、0x33、0x34，存储时需要4个字节。而在二进制文件中，上述的整数就表示为0x04D2，存储时只需要2个字节。但是对于字符型数据 'A'，在文本文件和二进制文件中都一样，表示为0x41，存储时只要1个字节。

由此可见，文本文件方便直观，便于阅读。但是存储时空间浪费较多，并且数据存储时需要将数据转换成ASCII码，特别是结构体等构造类型数据还需逐个分量读写，运行时速度较慢。二进制文件则存储空间较省，结构体等构造类型数据还可一次读写，但其内容较难直接读懂。

2. 普通文件和设备文件

在现代操作系统中，为方便用户的编程，很多操作系统会把外部设备（如键盘、屏幕等）也看作一个文件来处理，用户对外部设备的输入和输出操作就等同于对文件的读写操作。为区分存放在外存上的普通文件，这类文件也被称为设备文件。

在C语言中，定义了三个标准的设备文件，分别是标准输入文件（stdin）、标准输出文件（stdout）、标准错误文件（stderr），其中stdin指向键盘，stdout、stderr指向屏幕。这三个文件在程序运行时自动打开，程序运行结束时自动关闭。例如当程序调用getchar()和scanf()等函数时，系统就从键盘读取数据，而程序调用putchar()和printf()等函数时，系统就向屏幕输出数据。在扩展阅读中，还将讲述如何利用I/O重定向技术实现标准设备文件重定向到普通文件。

除了C语言定义的标准设备文件，有些操作系统还定义了一系列的设备文件。比如在Windows操作系统中，就定义了一个标准设备文件COM1，可以使用COM1这个设备文件来实现对串口1的输入输出操作。

11.1.2　文件类型和文件指针

在C语言中，对文件的各种操作主要通过stdio.h中定义的标准函数进行。在这些标准函数中，主要通过一个叫文件指针的概念来实现对文件的定义和操作。在了解文件指针之前，必须先了解文件类型这个概念。

在stdio.h中，系统定义了一个叫FILE的数据类型，也称之为文件类型。它实际上是一个结构体，该结构体中含有文件名、文件状态和文件当前位置等信息。对于一般的文件编程则不需要关心FILE结构体的内部细节。

文件指针实际上就是一个指向FILE结构体的指针，习惯上可以理解为指向一个文件的指针。其定义的一般形式为：

FILE * 文件指针变量名 ；

例如：FILE *fp;

说明：

（1）如果要操作文件,必须先定义文件指针变量并通过相应的文件操作函数定位到文件。

（2）FILE 必须为大写。

（3）定义文件指针和对文件操作时，需要包含头文件 stdio.h。

11.2　文件基本操作过程

和其他编程语言类似，在 C 语言中，文件操作也有一定的固定模式。其一般过程为：定义文件指针、打开文件、对文件内数据进行操作、关闭文件。如何定义文件指针已在前面介绍，文件内数据的读写操作将在下节介绍，下面将对其他的主要步骤及涉及的函数进行介绍。

11.2.1　打开文件

打开文件实际上就是建立文件指针和文件之间的联系，以方便其他函数对文件进行操作。打开文件的操作主要通过 fopen() 函数进行。fopen() 函数原型为：

FILE *fopen(const char *filename, const char *mode);

参数说明：其中 filename 为被打开文件的文件名，其值可以是字符串常量、字符串数组和字符串指针。文件名也可以是文件路径和文件名的组合。mode 为指向文件打开方式的字符指针，其值可以是如表 11-1 所示的各种字符串常量。

返回值：如果打开成功，则返回指向打开文件的文件指针，出错则返回 NULL。

例如：

FILE *fp;

fp=fopen("f11-1.txt","r");

表示以只读方式打开当前目录下的 f11-1.txt 文件。

表 11-1　文件打开方式

文件打开方式	含　义
"r"	以只读方式打开已存在的文本文件
"w"	以只写方式新建文本文件，若存在同名文件则删除并新建该文件
"a"	以追加方式打开已存在文本文件，数据追加到文件末尾
"r+"	以读 / 写方式打开已存在的文本文件
"w+"	以读 / 写方式新建文本文件，若存在同名文件则删除并新建该文件
"a+"	以追加方式打开已存在文本文件，数据追加到末尾
"rb"	以只读方式打开已存在的二进制文件
"wb"	以只写方式新建二进制文件，若存在同名文件则删除并新建该文件
"ab"	以追加方式打开已存在二进制文件，数据追加到末尾
"rb+"	以读 / 写方式打开已存在的二进制文件
"wb+"	以读 / 写方式新建二进制文件，若存在同名文件则删除并新建该文件
"ab+"	以追加方式打开已存在二进制文件，数据追加到末尾

文件打开方式说明：

（1）r 表示只读（read only），w 表示只写（write only），a 表示追加（append），b 表示二进制（binary），+ 表示可读可写。

（2）以只读方式打开的文件必须是已存在的，以只写方式打开的文件无论是否存在都会新建，以追加方式打开的文件如果不存在则新建。

（3）以 "r+"、"w+"、"a+" 方式打开的文件，既可以读数据，也可以写数据。用 "r+" 方式时该文件必须已经存在，用 "w+"、"a+" 方式时文件可以存在也可以不存在；用 "r+" 和 "a+" 方式原有的数据不会丢失，"w+" 方式原有的数据会丢失；用 "r+" 方式文件位置指针定位在文件头，用 "a+" 方式文件位置指针定位在文件尾。

（4）常见的文件打开方式为：读文件一般使用 "r" 方式；写文件一般使用 "w" 方式；修改文件一般使用 "r+" 和 "a+" 方式。

11.2.2　关闭文件

文件使用完毕后应该关闭它，切断文件指针和文件的联系，防止造成文件数据的丢失。关闭文件主要通过 fclose() 函数。fclose() 函数原型为：

int fclose(FILE *fp);

参数说明：其中 fp 为打开的文件指针。

返回值：如果关闭成功，则返回 0，出错则返回其他值。

11.2.3　文件操作过程举例

介绍了文件的打开和关闭后，下面给出一个常见的文件操作过程。

```
#include <stdio.h>
#include <stdlib.h>
void main()
{
    FILE *fp;  // 定义一个文件指针
    if((fp=fopen("d:\\f11-1.txt","r"))==NULL)  // 打开文件，并判断是否成功
    {
        printf("File open error!\n");
        exit(1);                                    // 中断程序执行
    }
    ......                                           // 利用循环对文件进行操作
    fclose(fp);                                      // 关闭文件指针
}
```

说明：

（1）由于文件的打开和磁盘或外设有关，经常会出现文件不存在或磁盘空间不足等异常情况，所以无论是以何种读写方式打开文件，最好先判断打开是否成功，如果不成功则执行exit()函数。

（2）上面的程序是以文本文件只读方式打开f11-1.txt文件。在 Windows 文件体系中，文件名和路径是大小写不敏感的，一般使用"盘符:\文件夹名1\文件夹名2..\文件名"方式来定位一个文件。如果该文件和可执行文件同一文件夹，可使用"文件名"方式来定位一个文件。由于在 C 语言中 '\' 是一个转义符，所以要用 "\\" 来表示一个 '\'。

（3）文件打开后一定要关闭。

11.3　文件读写操作

在 C 语言的文件操作中，对文件内容的读写是最常用的操作。C 语言主要提供了字符方式、字符串方式、格式化方式和数据块方式文件读写操作，下面对各种读写方式分别进行介绍。

11.3.1　字符方式文件读写

字符方式文件读写是以字符为单位进行文件读写，每次可以从文件读取或写入一个字符。

1. 字符读函数 fgetc()

fgetc() 函数原型为：

int fgetc(FILE *fp);

参数说明：其中 fp 为输入文件的文件指针。

返回值：如果读数据成功，文件位置指针下移一字节，返回所读字符的整型值，但一般可以用字符型保存返回的结果。如果到达文件尾或读取出错，返回 EOF（EOF 为系统定义的符号常量，值为 -1，通常称之为文件结束符）。

【例 11-1】　读出 d 盘下 f11-1.txt 文件的内容，并在屏幕上显示。

```
/* 例 11-1 源程序，读出 d 盘下 f11-1.txt 文件的内容，并在屏幕上显示。*/
#include<stdio.h>
#include<stdlib.h>
void main()
{
    FILE *fp;
    char ch;
    if((fp=fopen("d:\\f11-1.txt","r"))==NULL)
    {
        printf("File open error!\n");
```

```
        exit(1);
    }
    ch=fgetc(fp);              // 从文件读取一个字符
    while(ch!=EOF)             // 判断 ch 是否等于 EOF，如果不是，则进入循环
    {
        printf("%c",ch);       // 输出读取的字符
        ch=fgetc(fp);          // 读取下一个字符
    }
    fclose(fp);
}
```

----- 程序执行 -----

Hello world!

程序说明：

（1）程序的循环部分是先读一个字符，如果不是 EOF 则进入循环。在循环内部，每次先输出上次读入的字符并读入下一个字符。

（2）运行程序前，应先在 d 盘下建立 f11-1.txt 文件，并输入内容"Hello world! ↙"。

上面的程序是用只读方式打开文本文件，如果用这方式打开二进制文件，那么其打开执行结果会怎样？如果文件是二进制文件，文件中间过程中的某个返回值可能等于 EOF，则利用刚才这种方式就只能显示部分文件。这时第一种解决方案是把上面的 ch 定义为整形，即（int ch；）还要把文件打开方式改为 "rb"。另一种解决方案，是利用文件结束检测函数 feof() 来解决这个问题。

feof() 函数原型为：

int feof(FILE *fp);

参数说明：其中 fp 为打开文件获得的文件指针。

返回值：如读写操作到达文件尾，则返回非 0 值，否则返回 0 值。

注意：fgetc() 函数在读取了文件的最后一个字符时 feof() 返回值还是 0，只有再往下读一次 feof() 返回值才为非 0。

【例 11-2】　利用 foef() 函数读出 d 盘下 f11-1.txt 文件的内容，并在屏幕上显示。

```
/* 例 11-2 源程序，利用 foef() 函数读出 d 盘下 f11-1.txt 文件的内容，并在屏幕上显示。*/
#include<stdio.h>
#include<stdlib.h>
void main()
{
    FILE *fp;
    char ch;
    if((fp=fopen("d:\\f11-1.txt","rb"))==NULL)
    {
```

```
        printf("File open error!\n");
        exit(1);
    }
    ch=fgetc(fp);                  // 从文件读取一个字符
    while(!feof(fp))               // 如果文件结束，则退出循环
    {
        printf("%c",ch);           // 输出一个字符
        ch=fgetc(fp);              // 读取下一个字符
    }
    fclose(fp);
}
```

----- 程序执行 -----

Hello world!

程序说明：

（1）这个程序的文件打开方式是 "rb" 而非 "r"，循环判断部分是利用 feof() 函数来进行。

（2）打开 f11-1.txt，这个程序和例 11-1 的执行结果是一致的。可以试验一下打开一个 .exe 文件，就可以看到两个程序的运行结果是不一样的。

（3）用下面的语句控制循环会多读取一个字符，结果是错误的。

```
while(!feof(fp))
    {
        ch=fgetc(fp);
        printf("%c",ch);
    }
```

2. 字符写函数 fputc()

fputc() 函数原型为：

int fputc(int ch , FILE *fp);

参数说明：其中 ch 为要写入的字符，fp 为要写入文件的文件指针。

功能及返回值：将字符 ch 直接输出到 fp 所指向的文件的当前位置，如果是整数则输出低字节。如果输出成功，则返回值就是输出的字符；如果输出失败，则返回 EOF。

说明：

（1）被写入的文件可以用 "w"、"a"、"r+"、"w+"、"a+" 方式打开，如果用 "w"、"w+" 方式打开，原文件内的数据将丢失。如果用 "r+" 方式打开，文件必须先建立。

（2）每写入一个字节，文件位置指针将向后移动一位。

【例 11-3】 读入一行字符，并将字符追加到 d 盘 f11-1.txt 后面。

```
/* 例 11-3 源程序，读入一行字符，并将字符追加到 d 盘 f11-1.txt 后面。*/
#include<stdio.h>
#include<stdlib.h>
```

```
void main()
{
    FILE *fp;
    char ch;
    if((fp=fopen("d:\\f11-1.txt","a"))==NULL)
    {
        printf("File open error!\n");
        exit(1);
    }
    printf("Please input a string:\n");
    ch=getchar();                          // 读入一个字符
    while(ch!='\n')                        // 如果输入是回车则退出循环
    {
        fputc(ch,fp);                      // 将读入的字符写入文件
        ch=getchar();                      // 读入下一个字符
    }
    fclose(fp);
}
```
----- 程序执行 -----
```
Please input a string:
My name is zhujun. ↙
```
打开 d 盘 f11-1.txt 显示内容应该为：
```
Hello word!
My name is zhujun.
```
程序说明：

（1）因为将读入的数据追加到文件后面，所以使用 "a" 方式打开。还可以试验使用其他的打开方式，查看这些方式后的结果有什么不同。

（2）在程序中利用 "ch!='\n'" 来判断字符输入是否结束，也可使用 '#'、'$' 等其他字符作为数据输入的结束标志。

介绍了字符读写函数，就可以利用字符读写来实现文件的复制功能。

【例 11-4】 利用字符读写方式来实现文件复制功能。
```
/* 例 11-4 源程序，利用字符读写方式来实现文件复制功能 */
#include<stdio.h>
#include<stdlib.h>
void main()
{
    FILE *fps,*fpd;
```

```
    char ch,sfilename[20],dfilename[20];
    printf("Please input source filename:\n");
    scanf("%s",sfilename);                      // 读取源文件名
    printf("Please input destine filename:\n");
    scanf("%s",dfilename);                      // 读取目标文件名
    if((fps=fopen(sfilename,"rb"))==NULL)       // 打开源文件
    {
        printf("Source file open error!\n");
        exit(1);
    }
    if((fpd=fopen(dfilename,"wb"))==NULL)       // 打开目标文件
    {
        printf("Destine file open error!\n");
        exit(1);
    }
    ch=fgetc(fps);
    while(!feof(fps))                           // 如果文件结束，则退出循环
    {
        fputc(ch,fpd);                          // 向目标文件写入一个字符
        ch=fgetc(fps);                          // 从源文件读取下一个字符
    }
    printf("File copy OK!\n");
    fclose(fps);
    fclose(fpd);
}
```

----- 程序执行 -----

Please input source filename:

d:\f11-1.txt↙

Please input destine filename:

d:\f11-2.txt↙

File copy OK!

程序说明：

（1）程序通过两个字符串数组读入源文件名和目标文件名，使用字符串数组方式向 fopen() 函数传递参数。程序中的循环控制使用了 feof() 函数。

（2）程序定义了两个文件指针 fps 和 fpd 分别对应源文件和目标文件。

（3）程序执行时的输入使用 '\' 而不是 '\\'，这是因为输入时不需要转义符。

（4）程序每次读写一个字符。如果文件比较大时，运行速度较慢，这时就需要使用下面

介绍的文件块读写方式操作。

11.3.2 字符串方式文件读写

字符串方式文件读写是以字符串为单位进行文件读写，每次可以从文件中读取或写入一行字符。字符串方式文件读写一般针对文本文件操作，二进制文件由于读取的内容中间存在 EOF 等字符因此操作结果会出错。

1. 字符串读函数 fgets()

fgets() 函数原型为：

char *fgets(char *str,int n,FILE *fp) ;

参数说明：其中 fp 为读入文件的文件指针，n 为读入字符串的最大长度，str 为返回的字符串指针。

功能及返回值：从指定的文件中以行方式读取 n-1 个字符的字符串到 str（字符串的最后位置要存放 '\0'，所以只能读 n-1 个字符），在读取过程中碰到换行符 '\n' 或已读了 n-1 个字符就结束。如果操作成功，返回指向读取的字符串的指针，否则返回 NULL。

注意：fgets() 和 gets() 不同点是 fgets() 会把 '\n' 也作为字符串内容的一部分进行读取，相同的是字符串读取后会自动添加 '\0'。

2. 字符串写函数 fputs()

fputs() 函数原型为：

int fputs(char *str,FILE *fp) ;

参数说明：其中 str 为要写入的字符串变量，也可以是字符串常量，fp 为要写入文件的文件指针。

功能及返回值：向指定的文件中写入字符串 str('\0' 不会写入)，如果操作成功则返回写入的最后一个字符，不成功则返回 0。

说明：

为文件美观和下次读取方便，可以在每次输出的字符串内容后面加上 '\n' 或在字符串输出语句后面加入一条用于换行的语句 " fputc('\n',fp);"。

【例 11-5】 实现一个能按用户要求的文件名实现的文本文件建立程序，文本内容按行输入，输入空行表示输入结束。

```
/* 例 11-5 源程序，一个简单的文本文件建立程序 */
#include<stdio.h>
#include<stdlib.h>
void main()
{
    FILE *fp;
    char filename[20],str[100];
    printf("Please input filename:\n");
```

```
    scanf("%s",filename);                    // 输入要建立的文本文件名
    getchar();                               // 处理多余的换行符
    if((fp=fopen(filename,"w"))==NULL)       // 打开要建立的文件
    {
       printf("File create error!\n");
       exit(1);
    }
    printf("Please input the data:\n");
    gets(str);                               // 读入一行数据
    while(str[0]!='\0')                      // 如果输入的数据是空行则退出循环
    {
       fputs(str,fp);                        // 向建立的文件输出一行字符
       fputc('\n',fp);                       // 向建立的文件输出一个换行符
       gets(str);                            // 读入下一行数据
    }
    fclose(fp);                              // 先关闭文件再以只读方式打开
    if((fp=fopen(filename,"r"))==NULL)
    {
       printf("File open error!\n");
       exit(1);
    }
    fgets(str,100,fp);                       // 从文件读入一行字符
    while(!feof(fp))
    {
       printf("%s",str);                     // 向屏幕输出一行字符
       fgets(str,100,fp);                    // 从文件读入下一行字符
    }
    fclose(fp);
}
```

----- 程序执行 -----
Please input filename:
d:\f11-3.txt↙
Please input the data:
Hello word! ↙
My name is zhujun. ↙
↙
Hello word!
My name is zhujun.

程序说明：

（1）scanf() 函数中不会接收 '\n'，所以先用 getchar() 函数接收多余的换行符，否则下面 gets() 函数会读取出错。

（2）gets() 函数读取的字符串不包含 '\n'，所以在每行输出的后面用 fputc() 函数插入一个换行符。

（3）为描述方便，文件建立后先关闭再以只读方式打开。也可以使用 "w+" 方式再结合下节提到文件指针定位函数来实现，而不需要重复的打开和关闭文件。

（4）feof() 函数和前面介绍的一样也要先读再判断。

（5）fgets(str,100,fp) 表示读入一行最多有 100 个字符，这时还要考虑字符串结束符 '\0'，实际上最多只能读入 99 个字符。

11.3.3 格式化方式文件读写

格式化读写函数和基本的格式化输入输出类似，只是将输入输出的内容从隐式的标准设备文件 stdin 和 stdout 转换成了显示的文件读写操作。格式化方式读写由于数据转换效率问题一般也只适合文本文件。

1. 格式化读函数 fscanf()

fscanf() 函数原型为：

int fscanf(FILE *fp,char *format, 地址列表);

参数说明：其他参数和 scanf() 函数类似，只是增加了一个参数 fp，表示读入文件的文件指针。

功能及返回值：和 scanf() 函数类似。

2. 格式化写函数 fprintf()

fprintf() 函数原型为：

int fpintf(FILE *fp, char *format, 输出变量列表);

参数说明：其他参数和 printf() 函数类似，只是增加了一个参数 fp, 表示要写入文件的文件指针。

功能及返回值：和 printf() 函数类似。

【例 11-6】 利用文件读入并显示两个学生的成绩，计算平均分后写入到文件的最后。

```
/* 例 11-6 源程序，读入并显示两个学生的成绩，计算平均分后写入到文件的最后。*/
#include<stdio.h>
#include<stdlib.h>
struct  student  // 定义学生结构体
{
    int num;
    char name[20];
    float score;
```

```
    };
    void main()
    {
        FILE *fp;
        int i;
        struct student stu;                     // 定义结构体变量
        float totals=0;
        if((fp=fopen("d:\\f11-4.txt","r+"))==NULL)   // 以读写方式打开文件
        {
            printf("File create error!\n");
            exit(1);
        }
        for(i=0;i<2;i++)                        // 读入两个学生的成绩记录并计算总分
        {
            fscanf(fp,"%d%s%f",&stu.num,&stu.name,&stu.score);
            printf("%d %s %.2f\n",stu.num,stu.name,stu.score);
            totals=totals+stu.score;
        }
        fprintf(fp,"Average score is %.2f\n",totals/2);  // 输出平均分到文件
        printf("Average score is %.2f\n",totals/2);
        fclose(fp);
    }
```

----- 程序执行 -----

```
1 zhujun 80.00
2 yaoying 90.00
Average score is 85.00
```

程序说明：

（1）使用 "r+" 方式打开文件，主要是为了能够在读出数据后再写入数据。如果使用 "a+" 方式要进行文件位置指针的移动。

（2）打开 d 盘 f11-4.txt 可以查看程序运行的结果。

（3）运行本程序前，应先在 d 盘下建立 f11-4.txt 文件，并输入如下内容。

```
1 zhujun 80.00↙
2 yaoying 90.00↙
```

注意： 使用 "r+" 方式打开时，只有当文件指针移到文件尾，fprintf() 函数才能输出成功，否则结果不正确。

11.3.4 数据块方式文件读写

在字符方式文件读写时提到利用字符读写复制文件速度比较慢。主要的原因是大部分操作系统的文件读写操作都是以数据块的形式提供，读一个字节和读一块数据的效率是一样的，以字节方式进行读写浪费太多。另外，在格式化文件读写方式的例子中，读写结构体的数据要遍历每个分量，比较麻烦。利用数据块方式读写可以解决这些问题。

1. 数据块读函数 fread()

fread() 函数原型为：

int fread(void *buffer, size_t size, size_t count, FILE *fp);

参数说明：其中 buffer 为要读入数据的首地址，size 为数据块的大小，count 为数据块的数量，fp 为读入文件的文件指针。

功能及返回值：从 fp 所指向文件的当前位置起，读取 count 个大小为 size 字节的数据块到 buffer 所指向的内存中。如果执行成功，则返回实际读取的数据块的个数。如果遇到文件结束或出错，则返回 0。

2. 数据块写函数 fwrite()

fprintf() 函数原型为：

int fwrite(const void *buffer, size_t size, size_t count, FILE *stream);

参数说明：其中 buffer 为要输出数据的首地址，size 为数据块的大小，count 为数据块的数量，fp 为输出文件的文件指针。

功能及返回值：从 fp 所指文件的当前位置起，写入 buffer 所指向内存数据中 count 个大小为 size 字节的数据块。如果执行成功，则返回实际写入的数据块的个数。如果遇到文件结束或出错，则返回 0。

【例 11-7】 利用数据块读写操作实现文件复制。

```
/* 例 11-7 源程序，利用数据块读写操作实现文件复制。*/
#include<stdio.h>
#include<stdlib.h>
void main()
{
    FILE *fps,*fpd;
    char buffer[512],sfilename[20],dfilename[20];
    int readnum;
    printf("Please input source filename:\n");
    scanf("%s",sfilename);
    printf("Please input destine filename:\n");
    scanf("%s",dfilename);
    if((fps=fopen(sfilename,"rb"))==NULL)
```

```
    {
        printf("Source file open error!\n");
        exit(1);
    }
    if((fpd=fopen(dfilename,"wb"))==NULL)
    {
        printf("Destine file open error!\n");
        exit(1);
    }
    while((readnum=fread(buffer,1,512,fps))>0)
    // 从源文件一次读取 512 个字节的数据块，如果读出数据个数等于 0 则退出循环
    {
        fwrite(buffer,1,readnum,fpd);     // 按读取的数量向目标文件写入数据块
    }
    printf("File copy OK!\n");
    fclose(fps);
    fclose(fpd);
}
```

程序说明：

（1）程序的结构和例 11-4 类似，只是数据的读写和循环控制方式有所不同。数据块方式读写一般可以使用读取的数据块个数作为结束循环的条件而不使用 feof() 函数。

（2）数据块方式读写比字符方式读写速度要快很多。

11.4　文件定位及随机读写

在前面的内容中，就已经出现了文件位置指针的概念，它和文件指针是两个完全不同的概念。文件位置指针记录了当前文件操作的位置，实际上是以字节为单位的文件内部数据的地址。以一般方式文件打开时文件位置指针移动到文件头，使用 "a" 方式打开时移动到文件尾，正常读写时文件位置指针会自动下移。另外，还可以使用一些指针移动函数进行文件位置指针的移动，以达到对文件局部数据进行读写的目的。这种数据读写方式称之为随机读写，文件指针的移动也称之为文件定位。

主要的文件位置指针移动函数有：

1. 文件位置指针重置函数 rewind()

rewind() 函数原型为：

void rewind(FILE *fp);

参数说明：其中 fp 为要重置的文件指针。

功能：不管原来的文件位置指针在什么位置，直接移动文件位置指针到文件头。

例如：

rewind(fp);

例 11-5 程序如果使用 rewind() 函数就不需要重新打开文件。

2. 文件位置指针移动函数 fseek()

fseek() 函数原型为：

int fseek(FILE *fp, long offset, int origin);

参数说明：其中 offset 为文件位置指针移动位移，为正时表示向文件尾移动，为负时表示向文件头移动。origin 表示文件位置指针移动的起始点，三种标准的位置起始点表示符号及值如表 11-2 所示。

返回值：移动成功返回 0，否则返回非零值。

表 11-2　文件位置描述表

起始点	表示符号	值
文件头	SEEK_SET	0
当前位置	SEEK_CUR	1
文件尾	SEEK_END	2

注意：文件的位置指针移动一般只适合二进制文件，如文本文件要进行存储位置的计算则容易出错。

例如：

fseek(fp,6,0);

fseek(fp,6,SEEK_SET);

上面两个都表示从文件头位置向文件尾方向移动 6 个字节。

【例 11-8】 修改文件中指定位置的内容。

```
/* 例 11-8 源程序，修改文件中指定位置的内容。*/
#include<stdio.h>
#include<stdlib.h>
void main()
{
    FILE *fp;
    if((fp=fopen("d:\\f11-1.txt","r+"))==NULL)
    {
        printf("File open error!\n");
        exit(1);
    }
    fseek(fp,6,SEEK_SET);          // 移动文件指针到文件头开始的第 6 个字符。
    fprintf(fp,"earth");           // 用字符串 "earth" 替换原先的内容。
```

```
    fclose(fp);
}
```

----- 程序执行 -----

打开 d 盘 f11-1.txt 文件，可以发现原来的"Hello world!"改成"Hello earch!"。

程序说明：

（1）对文件局部数据的修改可以使用 "r+" 或 "b+" 方式打开文件，使用 "w+" 方式打开文件则原来数据会丢失。

（2）程序是从文件头（字符 'H'）开始后移 6 个字节，所以文件位置指针移动到字符 'w' 这个位置。程序使用的是 "r+" 方式打开，这时文件位置指针移动到文件头。使用 SEEK_SET 和 SEEK_CUR 效果相同。

11.5　本章知识点小结

1. 文件按数据的存储格式可分为文本文件和二进制文件，按数据的存放位置分，可分为普通文件和设备文件。

2. 文件的基本操作流程是定义文件指针，打开文件，对文件内数据进行操作，关闭文件。

3. 文件使用之前要打开，使用之后必须关闭。

4. 文件的打开模式分为文本文件和二进制文件两大类，每类都有只读、只写、追加和读写四种方式。以只读方式打开的文件必须是已存在的。以只写方式打开的文件无论是否存在都会新建。以追加方式打开的文件如果不存在则新建。读写方式打开的文件文件位置指针指向和原数据是否丢失各有不同。

5. 文件的读写操作方式有字符方式、字符串方式、格式化方式和数据块方式。字符方式文本文件和二进制文件都可操作，字符串方式和格式化方式一般以文本文件为主，数据块方式一般以二进制文件为主。

6. 文件操作时存在一个文件位置指针，通过移动该指针可以实现文件的随机读写。

拓展阅读

I/O 重定位技术

在 11.1 中曾经提到 C 语言中有三个标准设备文件 stdin、stdout 和 stderr，它们随着程序的运行自动打开，程序运行结束自动关闭。能否将对标准文件的输入输出转换成对普通文件的读写操作，I/O 重定向技术将这种可能变为现实。操作系统和 C 语言分别提供了相应的 I/O 重定向技术，下面将分别介绍。

1. 操作系统 I/O 重定向

在支持 I/O 重定向的操作系统（如 DOS 和 Windows），可以使用 I/O 重定向技术使得 stdio 和 stdout 不再指向键盘和屏幕，而是普通的文本文件。下面通过一个简单的例子来说明这种方式。

（1）首先建立并运行下面这个简单的程序。

【例 11-9】 读一个数字加 20 后输出。

```c
/* 例11-9源程序，读一个数字加20后输出。*/
#include<stdio.h>
void main()
{
    int data;
    printf("Please input a number:\n");
    scanf("%d",&data);
    printf("%d\n",data+20);
}
```
```
----- 程序执行 -----
Please input a number:
100↙

120
```

将这个程序命名为 test.c，编译运行后在屏幕上显示的内容如上如示。其中"Please input a number:"和"120"为 printf() 函数到屏幕的结果，"100"为 scanf() 函数读取键盘的结果。

（2）其次将生成的可执行文件 test.exe 复制到 d 盘 temp 文件夹（如果没有请先创建）。再在该文件夹下用记事本建立一个名为 t1.txt 的文本文件，在文件中输入"100"并保存退出。

（3）接着在 Windows 命令行方式下输入以下命令使得当前目录为 d 盘 temp 文件夹。

```
d:↙
cd temp↙
```

（4）最后，在命令行方式下输出以下命令。

```
test<t1.txt>t2.txt↙
```

在程序的运行过程中屏幕没有任何显示，键盘也不需要输入任何数据，并且在当前文件夹中自动生成了一个新文件 t2.txt。打开新文件内容如下：

```
Please input a number:
120
```

这就是操作系统的 I/O 重定向技术，将对 stdio 的读操作重定向到了 t1.txt，将对 stdout 的写操作重定向到了 t2.txt。C 程序运行结束后，被重定向的文件会恢复成缺省状态。

注意：利用 I/O 重定向技术只是对标准输入和标准输出文件进行了改变，将输入的内容和输出的内容定向到不同的文件中，不要认为程序的执行次序发生了改变。

2. 文件重定向

在 C 语言中，还可以使用文件重定向技术来实现 I/O 重定向。文件重定向 freopen() 函数的原型如下：

FILE *freopen(const char *filename, const char *mode, FILE *fp);

参数说明：其中 filename 是和 fp 发生关联的文件名，mode 为文件打开模式，和普通文本打开模式相同，fp 为被关联的文件指针。

返回值：如果操作成功，返回重定向后文件指针，否则返回 NULL。

将例 11-9 改写成下面的程序。

【例 11-10】 文件重定向操作。

```
/* 例 11-10 源程序，文件重定向操作 */
#include<stdio.h>
void main()
{
    int data;
    freopen("t1.txt","r",stdin);              // 将标准输入重定向到 t1.txt
    freopen("t2.txt","w",stdout);             // 将标准输出重定向到 t2.txt
    printf("Please input a number:\n");
    scanf("%d",&data);
    printf("%d\n",data);
}
```

程序说明：

（1）在程序运行之前需要在当前文件夹建立 t1.txt 文件并输入"100"保存退出。

（2）本程序运行时屏幕没有任何显示，但是在当前文件夹下会出现一个名为 t2.txt 的文件，打开后里面的内容如下：

```
Please input a number:
120
```

（3）如果在程序的运行过程中想把 stdin 和 stdout 重定向回默认状态，可以使用以下语句。

```
freopen("CON","r",stdin);// 将标准输入重定向到控制台
freopen("CON","w",stdout);// 将标准输出重定向到控制台
```

在 Windows 操作系统中，CON 是一个比较特殊的设备文件（也称之为控制台文件），用来进行输入时表示的是键盘，用来进行输出时表示的是屏幕。

习 题

一、单项选择题

1. 下面的定义表示文件指针变量的是_____。
   A．FILE *fp   B．FILE fp   C．FILER *fp   D．file *fp

2. 如果想新建一个二进制文件，则可行的文件打开方式是_____。
   A．"r"   B．"rb"   C．"w"   D．"wb"

3. 文件正常打开错误时，返回值为_____。
   A．EOF   B．-1   C．文件首地址   D．NULL

4. 如果将一个结构体变量的内容一次性写入到文件，则使用的函数为_____。
   A．fscanf()   B．fprintf()   C．fread()   D．fwrite()

5. 如果将文件指针 fp 中的文件位置指针指向文件头，则下面的语句正确的是_____。
   A．fseek(fp,0,SEEK_CUR);   B．fseek(fp,0,2);
   C．fseek(fp,0,SEEK_SET);   D．fseek(fp,0,1);

二、程序编写

1. 从键盘输入一个字符串和一个十进制整数，将它们写入 test.txt 文件中，然后再从 test.txt 文件中读出并显示在屏幕上。

2. 实现一个小型的文本编辑程序，可以实现对文件的读取、修改、保存和另存为。

3. 输入若干同学的学号、姓名、语文成绩和数学成绩，并以格式写方式保存到一个文本文件中。

4. 输入若干同学的学号、姓名、语文成绩和数学成绩，并以数据块写方式保存到一个二进制文件中。

5. 编写一个程序，可以统计读进来的 C 语言源程序中循环和选择的个数。

6. 有一种病毒感染了 EXE 文件后会在文件中出现病毒特征码 "0E 34 DF 24 15 DD"。试编写一个程序能判断一个文件是否感染病毒。

第12章 编译预处理和注释

 内容导读

为提高源程序的可读性和可修改性，方便程序员编程，C语言提供了编译预处理功能。另外，为提高源程序的可读性，C语言还可以使用注释命令对源程序进行风格化。了解和掌握编译预处理和注释，可以帮助程序员写出高质量的代码。本章主要内容如下：

* 编译预处理的基本概念
* 宏定义
* 文件包含
* 条件编译
* 注释

12.1 编译预处理基本概念

作为C语言编译系统的一个组成部分，标准C定义一组可以对源程序处理的命令，这组命令在通常的编译程序之前进行执行，所以被称之为编译预处理命令，简称预处理命令。

1. 可执行程序的生成过程

从C语言源程序到可执行程序的过程如图12-1所示。

图 12-1 可执行程序的生成过程

其中在编译预处理阶段，主要的工作有：

（1）读取C语言源程序并去除多余的空行和注释。

（2）根据预处理命令对源程序进行初步转换，产生新的源代码提供给编译程序。

2. 预处理命令和C语言命令的区别

虽然预处理命令和C语言命令类似，语法上也相似，而且共同出现在源程序中，但二者之间有着本质的区别。

　　预处理命令是以"#"号开头的命令行。该命令行指明了预处理程序将对源代码做某些转换处理。而 C 语言命令在预处理过程是不作任何变化直接送给编译程序。预处理命令定义的一般形式为：

 # 预处理命令

注意：

（1）"#"号前面除了空格外不允许有其他字符。

（2）"#"号后是命令关键字，在关键字和"#"号之间允许存在任意个数的空格。

（3）一行只能有一条预处理命令，预处理命令后面不需加";"。

（4）预处理命令可以出现在源程序的任意位置。

3. 预处理命令的种类

　　预处理命令主要分为宏定义、文件包含和条件编译三种，下面的章节将分别进行介绍。

12.2　宏定义

　　宏定义命令 #define 是最常用的预处理命令，其定义了一个代表特定内容的标识符（也称之为宏名，有时候也称之为符号常量）。预处理过程会把源代码中出现的宏标识符替换成宏体的内容，这个过程称之为宏替换或宏展开。宏定义主要有不带参数和带参数两种。

12.2.1　不带参数的宏定义

　　实际上在前面的章节中就已经接触过宏了，如使用 EOF、NULL 等。不带参数的宏定义命令一般形式为：

#define 宏标识符　宏体

　　其中 #define 和宏标识符，宏标识符和宏体之间需要至少一个空格。为了和一般的变量标识符区分，习惯上全部用大写字符来定义宏标识符。另外，宏标识符最好简单易懂。

　　例如：

```
#define PI 3.1415926
```

　　上面语句的含义是定义了一个名为 PI 的宏，预处理时会把后面出现的所有 PI 替换成 3.1413529。

【例 12-1】 数组元素的赋值与输出。

```
/* 例 12-1 源程序数组元素赋值与输出 */
#include <stdio.h>
#define MAX_NUM 5
void main()
{
    int i;
    int a[MAX_NUM];
```

【例 6-1】 数组元素的赋值与输出。

```
/* 例 6-1 源程序  数组元素赋值与输出 */
#include <stdio.h>
void main()
{
    int i;
    int a[5];
    for(i=0;i<5;i++)
```

```
for(i=0;i< MAX_NUM;i++)                a[i]=2*i+1;
    a[i]=2*i+1;                    for(i=0;i<5;i++)
for(i=0;i< MAX_NUM;i++)                printf("%3d",a[i]);
    printf("%3d",a[i]);            }
}
```

为方便比较把例6-1放在例12-1右边。通过以上的例子可以发现使用宏有以下三点好处：

（1）使用方便。

在前面的例子中宏定义 PI 来代替 3.1415926，使用 PI 明显比 3.1415926 输入方便并不容易出错。当然在例 12-1 中的 MAX_NUM 比 5 输入稍微麻烦点。

（2）可读性强。

例 12-1 中的 MAX_NUM "见名知意" 是数组元素的最大个数，比单纯使用 5 这个数字可读性要强很多。

（3）可修改性好。

如果要修改上面程序变成对 100 个数组元素进行赋值和打印，例 12-1 只要在宏定义中修改一次即可，而在例 6-1 中就要修改好几个地方，修改工作量很大并容易出错。

注意：

（1）宏体的内容没有类型的概念，只是在预处理时只是进行简单的字符替换（也叫内容替换），如果不注意这一点会引发很多的错误。如前面 PI 定义时 "3.1415926" 写成了 "3. I4I5926"，预处理时不会进行语法检查而使得编译时出错。还用如 "#define X 1+1"，在遇到语句 "X*X" 时会直接替换成 "1+1*1+1"，和预期结果不符。

（2）宏支持嵌套但不支持递归嵌套，只能使用前面定义过的宏。

（3）在程序的字符串中使用宏标识符则不会被展开。例如在 "#define VER "Version 1.0"" 语句后，语句 "printf(" VER");" 中输出的是 "VER" 而非 "Version 1.0"。这里正确的使用方法是使用语句 "printf(VER);"。

（4）定义宏时宏体过长要换行时可以使用 "\" 进行连接。

（5）宏标识符的有效范围是从定义命令到本文件结束为止。通常宏都是定义在源程序文件的最前面。也可以使用 #undef 命令终止宏定义的作用域。例如：

```
#define MAX_NUM 5
void main()
{
    ......
}
#undef
void sub()
{
    ......
}
```

在上面的程序段中，MAX_NUM 在 sub() 函数中就不会进行替换了。

12.2.2 带参数的宏定义

在宏定义中，还可以带参数，不仅进行简单的字符串替换，还可进行参数替换（也称之为宏函数）。带参数的宏定义命令一般形式为：

#define 宏标识符（参数表）表达式

宏标识符后的括号内有参数表，参数之间用 "," 分隔，表达式中一般需包含括号中所有指定的参数。如带参数的宏后面是常量，预处理程序会检查通过但没有任何意义。带参数的宏和前面一样也是简单的替换，看下面的例子就知道使用带参数的宏定义时也需注意。

【例 12-2】 求数据的平方并打印。

```
/* 例 12-2 源程序，求数据的平方并打印 */
#include<stdio.h>
#define SQR(a) a*a
void main()
{
    int x,y;
    scanf("%d%d",&x,&y);
    printf("%d",SQR(x+y));
}
----- 程序执行 -----
2 3↙
11
```

程序说明：上面程序预处理后替换为 "x+y*x+y" 而不是想象中的 "（x+y)*(x+y)"，所以结果是 11。如果想得到正确的结果，宏定义语句要变为 "#define SQR(a) ((a)*(a))"。

注意：宏函数使用不当会出现一些难以发现的错误，请谨慎使用。

12.3 文件包含

在函数章节中讲到过，从模块化的角度考虑，一个函数太长太复杂时可以考虑定义子函数来进行问题的分解。那么如果一个文件中子函数太多并且种类复杂，则可考虑将不同类型的函数分别存放在不同的文件中。另外，还可以将一些比较通用的宏定义、变量、结构体、组合类型和子函数存放在一个独立的文件中，以提供给其他编程人员使用。编译预处理中提供了一种叫文件包含的预处理命令，可以将多个源程序在编译前组合为一个程序，以方便编程人员。

所谓文件包含是指一个源程序可以将另外的源程序的全部内容包含到本程序中。其实在前面的章节中就已经使用过了文件包含的概念，如通过包含 stdio.h 或包含 stdlib.h 来使用系统提供的相对应函数。文件包含的一般形式为：

#include " 文件名 "

#include < 文件名 >

例如：

```
#include "stdio.h"
```

```
#include <stdio.h>
```

这两条语句表示将 stdio.h 这个文件包含到本程序中。stdio.h 是一个定义了许多宏及子函数的源程序，只不过扩展名为 ".h"，所以通常称头文件，如果感兴趣可以找到这个文件并打开查看其中的内容。

下面通过图 12-2 来直观的介绍一下文件包含的过程。

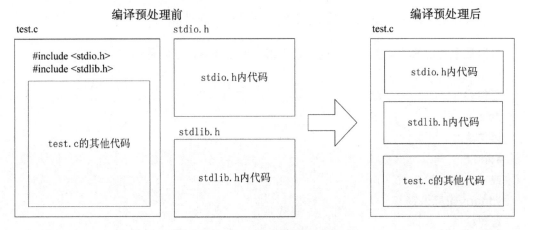

图 12-2　test.c 的编译预处理过程

如图 12-2 所示，编译预处理前 test.c、stid.h 和 stdlib.h 三个文件是独立存在的，在 test.c 中有两条文件预处理命令 "#include "stdio.h"" 和 "#include "stdlib.h""。在编译预处理后，stdio.h 和 stdlib.h 中内的代码就复制到 test.c 中成为一个文件。

其他说明：

（1）包含文件的扩展名可以是任意的，但是从可读性角度讲一般包含数据定义和子函数的文件最好取扩展名 ".h"，而一般只包含子函数的文件最好取扩展名 ".c"。另外所有包含文件的内容必须符合 C 语言语法规范，否则编译时会提示出错。

（2）包含文件的定义次序也规定了预处理时的合并的先后次序。如图 12-2 中 stdio.h 定义在 stdlib 前，合并后的程序中 stdih.h 的内容也放在 stdlib.h 前面。如果有函数定义调用的先后次序，在包含文件时也要注意包含的先后次序，否则编译时会提示出错。

（3）包含文件定义时有双引号方式（""）和尖括号方式（< >）两种方式，在前面的程序中不加区分的使用了，但它们之间还是有一定区别的。双引号方式提示预处理程序首先从当前文件夹中查找文件，如果找不到再到系统的缺省文件夹中查找。而尖括号方式只从系统缺省文件夹中查找文件。对于系统头文件两种方式区别不大，而对于自己定义的函数文件则要注意文件的存放位置，一种比较好的方式是将自己定义的函数文件复制到系统缺省文件夹中。

（4）包含文件支持嵌套定义，但不支持递归嵌套。还有如果在多个文件中定义有同名的宏、全局变量和函数时，则编译时会提示出错。解决这一问题的方法是在各个文件中使用下面介绍的条件编译。

12.4 条件编译

通常的情况下，一个程序中所有代码都参与编译并执行。如果要选择部分代码参与编译并执行，预处理中提供了一种被称之为条件编译的预处理命令来实现这个功能。一般可分为根据某个特定的宏是否被定义或者表达式的值来进行条件编译，下面分别进行介绍。

12.4.1 根据某个特定的宏是否定义来进行条件编译

根据某个特定的宏是否定义来进行条件编译的主要有以下两种形式：

#ifdef 宏标识符
语句块 1
#else
语句块 2
#endif

或

#ifndef 宏标识符
语句块 1
#else
语句块 2
#endif

说明：

（1）上面两种形式中的语句块可以是 C 语言语句、预处理命令或两者混合使用，需要注意的是 C 语言语句后面有 ";"，而预处理命令不需要。语句中有多行 C 语言语句时最好用 "{}" 进行分隔使得程序清晰。

（2）#ifdef 和 #ifndef 的区别是，如果宏标识符定义就编译语句块 1，而 #ifndef 是如果宏标识符未定义则编译语句块 1。

（3）如果只需根据宏定义来编译其中的一种情况，#else 及语句块 2 可以省略，但 #endif 必须存在，否则预处理时提示会出错。

12.4.2 根据表达式的值来进行条件编译

根据表达式的值来进行条件编译的一般形式为：

#if 条件表达式
语句块 1

```
#else
```
语句块2
```
#endif
```
说明：

（1）和前面条件编译的主要区别是一个根据条件进行判断，一个根据宏标志符是否定义进行判断，其他的基本类似。

（2）表达式一般是对前面定义的宏体进行判断，所以宏体一般的表现形式为数值型数据。如果宏体表现为字符串常量则预处理程序检查无法通过。并且如果宏体表现为表达式则可能会出现不可预知的错误。为增强可读性一般需要对条件加上"( )"。

12.4.3　条件编译举例

下面通过几个例子来看一下条件编译的主要用处。

（1）前面章节中提到的文件包含中的重复定义宏问题，则可以使用下面方式解决。
```
#ifndef EOF
#define EOF -1
#endif
```
上面语句的含义是如果其他的文件中已经定义过了EOF本文件中就不再定义，否则定义它。

（2）利用条件编译可以方便程序的调试。在调试技术中，有一种方法叫"插入打印语句"，通过输出中间结果的方法来对程序进行调试。虽然利用下面介绍的注释法来屏蔽语句也可以解决调试版本和实际运行版本不同的输出要求，但是如果在程序中需输出的地方较多时，修改源程序就变得非常麻烦和容易出错。利用条件编译方式将高效解决这个问题并且不容易出错。如下面的例12-3所示。

【例12-3】　根据条件编译是否输出中间结果。
```
/*例12-3源程序，根据条件编译是否输出中间结果*/
#include"stdio.h"
#define MAX_NUM 5
#define DEBUG
void main()
{
    int a[MAX_NUM];
    int i;
    for(i=0;i<MAX_NUM;i++)
    {
        a[i]=i;
    }
```

```
#ifdef DEBUG
for(i=0;i<MAX_NUM;i++)
{
    printf("%3d",a[i]);
}
#endif
}
```

程序说明：如果 DEBUG 已定义了，则输出数组的值，否则就不输出。对于调试人员来说，想调试时只要在程序前面加一条"#define DEBUG"，如果不想调试则可以将这条宏定义命令删除或注释掉即可。

（3）利用条件编译可以编译出不同的可执行程序以适应不同的硬件环境。如在单片机中，有的单片机字长是八位，有的是十六位。如果使用 C 语言中的"if else"进行判断也能解决这个问题，但是可执行程序会增大很多，而且执行的速度会有一定的影响。如果使用条件编译可以解决这个问题。如下面的例 12-4 所示。

【例 12-4】 根据条件编译使用不同的代码。

```
/* 例 12-4 源程序，根据条件编译使用不同的代码 */
#include "stdio.h"
#define CPUWORD 1
void main()
{
    #if (CPUWORD==1)
    printf("CPU word length is 8\n");
    #else
    printf("CPU word length is 16\n");
    #endif
}
```

程序说明：宏定义时 CPUWORD 的宏体的值为 1，则编译语句"printf("CPU word length is 8\n");"，否则编译语句"printf("CPU word length is 16\n");"。

12.5 注 释

为提高代码的可读性，C 语言提供了一种叫注释的功能，注释的内容编译预处理时会自动删除而不进行编译。注释主要分为行注释和块注释两种。

1. 行注释

行注释表示从当前注释符号开始到行结束的内容是注释，其一般形式为：

// 注释内容

或

C 语言语句 // 注释内容

说明：行注释开始符号是"//"，其作用范围是到本行结束为止，对下面的程序代码没有影响。

2. 块注释

块注释是表示注释符号之间的内容都是注释，其一般形式为：

/*

C 语言语句块

*/

说明：

（1）块注释的作用范围从注释开始符号"/*"开始，到注释结束符号"*/"为止。如果没有注释结束符号，注释开始符号开始到文件尾的内容都是注释。

（2）块注释还要注意的一个问题是块注释不支持嵌套。例如下面的例子编译时就会出错，因为预处理程序碰到第一个"*/"就认为注释结束了。

/*C 语言语句块 1

/* 注释内容 */

C 语言语句块 2*/

（3）除了提高代码的可读性外，注释的另一个作用是可以将暂时不用的语句注释起来不执行，叫屏蔽语句，也是程序调试时的一种方法。

12.6　本章知识点小结

1. 编译预处理命令主要有宏定义、文件包含和条件编译。

2. 宏定义主要有不带参数宏定义（符号常量）和带参数宏定义（宏参数），注意宏定义只是字符串的替换。

3. 文件包含其实就是文件合并，可以将多个程序文件组合成一个文件。

4. 条件编译主要有根据某个特定的宏是否被定义来进行条件编译和根据表达式的值来进行条件编译两类。

5. 注释也是提高程序可读性的一个重要手段，注释主要有行注释和块注释两种。

拓展阅读

如何提高源程序的可读性

一般认为源程序的主要作用为生成目标代码和对软件的编写进行说明。提高源程序的可读性，对于软件的学习、分享、维护和软件复用都有巨大的好处。代码风格即程序开发人员所编写源代码的书写风格。良好的代码风格将显著的提高源程序的可读性。总结程序设计实践中的经验，代码风格的要素主要包括以下几点：

1. 标识符的命名

C语言的标志符主要包括变量名、函数名、结构名、宏名等。一个良好的标识符名可以显著提高程序的可读性。如语句"a=s/c;"，对于一般的人来说，只是大致知道这个语句的意思是两数相除，而很难完全理解这句话的意思。但是如果标识符的名称换一下，改成语句"average=sum/count;"，则读起来就清楚多了。

标志符的命名虽然没有硬性的规定，但是一般会遵守以下的一些约定：

（1）标识符应当清晰直观，可见名知意。标志符最好采用英语单词或其组合。

（2）标识符长度应当符合少而精的原则。复杂而且长的标识符不利于记忆和阅读。

（3）标识符的书写格式尽量与操作系统或开发组织的风格保持一致。常见的命名规则有驼峰式大小写、匈牙利命名法等。

（4）尽量不要使用相似的标识符。例如：

int x,X;

（5）程序中不要出现标识符完全相同的局部变量和全局变量，虽然不会语法错误但是容易令人误解。

（6）变量的名字一般使用"名词"或者"形容词＋名词"。例如：

float value;

float oldValue;

float newValue

（7）函数的名字应当使用"动词"或者"动词＋名词"。例如：

DrawBox();

下面对常见的驼峰式大小写进行简单的介绍。

驼峰式大小写是现在比较常见的一种标识符命名规则。单字之间不以空格断开（例：camel case）或连接号（-，例：camel-case）、下划线（_，例：camel_case）连接，主要有两种格式：

（1）小驼峰式命名法（lower camel case）：第一个单字以小写字母开始；第二个单字的首字母大写，例如：firstName、lastName。

（2）大驼峰式命名法（upper camel case）：每一个单字的首字母都采用大写字母，例如：FirstName、LastName、CamelCase，也被称为 Pascal 命名法。

2. 注释的使用

注释是源码程序中非常重要的一部分，良好的注释如同画龙点睛，能显著提高源程序的可读性。注释的一般原则是有助于对程序的阅读理解，注释不宜太多也不能太少，注释语言必须准确、易懂、简洁。

C语言一般需要注释的位置有源程序的头部、函数的头部、重要的变量和数据结构、重要的程序段和难懂的程序段。下面给出一些常见位置注释的例子：

（1）源程序的头部

源程序头部的注释一般包含版权信息、作者、版本号、完成时间、功能描述和历史修改记录等。可以使用如下例子的结构。

```
/**************************************************************
Copyright (C), 1988-1999, Tech. Co., Ltd.    // 版权信息
FileName: test.c                             // 文件名
Author:                                      // 作者
Version :                                    // 版本号
Date:                                        // 完成时间
Description:                                 // 功能描述
Function List:                               // 主要函数及其功能
History:                                     // 历史修改记录
**************************************************************/
```

（2）函数的头部

函数头部的注释一般包含函数的目的 / 功能、输入参数、输出参数、返回值、调用关系等。可以使用下面的例子。

```
/*******************************************
Function:                    // 函数名称
Description:                 // 函数功能、性能等的描述
Calls:                       // 被本函数调用的函数清单
Called By:                   // 调用本函数的函数清单
Input:                       // 输入参数说明，包括每个参数的作
Output:                      // 对输出参数的说明。
Return:                      // 函数返回值的说明
Others:                      // 其它说明
*******************************************/
```

（3）重要的变量和程序段

重要的变量和程序段的注释一般使用行注释，如下面的例子。

```
int a[MAX_NUM];              // 定义一个数组
for(i=0;i< MAX_NUM;i++)      // 对数组初始化赋值，值为 2*i+1
a[i]=2*i+1;
```

其他要注意的一些约定：

（1）边写代码边注释，修改代码同时修改相应的注释，以保证注释与代码的一致性。不再有用的注释要删除。

（2）注释的内容要清楚、明了，含义准确，防止注释二义性。错误的注释不但无益反而有害。

（3）避免在注释中使用缩写，特别是不常用缩写。如果一定要缩写，在使用缩写时或之

前，应对缩写进行必要的说明。

（4）注释应与其描述的代码相近，对代码的注释应放在其上方或右方（对单条语句的注释）相邻位置，不可放在下面，如放于上方则需与其上面的代码用空行隔开。

（5）注释应考虑程序易读及外观排版的因素，使用的语言若是中、英兼有的，建议多使用中文，除非能用非常流利准确的英文表达。

3. 标准的书写风格

使用统一的、标准的格式来书写源程序，有助于提高可读性。常用的方法有：

（1）用分层缩进的写法显示嵌套结构的层次，下面两个程序段的可读性就相差很大了。

```
void main()
{
int i;
int a[MAX_NUM];
for(i=0;i< MAX_NUM;i++)
    a[i]=2*i+1;
for(i=0;i< MAX_NUM;i++)
    printf("%3d",a[i]);
}
```

```
void main()
{
int i;
int a[MAX_NUM];
for(i=0;i< MAX_NUM;i++)
a[i]=2*i+1;
for(i=0;i< MAX_NUM;i++)
printf("%3d",a[i]);
}
```

（2）在注释段的周围加上边框。

（3）在不同的代码段中插入空行。

（4）每行只写一条语句。

（5）书写表达式时，适当使用空格或圆括号进行分隔。例如 ((i>0)&&(i<20)) 就比 (i>0&&i<20) 容易理解而且不易理解出错。

习　题

一、单项选择题

1. 以下叙述中不正确的是_____。

　　A. 预处理命令行都必须以 # 号开始

　　B. 条件预处理命令出现程序中的任意位置

　　C. C 语言程序在执行过程中对预处理命令行进行处理

　　D. 以下正确的宏定义：#define IBM_PC

2. 以下有关宏替换的叙述不正确的是_____。

　　A. 宏替换不占用运行时间　　　　　　　B. 宏名无类型

　　C. 宏替换只是字符替换　　　　　　　　D. 宏名必须用大写字母表示

3．在"文件包含"预处理命令形式中，当 #include 后面的文件名用 " "（双引号）括起时，寻找被包含文件的方式是_____。

    A．直接按系统设定的标准方式搜索目录

    B．先在源程序所在目录中搜索，再按系统设定的标准方式搜索

    C．仅仅搜索源程序所在目录

    D．仅仅搜索当前目录

4．在任何情况下计算平方数都不会引起二义性的宏定义是_____。

    A．#define POWER(x) x*x   B．#define POWER(x) (x)*(x)

    C．#define POWER(x) (x*x)   D．#define POWER(x) ((x)*(x))

二、编程题

1．三角形的面积计算公式为 $area = \sqrt{s(s-a)(s-b)(s-c)}$ ，其中 $s = \dfrac{1}{2}(a+b+c)$ ，a,b,c 为三角形的三边。定义两个带参数的宏，一个用来求 s，另一个用来求 area。编写程序，在程序中用带实参的宏名来求面积 area。

2．实现一个冒泡排序程序，初始为输入 10 个数据并进行排序后输出结果，后来要求输入 20 个数据并进行排序。

3．在题 2 中实现以下功能，如果定义了宏 DEBUG，则输出数据输入时的原始情况，否则不输出。

附录 1 字符与 ASCII 码对照表

符　号	十进制	符　号	十进制	符　号	十进制	符　号	十进制
NULL	0	SPACE	32	@	64	'	96
☺	1	!	33	A	65	a	97
●	2	"	34	B	66	b	98
♥	3	#	35	C	67	c	99
♦	4	$	36	D	68	d	100
♣	5	%	37	E	69	e	101
♠	6	&	38	F	70	f	102
beep	7	'	39	G	71	g	103
▫	8	(	40	H	72	h	104
tab	9	)	41	I	73	i	105
换行	10	*	42	J	74	j	106
起始位置	11	+	43	K	75	k	107
换页	12	,	44	L	76	l	108
回车	13	-	45	M	77	m	109
♫	14	.	46	N	78	n	110
☼	15	/	47	O	79	o	111
▶	16	0	48	P	80	p	112
◀	17	1	49	Q	81	q	113
↕	18	2	50	R	82	r	114
‼	19	3	51	S	83	s	115
¶	20	4	52	T	84	t	116
§	21	5	53	U	85	u	117
▬	22	6	54	V	86	v	118
↨	23	7	55	W	87	w	119
↑	24	8	56	X	88	x	120
↓	25	9	57	Y	89	y	121
→	26	:	58	Z	90	z	122
←	27	;	59	[	91	{	123
∟	28	<	60	\	92	|	124
↔	29	=	61	]	93	}	125
▲	30	>	62	^	94	~	126
▼	31	?	63	_	95	⌂	127

附录2　C 语言中的关键字

关 键 字	意　义	关 键 字	意　义
auto	自动变量	int	整型
break	终止分支与循环	long	长整型
case	分情况处理	resister	寄存器变量
char	字符类型	return	函数返回语句
const	常量限定符	short	短整型
continue	终止本次循环	signed	有符号类型
default	switch 缺省情况	sizeof	存储字节数
do	do-while 语句	static	静态变量
double	双精度类型	struct	结构体类型
else	if-else 语句	switch	多分支语句
enum	枚举类型	typedef	重命名类型
extern	外部变量	union	共用体类型
float	浮点类型	unsigned	无符号类型
for	for 语句	void	空类型
goto	无条件转移	volatile	类型修饰符
if	if 语句	while	while 语句

附录3　运算符的优先级与结合性

优先级	运算符	含义	特征	结合方向
1	( ) [] -> .	圆括号 下标运算符 指向结构体成员运算符 结构体成员运算符	初等运算符	自左至右
2	! ~ ++、 -- + 、- （类型标识符） &、 * sizeof	逻辑非运算符 按位取反运算符 自加运算符 自减运算符 正号运算符 负号运算符 类型强制转换运算符 取地址运算符 指针运算符 数据长度运算符	单目运算符 （只有一个操作数）	自右至左
3	* / %	乘法运算符 除法运算符 求余运算符	算术运算	自左至右
4	+ -	加法运算符 减法运算符		
5	<< >>	左移运算符 右移运算符	移位运算	自左至右
6	< > <= >=	小于运算符 大于运算符 小于或等于运算符 大于或等于运算符	关系运算	自左至右
7	== !=	等于运算符 不等于运算符	关系运算	自左至右
8	&	按位与运算符	位逻辑运算	自左至右
9	^	按位异或运算符		自左至右
10	|	按位或运算符		自左至右
11	&&	逻辑与运算符	逻辑运算	自左至右
12	||	逻辑或运算符		自左至右
13	? :	条件运算符	三目运算	自右至左
14	= += -= *= /= %= >>= <<= &= ^= |=	赋值运算符		自右至左
15	,	逗号运算符		自左至右

说明：

1．优先级分为15等级，数字越小，优先级越高。

2．同一优先级的运算符，运算次序由结合方向决定。如："*"与"/"具有相同的优先级，其结合方向为从左到右，因此4*6/7的运算次序是先乘后除。"–"与"++"为相同级别优先级，结合方向从右到左，因此 –i++ 相当于 –(i++)。

3．不同的运算符要求运算对象个数不同。如："！"、"++"、"sizeof"等是单目运算符，只需一个运算对象，如 !a、i++、sizeof(int)。条件运算符是 C 语言中唯一的一个三目运算符，需三个运算对象，如 p?a:b。

附录4　常用库函数

　　库函数并不是 C 语言的一部分。它是 C 编译系统根据需要编制并提供给用户使用的。每一种 C 编译系统都提供了一批库函数，不同的编译系统提供的库函数的数目和函数名以及函数功能可能不完全相同。ANSI C 标准提出了一批建议提供的标准库函数。本书列出 ANSI C 标准建议提供的、常用的部分库函数。

1. 数学函数

　　数学函数的原型在 math.h 文件中，使用数学函数时应在源程序中使用以下命令行：
#include <math.h> 或 #include "math.h"

函数名	函数原型	函数功能	返回值	说　明
abs	int abs(int x);	求整数 x 的绝对值	计算结果	
acos	double acos(double x)	计算 cos-1(x)	计算结果	x ∈ [-1,1]
asin	double asin(double x)	计算 sin-1(x)	计算结果	x ∈ [-1,1]
atan	double atan(double x)	计算 tan-1(x)	计算结果	
cos	double cos(double x)	计算 cos(x)	计算结果	x 为弧度值
cosh	double cosh(double x)	计算 cosh(x)	计算结果	
exp	double exp(double x)	计算 e 的 x 次方	计算结果	e 为 2.718...
fabs	double fabs(double x)	求 x 的绝对值	计算结果	
floor	double floor(double x)	求小于 x 的最大整数	该整数的双精度实数	
fmod	double fmod(double x,double y)	求 x/y 的余数	返回余数的双精度数	
log	double log(double x)	求 logex	计算结果	e 为 2.718...
log10	double log10(double x)	求 log10x	计算结果	
pow	double pow(double x,double y)	计算 xy	计算结果	
sin	double sin(double x)	计算 sin(x)	计算结果	x 为弧度值
sinh	double sinh(double x)	计算 sinh(x)	计算结果	
sqrt	double sqrt(double x)	计算 x 的平方根	计算结果	要求 x>=0
tan	double tan(double x)	计算 tan(x)	计算结果	x 为弧度值
tanh	double tanh(double x)	计算 tanh(x)	计算结果	

2. 字符函数

字符函数的原型在文件 ctype.h 中，使用字符函数时应在源程序中使用以下命令行：
#include <ctype.h> 或 #include "ctype.h"

函数名	函数原型	函数功能	返 回 值
isalnum	int isalnum(char c)	判别 c 是否是字母或数字字符	是，返回 1；否，返回 0
isalpha	int isalpha(char c)	判别 c 是否是字母	是，返回 1；否，返回 0
iscntrl	int iscntrl(char c)	判别 c 是否是控制字符	是，返回 1；否，返回 0
isdigit	int isdigit(char c)	判别 c 是否是数字	是，返回 1；否，返回 0
isgraph	int isgraph(char c)	判别 c 是否是可打印字符，不包括空格	是，返回 1；否，返回 0
islower	char islower(char c)	判别 c 是否是小写字母	是，返回 1；否，返回 0
isprint	int isprint(char c)	判别 c 是否是可打印字符	是，返回 1；否，返回 0
ispunct	int ispunct(char c)	判别 c 是否是标点符号	是，返回 1；否，返回 0
isspace	int isspace(char c)	判别 c 是否是空格字符	是，返回 1；否，返回 0
isupper	int isupper(char c)	判别 c 是否是大写字母	是，返回 1；否，返回 0
isxdigit	int isxdigit(char c)	判别 c 是否是一个十六进制数字字符	是，返回 1；否，返回 0
tolower	char tolower(char c)	将 c 转换为小写字母	与 c 相应的小写字母
toupper(	char toupper(char c)	将 c 转换为大写字母	与 c 相应的大写字母

3. 字符串函数

字符串函数的原型在文件 string.h 中，使用字符串函数时应在源程序中使用以下命令行：
#include <string.h> 或 #include "string.h"

函数名	函数原型	函数功能	返 回 值
strcat	char *strcat(char *s1,char *s2)	把字符串 s2 连到字符串 s1 之后	s1
strchr	char *strchr(char *s1,int c)	找出 s1 指向的字符串中首次出现字符 c 的地址	找到：相应地址 找不到：NULL
strcmp	int strcmp(char *s1,char *s2)	逐个比较两字符串中对应字符，直到对应字符不等或比较到串尾	相等：0　不相等：不相等两字符 ASCII 差值
strcpy	char *strcpy(char *s1,char *s2)	把 s2 指向的字符串复制到 s1 中	s1
strlen	unsigned int strlen(char *s1)	计算字符串 s1 的长度（不包括串结束符'\0'）	字符串 s1 的长度
strstr	char *strstr(char *s1,char *s2)	找出字符串 s2 在字符串 s1 中首次出现的地址	找到：相应地址 找不到：NULL

4. 输入输出函数

文件函数的原型在文件 stdio.h 中，使用文件函数时应在源程序中使用以下命令行：
#include <stdio.h> 或 #include "stdio.h"

函数名	函数原型	函数功能	返 回 值
fclose	int fclose(FILE *fp)	关闭 fp 所指文件	成功：0 失败：非 0
feof	int feof(FILE *fp)	检查 fp 所指文件是否结束	是：非 0 否：0
fgetc	int fgetc(FILE *fp)	从 fp 所指文件中读取下一个字符	成功：所取字符 失败：EOF
fgets	char *fgets(char *str,int n,FILE *fp)	从 fp 所指文件读一个长度为 n-1 的字符串，存入起始地址为 str 的空间	成功：str 失败：NULL
fopen	FILE *fopen(char *filename, char *mode)	以 mode 方式打开文件 filename	成功：文件指针 失败：NULL
fprintf	int fprintf(FILE *fp,char *format, 输出表)	按 format 给定格式，将输出表各表达式值输出到 fp 所指文件	成功：实际输出字符个数 失败：EOF
fputc	int fputc(char ch,FILE *fp)	将 ch 输出到 fp 所指向文件	成功：ch 失败：EOF
fputs	int fputs(char *str,FILE *fp)	将字符串 str 输出到 fp 所指向文件	成功：str 末字符 失败：0
fread	int fread(char *buf,unsigned size, unsigned n, FILE *fp)	从 fp 所指向文件的当前读写位置起，读取 n 个大小为 size 字节的数据块到 buf 所指向的内存中	成功：n 失败：0
fscanf	int fscanf(FILE *fp,char *format, 地址列表)	按 format 给定输入格式，从 fp 所指文件读入数据，存入地址列表指定的存储单元	成功：输入数据的个数 失败：EOF
fseek	int fseek(FILE *fp,long offset, nusigned int base)	移动 fp 所指文件读写位置，offset 为位移量，base 决定起点位置	成功：0 失败：非 0
ftell	long ftell(FILE *fp)	求当前读写位置到文件头的字节数	成功：所求字节数 失败：EOF
fwrite	int fwrite (char *buf, unsigned size, unsigned n, FILE *fp);	从 buf 所指向的内存中，读取 n 个大小为 size 字节的数据块写入到 fp 指向的文件中	成功：n 失败：0
getchar	int getchar()	从标准输入设备读入 1 个字符	成功：字符 ASCII 值 失败：EOF

函数名	函数原型	函数功能	返 回 值
gets	char *gets(char *str)	从标准输入设备读入以回车结束的一个串到字符数组 str	成功：str 失败：NULL
printf	int printf(char *format, 表达式列表)	按串 format 给定输出格式，显示各表达式值	成功：输出字符数 失败：EOF
putchar	int putchar(char c)	向标准输出设备输出字符 c	成功：c 失败：EOF
scanf	int scanf(char *format, 地址列表)	按串 format 给定输入格式，从标准输入文件读入数据，存入地址列表指定单元	成功：输入数据的个数 失败：EOF
puts	int puts(char *str)	把 str 输出到标准输出文件，' \0' 转换为' \n' 输出	成功：换行符 失败：EOF
remove	int remove(char *fname)	删除名为 fname 的文件	成功：0 失败：EOF
rename	int rename(char *oldfname ,char *newfname)	改文件名 oldfname 为 newfname	成功：0 失败：EOF
rewind	void rewind(FILE *fp)	移动 fp 所指文件读写位置到文件头	

5. 数值转换函数

数值转换函数原型在文件 stdlib.h 中，使用数值转换函数时应在源程序中使用以下命令行：

#include <stdlib.h> 或 #include "stdlib.h"

函数名	函数原型	函数功能	返 回 值
abs	int abs(int x)	求整型数 x 的绝对值	转换结果
函数名	函数原型	函数功能	返 回 值
atof	double atof(char *s)	把字符串 s 转换成双精度数	转换结果
atoi	int atoi(char *s)	把字符串 s 转换成整型数	转换结果
atol	long atol(char *s)	把字符串 s 转换成长整型数	转换结果
rand	int rand(void)	产生一个伪随机的无符号整数	随机整数

6.　动态内存分配函数

动态内存分配函数原型在文件 stdlib.h 中，使用动态内存分配函数时应在源程序中使用以下命令行：

#include　<stdlib.h> 或 #include　"stdlib.h"

函数名	函 数 原 型	函 数 功 能	返 回 值
calloc	void *calloc(unsigned int n, unsigned int size)	分配 n 个连续存储单元每个单元包含 size 字节的	成功：存储单元首地址 失败：0
free	void free(void *fp)	释放 fp 所指存储单元（必须是动态分配函数所分配的内存单元）	无
malloc	void *malloc(unsigned int size)	分配 size 个字节的存储单元	成功：存储单元首地址 失败：0
realloc	void *realloc(void *p, unsigned int size)	将 p 所指的已分配内存区的大小改为 size	成功：新的存储单元首地址 失败：0

7.　过程控制函数

函数原型在文件 process.h 中，使用下面的函数时应在源程序中使用以下命令行：

#include　< process.h> 或 #include　"process.h"

函数名	函 数 原 型	函 数 功 能	返 回 值
exit	void exit(int status)	终止程序执行	status 值

参考文献

[1]Brian W.Kernighan,Dennis M.Ritchie．C 程序设计语言 (第二版)．北京：清华大学出版社，1998．

[2]Peter Van Der Linden．C 专家编程．北京：人民邮电出版社，2008．

[3]Steve Maguire．编程精粹．北京：人民邮电出版社，2009．

[4]Andrew Koenig．C 陷阱与缺陷．北京：人民邮电出版社，2008．

[5] 卢敏．C 语言程序设计．北京：中国水利水电出版社，2008．

[6] 谭浩强．C 程序设计（第四版）．北京：清华大学出版社，2010．

[7] 谭浩强．C 程序设计试题汇编（第二版）．北京：清华大学出版社，2006．

[8] 何钦铭，颜晖．C 语言程序设计．北京：高等教育出版社，2008．

[9] 刘明军．C 语言程序设计．北京：电子工业出版社，2007．

[10] 陆蓓．C 语言程序设计（第二版）．北京：科学出版社，2009．

[11] 凌云．C 语言程序设计与实践．北京：机械工业出版社，2010．

[12] 李俊．C 程序设计教程．北京：中国人民大学出版社，2010．

[13] 张磊．C 语言程序设计（第二版）．北京：高等教育出版社，2005．

[14] 安俊秀．C 程序设计．北京：人民邮电出版社，2007．

[15] 赛煜．C 语言程序设计实训教程．北京：中国铁道出版社，2008．

教师反馈表

感谢您一直以来对浙大版图书的支持和爱护。为了今后为您提供更好、更优秀的计算机图书，请您认真填写下面的意见反馈表，以便我们对本书做进一步的改进。如果您在阅读过程中遇到什么问题，或者有什么建议，请告诉我们，我们会真诚为您服务。如果您有出书需求，以及好的选题，也欢迎来电来函。

填表日期：_____年_____月_____日

教师姓名		所在学校名称		院　系	
性　　别	□男　□女　出生年月		职　务	职　称	
联系地址			邮　编	办公电话	
			手　机	家庭电话	
E-mail			QQ/MSN		

您是通过什么渠道知道本书的
□书店　　□经人推荐　　□网站介绍　　□图书目录　　□其他_____
您从哪里购买本书的
□书店　　□网站　　□邮购　　□学校统一订购　　□其他_____
您对本书的总体感觉是
□很满意　□满意　□一般　□不满意　　原因_____
具体来说，您觉得本书的封面设计　□很好　□还行　□不好　□很差
　　　　　您觉得本书的纸张及印刷　□很好　□还行　□不好　□很差
　　　　　您觉得本书的技术含量　□很高　□还可以　□一般　□很低　□极低
　　　　　您觉得本书的内容设置　□很好　□还可以　□一般　□不太好　□很差
　　　　　您觉得本书的实用价值　□很高　□还可以　□一般　□很低　□极低

目前主要教学专业、科研领域方向

	主授课程	教材及所属出版社	学生人数	教材满意度
课程一：				□满意　□一般　□不满意
课程二：				□满意　□一般　□不满意

教学层次：	□中职中专 □高职高专 □本科 □硕士 □博士 其他：

希望我们与您经常保持联系的方式（划√）	□电子邮件信息　　□定期邮寄书目 □定期电话咨询　　□定期登门拜访 □通过教材科联络　□通过编辑联络

教材出版信息

方向一		□准备写　□写作中　□已成稿 □已出版　□有讲义
方向二		□准备写　□写作中　□已成稿 □已出版　□有讲义

填表说明：本表可以直接邮寄至：杭州市天目山路148号浙江大学西溪校区内浙江大学出版社
联系人：吴昌雷　电话：0571-88273342　手机：13675830904　e-mail:changlei_wu@zju.edu.cn